Rainer Glüge
**Homogenisierungsmethoden**

## Weitere empfehlenswerte Titel

*Advanced Aerospace Materials.*
*Aluminum-Based and Composite Structures*
Haim Abramovich, 2019
ISBN 978-3-11-053756-7, e-ISBN (PDF) 978-3-11-053757-4,
e-ISBN (EPUB) 978-3-11-053763-5

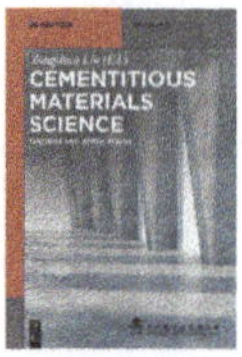


*Cementitious Materials Science.*
*Theories and Applications*
Lin Zongshou (Ed.), 2019
ISBN 978-3-11-057209-4, e-ISBN (PDF) 978-3-11-057210-0,
e-ISBN (EPUB) 978-3-11-057216-2

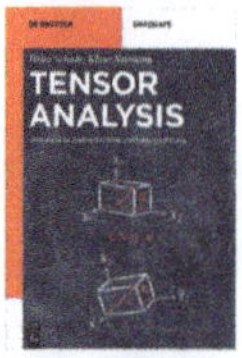


*Tensor Analysis*
*im Maschinen- und Fahrzeugbau*
Heinz Schade, Klaus Neemann, 2018
ISBN 978-3-11-040425-8, e-ISBN (PDF) 978-3-11-040426-5,
e-ISBN (EPUB) 978-3-11-040549-1

*Geometry of Incompatible Deformations.*
*Differential Geometry in Continuum Mechanics*
Sergey Lychev, Konstantin Koifman, 2019
ISBN 978-3-11-056201-9, e-ISBN (PDF) 978-3-11-056321-4,
e-ISBN (EPUB) 978-3-11-056227-9

Rainer Glüge

# Homogenisierungs-methoden

Effektive Eigenschaften von Kompositen

DE GRUYTER
OLDENBOURG

**Autor**
Herrn Priv.-Doz.
Dr.-Ing. habil. Rainer Glüge
Speicherstr. 1
D-39106 Magdeburg
Deutschland
gluege@boerde.de

ISBN 978-3-11-071948-2
e-ISBN (PDF) 978-3-11-071949-9
e-ISBN (EPUB) 978-3-11-071952-9

**Library of Congress Control Number: 2020952286**

**Bibliografische Information der Deutschen Nationalbibliothek**
Die Deutsche Nationalbibliothek verzeichnet diese Publikation in der Deutschen Nationalbibliografie; detaillierte bibliografische Daten sind im Internet über http://dnb.dnb.de abrufbar.


Coverabbildung: asbe / iStock / Getty Images Plus
Satz: VTeX UAB, Lithuania
Druck und Bindung: CPI books GmbH, Leck

www.degruyter.com

# Inhalt

# 1 Einleitung

Die Ermittlung effektiver Eigenschaften inhomogener Stoffe wird als Homogenisierung bezeichnet. Dabei werden Informationen auf kleineren Längenskalen verwendet, um die effektiven Eigenschaften auf größeren Längenskalen zu ermitteln. Es findet ein Skalenübergang von der Mikroebene zur Makroebene statt. Beispielsweise bestehen Metallteile in aller Regel aus einer Vielzahl von Kristalliten, die im Kornverbund angeordnet sind und eine mehr oder weniger regellose Orientierungsverteilung aufweisen. Lokal finden sich anisotrope Einkristalle, insgesamt wird aber meist von effektiv isotropen Eigenschaften ausgegangen.

Man könnte vermuten, dass sich die effektiven Eigenschaften durch Mittelung der lokalen Materialeigenschaften ergeben, wie zum Beispiel bei der Massendichte. Die effektive Massendichte ergibt sich aus den mit den Volumenanteilen $v_i$ gewichteten Einzeldichten,

$$\bar{\rho} = \sum_{i=1,n} v_i \rho_i, \quad \sum_{i=1,n} v_i = 1. \tag{1.1}$$

Dies funktioniert allerdings nur dann, wenn die räumliche Anordnung keine Rolle spielt. Beim Elastizitätsmodul, der thermischen oder elektrischen Leitfähigkeit und vielen anderen physikalischen Eigenschaften kann dieses Vorgehen zu falschen Ergebnissen führen. Man kann beispielsweise isotrope Phasen vermischen, aber durch deren Anordnung ein insgesamt anisotropes Materialverhalten erzeugen. Auch isotrope Anordnungen erlauben keine simple Volumenmittelung, wie man sich an der thermischen oder elektrischen Leitfähigkeit klar machen kann: Man kann die leitfähigere Phase als Matrixphase verwenden oder in isotrop verteilten Einschlüssen anordnen, was auf unterschiedliche isotrope, aber unterschiedliche effektive Leitfähigkeiten führt.

Durch die Wechselwirkung auf der Mikroebene können sich auch andere effektive Materialeigenschaften einstellen, die in keiner der Einzelphasen anzutreffen sind. Ein bereits genanntes Beispiel ist eine aufgrund der Mikrostruktur anisotrope effektive Elastizität bei isotropen Einzelphasen. Ein weiteres Beispiel ist die Ausscheidungshärtung: Wenn in einem ideal plastischen Material ohne Verfestigung starre Einschlüsse (Ausscheidungen) verteilt werden, zeigt das effektive Material ein ausgeprägtes Verfestigungsverhalten. Das Auftauchen von Phänomenen auf Makroebene, welche mit anderen Gleichungen und weniger Freiheitsgraden beschrieben werden können als die Vorgänge auf Mikroebene, wird als Emergenz bezeichnet. Der Begriff kann daher sowohl mit Komplexitätsreduktion (Ersetzen eines Mikro-Modells mit sehr vielen Freiheitsgraden durch ein Makro-Modell mit weniger Freiheitsgraden) als auch mit Komplexitätssteigerung (Auftauchen zusätzlicher Gleichungen und Phänomene) assoziiert werden. Emergenzphänomene können nicht durch naive Mittelwertbildung der Mikro-Materialparameter beschrieben werden. Die Aufgabe der Homogenisierung ist es, einfache und präzise Modelle mit wenigen Freiheitsgraden für die Beschreibung

https://doi.org/10.1515/9783110719499-001

des Materialverhaltens auf Makroebene zu finden. Als Einstieg eignet sich Kapitel 5.1, in welchem die effektiven Elastizitäten von Wabenstrukturen mit Hilfe der Balkentheorie aus dem Grundkurs der Mechanik abgeschätzt werden.

In diesem Buch soll ein grober Überblick über das weite Feld der Homogenisierung aus Sicht der Kontinuumsmechanik gegeben werden. Dabei wird sich auf lineare Konstitutivgesetze beschränkt. Die untenstehende Abbildung 1.1 gibt einen Überblick über die Struktur der Homogenisierungsmethoden. Als Ausgangspunkt eignet sich das intuitiv leicht verständliche RVE-Problem. Eine wichtige Klasse von Methoden ergibt sich allerdings erst aus der Reformulierung des RVE-Problems als Differenzproblem, welches andere, für analytische Lösungen günstigere mathematische Eigenschaften hat.

Es sei angemerkt, dass einige der spannendsten Fragen der Naturwissenschaften im Grunde Homogenisierungsaufgaben sind. Man denke zum Beispiel an die komplexen mentalen Phänomene, die aus dem Zusammenspiel vieler Neuronen entstehen, und die nicht ganz verstandene Emergenz der Relativitätstheorie aus der Quantenmechanik.

**Literatur**

Ich empfehle insbesondere zur Ergänzung die Bücher

- G. W. Milton (2002). *The Theory of Composites*. Cambridge University Press
- A. Morawiec (2004). *Orientations and Rotations– Computations in Crystallographic Textures*. Springer
- D. Gross und T. Seelig (2015). *Bruchmechanik mit einer Einführung in die Mikromechanik*. 6. Auflage. Springer
- R. M. Brannon (2018). *Rotation, Reflection, and Frame Changes*. IOP Publishing

Dabei behandeln die Bücher von Milton und Morawiec eher die mathematischen Aspekte. Insbesondere das Buch von Milton ist als Nachschlagewerk geeignet. Die Bücher von Brannon, Gross und Seelig richten sich an Ingenieure. In ihnen ist auch ein Einstieg in die Kontinuumsmechanik zu finden, welche hier vorausgesetzt wird. Des Weiteren eignet sich das Buch

- S. Nomura (2016). *Micromechanics with Mathematica*. Wiley

als Vorbereitung auf dieses Buch, da dort der Einstieg in die lineare Kontinuumsmechanik sowie eine Einführung in Mathematica zu finden sind.

Es ist trotz aller Sorgfalt zu erwarten, dass das vorliegende Buch Fehler enthält. Ich bin dankbar für jeden Korrekturhinweis an `gluege@boerde.de`.

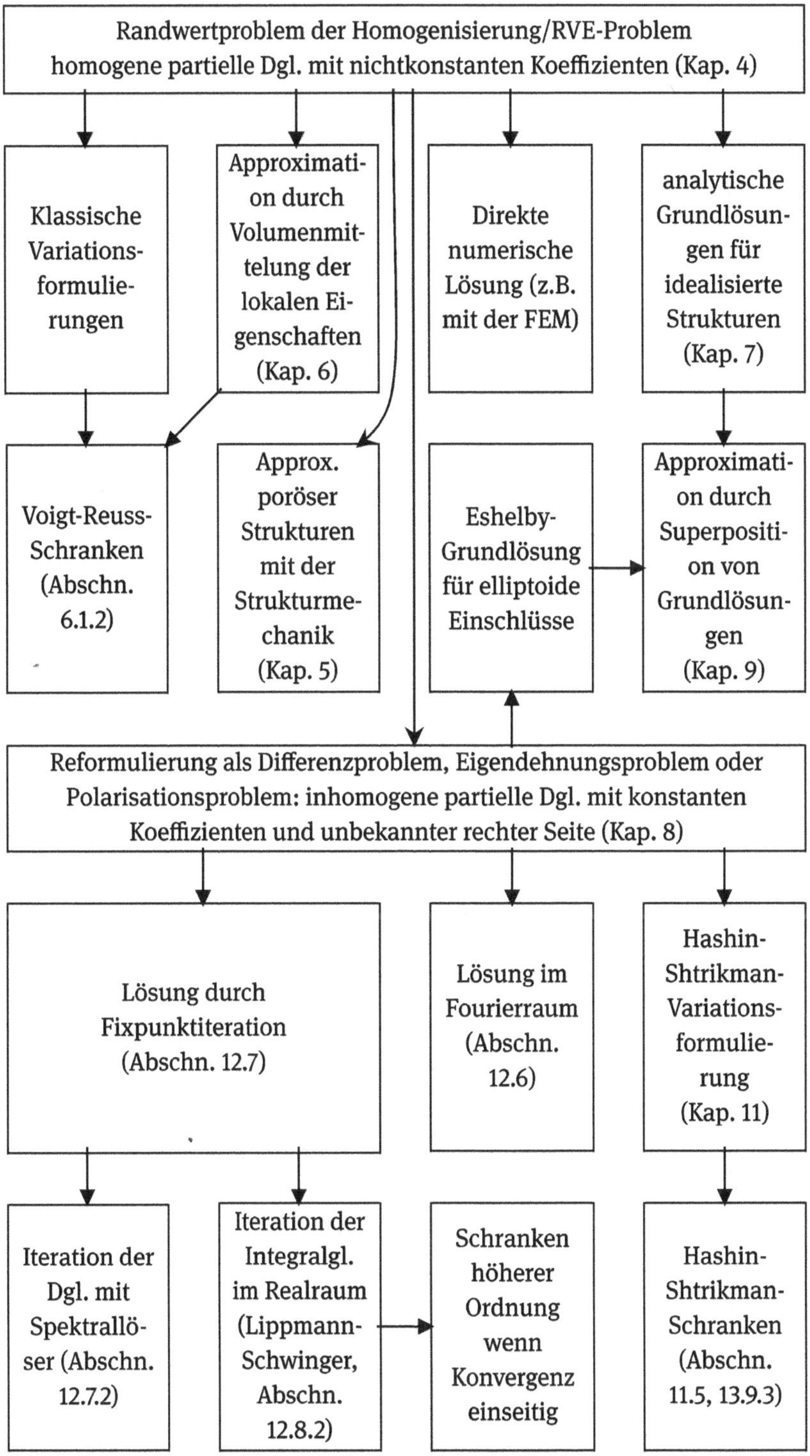
Randwertproblem der Homogenisierung/RVE-Problem
homogene partielle Dgl. mit nichtkonstanten Koeffizienten (Kap. 4)
Klassische Variationsformulierungen
Approximation durch Volumenmittelung der lokalen Eigenschaften (Kap. 6)
Direkte numerische Lösung (z.B. mit der FEM)
analytische Grundlösungen für idealisierte Strukturen (Kap. 7)
Voigt-Reuss-Schranken (Abschn. 6.1.2)
Approx. poröser Strukturen mit der Strukturmechanik (Kap. 5)
Eshelby-Grundlösung für elliptoide Einschlüsse
Approximation durch Superposition von Grundlösungen (Kap. 9)
Reformulierung als Differenzproblem, Eigendehnungsproblem oder Polarisationsproblem: inhomogene partielle Dgl. mit konstanten Koeffizienten und unbekannter rechter Seite (Kap. 8)
Lösung durch Fixpunktiteration (Abschn. 12.7)
Lösung im Fourierraum (Abschn. 12.6)
Hashin-Shtrikman-Variationsformulierung (Kap. 11)
Iteration der Dgl. mit Spektrallöser (Abschn. 12.7.2)
Iteration der Integralgl. im Realraum (Lippmann-Schwinger, Abschn. 12.8.2)
Schranken höherer Ordnung wenn Konvergenz einseitig
Hashin-Shtrikman-Schranken (Abschn. 11.5, 13.9.3)

**Abb. 1.1:** Zusammenhang verschiedener Homogenisierungsmethoden.

# 2 Grundlagen

## 2.1 Notation

Die symbolische Notation in diesem Buch ist ein Kompromiss zwischen verschiedenen Stilen. Vektoren werden als kleine fette Buchstaben notiert (z. B. $\mathbf{x}$) und Tensoren 2. Stufe als große fette Buchstaben (z. B. $\mathbf{E}$). Lediglich der Spannungstensor $\boldsymbol{\sigma}$ und der Dehnungstensor $\boldsymbol{\varepsilon}$ bilden eine Ausnahme. Tensoren höherer Stufe werden als Großbuchstaben mit Doppelstrichen gezeichnet. Die Stufe wird ggf. oberhalb notiert.

In der Komponente-Basis-Darstellung werden bis auf wenige Ausnahmen Orthonormalbasen verwendet. Bei der Indexnotation ist impliziert, dass über doppelt vorhandene Indizes in einem Produkt summiert wird, z. B. $\mathbf{v} = \sum_{i=1...3} v_i \mathbf{e}_i = v_i \mathbf{e}_i$. Orte im $\mathbb{R}_3$ werden mit Komponente und Basis angegeben, $\mathbf{x} = x_i \mathbf{e}_i$. In gekrümmten Räumen wie SO(3) (Abschnitt 13) können nur Koordinaten angegeben werden.

Der Begriff „linear" wird im Sinne der Algebra verwendet. Eine Abbildung $f$ ist linear, wenn

$$f(\alpha \mathbf{a} + \mathbf{b}) = \alpha f(\mathbf{a}) + f(\mathbf{b}) \tag{2.1}$$

gilt. In der Analysis wird eine Funktion der Form $y(x) = mx + n$ als linear bezeichnet. Sie ist nur dann auch linear im Sinne der Algebra, wenn $n = 0$ ist.

Das dyadische Produkt und einzelne Skalarprodukte werden wie folgt notiert:

$$(\mathbf{a} \otimes \mathbf{b} \otimes \mathbf{c}) : (\mathbf{d} \otimes \mathbf{e}) = (\mathbf{b} \cdot \mathbf{d})(\mathbf{c} \cdot \mathbf{e})\,\mathbf{a}. \tag{2.2}$$

Die Skalarprodukte werden so ausgeführt, dass das $n$-fache Skalarprodukt zwischen zwei Tensoren der Stufe $n$ die positive Definitheit des Skalarproduktes zwischen Vektoren erbt, also z. B. bei Tensoren 2. Stufe

$$\mathbf{A} : \mathbf{A} = A_{ij} A_{kl} \mathbf{e}_i \otimes \mathbf{e}_j : \mathbf{e}_k \otimes \mathbf{e}_l = A_{ij} A_{kl} \delta_{ik} \delta_{jl} = A_{ij} A_{ij} = \sum_{i,j=1...3} A_{ij}^2 = \|\mathbf{A}\|^2 > 0 \tag{2.3}$$

$$\text{mit} \quad \mathbf{e}_i \cdot \mathbf{e}_k = \delta_{ik} = \begin{cases} i = k: & 1 \\ i \neq k: & 0. \end{cases} \tag{2.4}$$

Die Anordnung der Skalarpunkte über- oder nebeneinander spielt dabei keine Rolle. Der Skalarpunkt kann weggelassen werden, wenn der Zusammenhang klar ist, z. B. bei $\mathbf{a} = \mathbf{A}\mathbf{b}$. Die Abkürzung $\delta_{ij}$ wird als Kronecker-Delta bezeichnet. Mit ihm lässt sich z. B. der Einstensor 2. Stufe notieren,

$$\mathbf{I} = \delta_{ij} \mathbf{e}_i \otimes \mathbf{e}_j = \mathbf{e}_i \otimes \mathbf{e}_i = \mathbf{e}_1 \otimes \mathbf{e}_1 + \mathbf{e}_2 \otimes \mathbf{e}_2 + \mathbf{e}_3 \otimes \mathbf{e}_3, \tag{2.5}$$

oder auch die Orthogonalität der Basis $\mathbf{e}_i$ wie in Gl. (2.4). Da ein Produkt mit einem Kronecker-Delta nur dann ungleich Null ist, wenn die Indizes am Kronecker-Delta identisch sind, kann wie in Gl. (2.3) vereinfacht werden.

https://doi.org/10.1515/9783110719499-002

Transpositionen sind Vertauschungen der Eingänge von Multilinearformen bzw. Tensoren. Sie werden bei Tensoren 2. Stufe durch ein hochgestelltes $T$ angezeigt. Bei Orthonormalbasen kann dies auf Indexvertauschungen reduziert werden, z. B. kann die Vertauschung des ersten und zweiten Eingangs eines Tensors 3. Stufe durch $A_{jik}\mathbf{e}_i \otimes \mathbf{e}_j \otimes \mathbf{e}_k$ notiert werden. Ein Tensor ist symmetrisch bezüglich der Eingänge $i$ und $j$ wenn deren Vertauschung den Tensor nicht ändert, z. B. $A_{ij} = A_{ji}$ bei einem Tensor 2. Stufe bezüglich einer Orthonormalbasis. Bei Tensoren 4. Stufe ist $\mathbb{C}^T = C_{klij}\mathbf{e}_i \otimes \mathbf{e}_j \otimes \mathbf{e}_k \otimes \mathbf{e}_l$. Von Antisymmetrie spricht man, wenn sich bei Transposition das Vorzeichen ändert, z. B. $A_{ij} = -A_{ji}$ bei einem Tensor 2. Stufe. Bekanntestes Beispiel ist das Permutationssymbol

$$\varepsilon_{ijk} = \begin{cases} \{i,j,k\} = \{1,2,3\} \text{ oder } \{2,3,1\} \text{ oder } \{3,1,2\} & : 1 \\ \{i,j,k\} = \{3,2,1\} \text{ oder } \{2,1,3\} \text{ oder } \{1,3,2\} & : -1 \\ \text{sonst} & : 0. \end{cases} \tag{2.6}$$

Stattet man $\varepsilon_{ijk}$ mit einer Basis aus, spricht man vom Permutationstensor,

$$\overset{\langle 3 \rangle}{\boldsymbol{\varepsilon}} = \varepsilon_{ijk}\mathbf{e}_i \otimes \mathbf{e}_j \otimes \mathbf{e}_k. \tag{2.7}$$

$\overset{\langle 3 \rangle}{\boldsymbol{\varepsilon}}$ ist antisymmetrisch in allen Eingängen.

**Platzierungen**

Wir unterscheiden in der Festkörpermechanik die Referenz- und die Momentanplatzierung eines Körpers. Der Index 0 zeigt an, dass ein Feld bezüglich der Referenzkonfiguration dargestellt wird, dass also die materiellen Ortsvektoren $\mathbf{x}_0$ die unabhängigen Variablen sind. Selbiges gilt für den Nabla-Operator: Der Index 0 zeigt an, dass nach $x_{0i}$ abgeleitet wird. An anderen Größen, wie z. B. $\mathbb{C}_0$ in Abschnitt 13 zeigt der Index 0 an, dass es sich um eine Referenz- oder Bezugsgröße handelt.

**Gradienten**

Die zusätzlichen Eingänge, welche beim Bilden eines Gradienten entstehen, werden rechts angehangen. Z. B. schreiben wir beim Deformationsgradienten mit Hilfe des Nabla-Operators

$$\mathbf{F} = \mathbf{x}(\mathbf{x}_0) \otimes \nabla_0 = \partial x_i(x_{01}, x_{02}, x_{03})/\partial x_{0j}\mathbf{e}_i \otimes \mathbf{e}_j, \tag{2.8}$$

wobei der Nabla-Operator wie folgt wirkt: $\cdot \times \nabla_{(0)} = (\partial \cdot /\partial x_{(0)i}) \times \mathbf{e}_i$. Dabei muss erst abgeleitet und dann das Produkt $\times$ ausgewertet werden. Wir müssen hier nur die Komponenten ableiten, da aufgrund der kartesischen Koordinaten die Basis ortsunabhängig ist.

## 2.2 Volumenmittel

Das Volumenmittel eines Feldes $F(\mathbf{x})$ im Gebiet $\Omega$ ist definiert durch

$$\overline{F} = \frac{1}{V} \int_{\Omega} F(\mathbf{x}) \, \mathrm{d}\mathbf{x} = \langle F \rangle, \tag{2.9}$$

mit dem Volumen $V$ des Gebietes $\Omega$. Die Winkelklammer ist eine geläufige Methode, um das Volumenmittel zu notieren. Dieses muss normalerweise von der effektiven Größe unterschieden werden, welche mit $*$ notiert wird. Die effektive Steifigkeit $\mathbb{C}^*$ ist implizit definiert durch

$$\overline{\boldsymbol{\sigma}} = \mathbb{C}^* : \overline{\boldsymbol{\varepsilon}} \tag{2.10}$$

und hängt von der Materialverteilung auf der Mikroebene ab.

## 2.3 Voigt-Mandel-Notation

Wir verwenden gelegentlich die normierten Basen $\mathbf{E}_i$ für symmetrische Tensoren 2. Stufe,

$$\mathbf{E}_1 = \mathbf{e}_1 \otimes \mathbf{e}_1, \qquad \mathbf{E}_4 = \frac{1}{\sqrt{2}}(\mathbf{e}_1 \otimes \mathbf{e}_2 + \mathbf{e}_2 \otimes \mathbf{e}_1), \tag{2.11}$$

$$\mathbf{E}_2 = \mathbf{e}_2 \otimes \mathbf{e}_2, \qquad \mathbf{E}_5 = \frac{1}{\sqrt{2}}(\mathbf{e}_1 \otimes \mathbf{e}_3 + \mathbf{e}_3 \otimes \mathbf{e}_1), \tag{2.12}$$

$$\mathbf{E}_3 = \mathbf{e}_3 \otimes \mathbf{e}_3, \qquad \mathbf{E}_6 = \frac{1}{\sqrt{2}}(\mathbf{e}_2 \otimes \mathbf{e}_3 + \mathbf{e}_3 \otimes \mathbf{e}_2). \tag{2.13}$$

Man spricht von der modifizierten Voigt[1]-Notation, der Mandel[2]-Notation oder der Kelvin[3]-Notation. Für uns ist die Normierung der Basis

$$\mathbf{E}_i : \mathbf{E}_j = \delta_{ij}, \quad i, j = 1, \ldots, 6 \tag{2.14}$$

wichtig, da nur dann die bekannten Matrixoperationen wie Spur, Determinante, Matrixmultiplikation, Cramersche Regel usw. auf die Komponenten von $6 \times 6$ Matrizen anwendbar sind, siehe Brannon (2018) Abschnitte 26.2 und 26.3, Bertram und Glüge (2017) Abschnitt 2.1.16, Helnwein (2001) oder Cowin und Mehrabadi (1992). Die Normierung wurde verklausuliert erstmalig von Thomson (1856) (später 1. Baron Kelvin) verwendet.

---

**1** Woldemar Voigt senior, 1850–1913.

**2** Jean Mandel, 1911–1974.

**3** William Thomson, 1. Baron Kelvin, 1824–1907.

## 2.4 Projektoren

Wir werden sehr oft spezielle Tensoren mit Projektoreigenschaften benötigen. Für Projektorsysteme gilt Idempotenz und Orthogonalität

$$\overset{\langle 2n\rangle}{\mathbb{P}}_i \underbrace{\cdots\cdot}_{n\,\text{Punkte}} \overset{\langle 2n\rangle}{\mathbb{P}}_j = \begin{cases} \overset{\langle 2n\rangle}{\mathbb{P}}_i \text{ wenn } i = j \\ \overset{\langle 2n\rangle}{\mathbb{O}} \text{ wenn } i \neq j \end{cases} \tag{2.15}$$

und Vollständigkeit

$$\sum_{i=1,k} \mathbb{P}_i = \mathbb{I}, \tag{2.16}$$

mit $\mathbb{I}$ als der Identität über dem zugrundeliegenden Vektorraum. Somit haben Projektoren nur die Eigenwerte 0 und 1. Damit gilt auch

$$\overset{\langle 2n\rangle}{\mathbb{P}}_i \underbrace{\cdots\cdot}_{2n\,\text{Punkte}} \overset{\langle 2n\rangle}{\mathbb{P}}_j = \begin{cases} d_i \text{ mit } d_i > 0 \text{ und ganzzahlig, wenn } i = j \\ 0\,, \text{ wenn } i \neq j, \end{cases} \tag{2.17}$$

wobei $d_i$ der Dimension des Unterraumes entspricht, in welchen $\mathbb{P}_i$ projiziert. Geläufige Projektoren sind z. B. $\mathbf{K} = (\mathbf{k}\cdot\mathbf{k})^{-1}\mathbf{k}\otimes\mathbf{k}$ und $\mathbf{I} - \mathbf{K}$, welche jeden Vektor in seinen Anteil parallel und senkrecht zu $\mathbf{k}$ projizieren.

Die in der Materialmodellierung wohl wichtigsten und bekanntesten Projektorsysteme sind die Eigenprojektoren diagonalisierbarer Tensoren 2. Stufe

$$\mathbf{A} = \sum_{i=1,k} \lambda_k \mathbf{P}_k, \quad \mathbf{P}_k = \frac{1}{\mathbf{v}_k^r \cdot \mathbf{v}_k^l} \mathbf{v}_k^r \otimes \mathbf{v}_k^l \tag{2.18}$$

mit den Rechts- und Linkseigenvektoren $\mathbf{v}_k^{r/l}$ und die isotropen Projektoren 4. Stufe $\mathbb{P}_{I1,2}$. Bei Tensoren 4. Stufe gibt es mehrere isotrope Anteile, wir interessieren uns aber für diejenigen, welche die Haupt- und Subsymmetrien haben. Dies sind $\mathbf{I}\otimes\mathbf{I}$ und die Identität $\mathbb{I}$ auf den symmetrischen Tensoren 2. Stufe. Jede Linearkombination dieser beiden Tensoren ist ebenfalls isotrop. Es ist sinnvoll, eine entsprechende Orthogonalbasis einzuführen, was auf die beiden isotropen Projektoren

$$\mathbb{P}_{I1} : \mathbf{A} = \frac{1}{3}\mathbf{I}\otimes\mathbf{I} : \mathbf{A} = \frac{\operatorname{tr}(\mathbf{A})}{3}\mathbf{I} =: \mathbf{A}^\circ \tag{2.19}$$

$$\mathbb{P}_{I2} : \mathbf{A} = (\mathbb{I} - \mathbb{P}_{I1}) : \mathbf{A} = \mathbf{A} - \mathbf{A}^\circ =: \mathbf{A}' \tag{2.20}$$

führt. Sie bilden jeden symmetrischen Tensor 2. Stufe in ihren isotropen (dilatorischen) und deviatorischen Anteil ab,

$$\mathbf{A} = \mathbf{A}^\circ + \mathbf{A}'. \tag{2.21}$$

Als Basis für isotrope Tetraden haben wir dann

$$\mathbb{C}_{\text{Iso}} = 3K\mathbb{P}_{\text{I1}} + 2G\mathbb{P}_{\text{I2}}, \tag{2.22}$$

wobei $3K$ und $2G$ die Eigenwerte zu den Eigenprojektoren sind. Die Projektion eines beliebigen $\mathbb{C}$ in seinen isotropen Anteil erfolgt mit Hilfe des folgenden Projektors 8. Stufe

$$\overset{\langle 8\rangle}{\mathbb{P}} = \mathbb{P}_{\text{I1}} \otimes \mathbb{P}_{\text{I1}} + \frac{1}{\sqrt{5}}\mathbb{P}_{\text{I2}} \otimes \frac{1}{\sqrt{5}}\mathbb{P}_{\text{I2}}. \tag{2.23}$$

Man beachte die Normierung, welche auf den Doppelcharakter der Projektoren zurückzuführen ist: Einerseits haben wir in der Spektraldarstellung den Eigenprojektorcharakter, wenn sie als lineare Abbildungen von Tensoren 2. Stufe in Tensoren 2. Stufe verwendet werden:

$$\mathbb{P}_{\text{Ii}} : \mathbb{P}_{\text{Ij}} = \delta_{ij}\mathbb{P}_{\text{Ii}}. \tag{2.24}$$

Andererseits dienen sie als Orthonormalbasis für isotrope Tensoren 4. Stufe nur mit der Normierung,

$$\mathbb{P}^*_{\text{Ii}} :: \mathbb{P}^*_{\text{Ij}} = \delta_{ij} \tag{2.25}$$

mit

$$\mathbb{P}^*_{\text{I1}} = \mathbb{P}_{\text{I1}}, \tag{2.26}$$

$$\mathbb{P}^*_{\text{I2}} = \frac{1}{\sqrt{5}}\mathbb{P}_{\text{I2}}. \tag{2.27}$$

Die Zahlen 1 und 5 entsprechen der Anzahl der Dimensionen der Unterräume dilatorischer und deviatorischer symmetrischer Tensoren 2. Stufe. Es ist unmittelbar klar, das letztere nur 1 bzw. 5 unabhängige Komponenten haben. Man erhält diese durch Bilden der Spur der Komponentenmatrizen von $\mathbf{P}_{\text{I1}}$ und $\mathbf{P}_{\text{I2}}$ in der Voigt-Mandel-Notation. Da jeder Eigenwert eines Projektors 0 oder 1 ist, entspricht die Spur der Vielfachheit bzw. der Dimension des Eigenraumes. Bezüglich der Voigt-Mandel-Notation können die beiden isotropen Projektoren wie folgt geschrieben werden:

$$\mathbb{P}_{\text{I1}} = \begin{bmatrix} \frac{1}{3} & \frac{1}{3} & \frac{1}{3} & & & \\ \frac{1}{3} & \frac{1}{3} & \frac{1}{3} & & & \\ \frac{1}{3} & \frac{1}{3} & \frac{1}{3} & & & \\ & & & & & \\ & & & & & \\ & & & & & \end{bmatrix} \mathbf{E}_i \otimes \mathbf{E}_j, \tag{2.28}$$

$$\mathbb{P}_{I2} = \mathbb{I} - \mathbb{P}_{I1} = \begin{bmatrix} \frac{2}{3} & -\frac{1}{3} & -\frac{1}{3} & & & \\ -\frac{1}{3} & \frac{2}{3} & -\frac{1}{3} & & & \\ -\frac{1}{3} & \frac{1}{3} & \frac{2}{3} & & & \\ & & & 1 & & \\ & & & & 1 & \\ & & & & & 1 \end{bmatrix} \mathbf{E}_i \otimes \mathbf{E}_j. \tag{2.29}$$

Die Spur ist jeweils 1 und 5, die Norm ist jeweils 1 und $\sqrt{5}$.

## 2.5 Das Hookesche Gesetz

Allgemein schreiben wir

$$\boldsymbol{\sigma} = \mathbb{C} : \boldsymbol{\varepsilon}, \tag{2.30}$$

mit $\boldsymbol{\sigma}$ und $\boldsymbol{\varepsilon}$ symmetrisch, weswegen wir für $\mathbb{C}$ die rechte und linke Index-Subsymmetrie $C_{ijkl} = C_{jikl} = C_{ijlk}$ annehmen können. Die zentrale Annahme dieses Materialgesetzes ist der lineare Zusammenhang zwischen Spannungen und Dehnungen. Weiterhin hat $\mathbb{C}$ die Hauptsymmetrie $C_{ijkl} = C_{klij}$, welche Integrabilitätsbedingung für die Existenz der elastischen Energie[4]

$$w = \frac{1}{2}\boldsymbol{\varepsilon} : \mathbb{C} : \boldsymbol{\varepsilon} \tag{2.31}$$

mit der Potenzialbeziehung

$$\boldsymbol{\sigma} = \frac{\partial w}{\partial \boldsymbol{\varepsilon}} = \frac{1}{2}\mathbb{C} : \boldsymbol{\varepsilon} + \frac{1}{2}\boldsymbol{\varepsilon} : \mathbb{C} = \frac{1}{2}(\mathbb{C} + \mathbb{C}^T) : \boldsymbol{\varepsilon} \tag{2.32}$$

ist. Wie man sieht, verschwindet der antisymmetrische Anteil von $\mathbb{C}$ beim Ableiten. Thermodynamisch können Elastizitätsgesetze ausgeschlossen werden, welche nicht als Ableitungen einer elastischen Energie geschrieben werden können. Das elastische Gesetz $\boldsymbol{\sigma}(\boldsymbol{\varepsilon})$ muss also zu $w(\boldsymbol{\varepsilon})$ integrabel sein.[5] Die Dehnungen sind dimensionslos, daher ist die physikalische Einheit der Steifigkeit die der Spannung $N/m^2$ und gleichzeitig die der Energie pro Volumen $Nm/m^3$.

Die Inversion von $\mathbb{C}$ auf dem Unterraum der Tetraden mit rechter und linker Subsymmetrie liefert die Nachgiebigkeitstetrade $\mathbb{S} = \mathbb{C}^{-1}$ im inversen Hookeschen[6] Gesetz,

$$\boldsymbol{\varepsilon} = \mathbb{S} : \boldsymbol{\sigma}. \tag{2.33}$$

4 nach George Green, 1793–1841.

5 „Integrabilität" bedeutet in der mehrdimensionalen Analysis, dass eine Stammfunktion zu einer Funktion mit mehreren Variablen nur existiert, wenn diese Funktion bestimmte Symmetrien hat. Diese werden Integrabilitätsbedingungen genannt. In der reellen Analysis stellt sich dieses Problem nicht, weswegen dann mit „integrabel" eher gemeint ist, ob ein Integral aufgrund von Polstellen divergiert.

6 Robert Hooke, 1635–1703.

Für $\mathbb{S}$ gelten die gleichen Symmetrien wie für $\mathbb{C}$. Die Ergänzungsenergie ist

$$w^* = \frac{1}{2}\boldsymbol{\sigma} : \mathbb{S} : \boldsymbol{\sigma}, \tag{2.34}$$

mit der Potenzialbeziehung

$$\boldsymbol{\varepsilon} = \frac{\partial w^*}{\partial \boldsymbol{\sigma}}. \tag{2.35}$$

In der linearen Elastizität ist $w(\boldsymbol{\varepsilon}) = w^*(\boldsymbol{\sigma}(\boldsymbol{\varepsilon}))$. In der nichtlinearen Elastizität gilt dies nicht, dann sind $w$ und $w^*$ ihre jeweiligen Legendre[7]-Transformierten.

## 2.6 Das isotrope Hookesche Gesetz

Im isotropen Fall haben wir mit Gl. (2.22)

$$\begin{aligned}
\boldsymbol{\sigma} &= 3K\boldsymbol{\varepsilon}^\circ + 2G\boldsymbol{\varepsilon}' && (2.36)\\
&= 3K\boldsymbol{\varepsilon}^\circ + 2G(\boldsymbol{\varepsilon} - \boldsymbol{\varepsilon}^\circ) && (2.37)\\
&= (3K - 2G)\boldsymbol{\varepsilon}^\circ + 2G\boldsymbol{\varepsilon} && (2.38)\\
&= \underbrace{(K - 2G/3)}_{\lambda}(\boldsymbol{\varepsilon} : \mathbf{I})\mathbf{I} + 2\mu\boldsymbol{\varepsilon}. && (2.39)
\end{aligned}$$

Die letzte Zeile ist die Lamésche[8] Darstellung mit den Koeffizienten $\lambda = K - 2G/3$ und $\mu = G$. Im isotropen Fall lässt sich die Inversion mit der Dilator-Deviatorzerlegung (Gl. 2.19 bis 2.21) schreiben:

$$\begin{aligned}
\boldsymbol{\sigma}^\circ &= 3K\boldsymbol{\varepsilon}^\circ &&\leftrightarrow&& \boldsymbol{\varepsilon}^\circ = (3K)^{-1}\boldsymbol{\sigma}^\circ && (2.40)\\
\boldsymbol{\sigma}' &= 2GK\boldsymbol{\varepsilon}' &&\leftrightarrow&& \boldsymbol{\varepsilon}' = (2G)^{-1}\boldsymbol{\sigma}'. && (2.41)
\end{aligned}$$

Damit ist

$$\boldsymbol{\varepsilon} = \left((3K)^{-1}\mathbb{P}_{I1} + (2G)^{-1}\mathbb{P}_{I2}\right) : \boldsymbol{\sigma} \tag{2.42}$$

bezüglich der Projektordarstellung. Die Inversion der Steifigkeitstetrade ist also einfach durch die Inversion der Eigenwerte bei Beibehaltung der Eigenprojektoren gegeben. Dies lässt sich für weitere reelle Funktionen verallgemeinern.

Das anisotrope Hookesche Gesetz wird in Abschnitt 13.3 besprochen.

7 Adrien-Marie Legendre, 1752–1833.

8 Gabriel Lamé, 1795–1870.

## 2.7 Verallgemeinerung reeller Funktionen auf Tensoren

Aus den Projektoreigenschaften (Gl. 2.15) folgt unmittelbar, dass Potenzen von Tensoren direkt auf die Eigenwerte übertragbar sind. Für einen Tensor 2. Stufe mit drei unterschiedlichen Eigenwerten gilt

$$\underbrace{\mathbf{A} \cdot \mathbf{A} \cdot \dots \cdot \mathbf{A}}_{n \text{ Faktoren}} = \mathbf{A}^n = (\lambda_1 \mathbf{P}_1 + \lambda_2 \mathbf{P}_2 + \lambda_3 \mathbf{P}_3)^n \tag{2.43}$$

$$= \lambda_1^n \mathbf{P}_1 + \lambda_2^n \mathbf{P}_2 + \lambda_3^n \mathbf{P}_3, \tag{2.44}$$

da alle gemischten Produkte Null sind, und alle gleichnamigen Produkte zwischen den Projektoren wieder den Projektor liefern. Wir können also jede reelle Funktion, die sich in eine Potenzreihe entwickeln lässt, auf diagonalisierbare Tensoren übertragen. Die Potenzreihe überträgt sich dann direkt auf die Eigenwerte, so dass wir letztlich die Funktion direkt auf die Eigenwerte anwenden können. Man hat z. B. für den Logarithmus eines Tensors $\mathbf{A}$

$$\ln \mathbf{A} = \ln(\lambda_1)\mathbf{P}_1 + \ln(\lambda_2)\mathbf{P}_2 + \ln(\lambda_3)\mathbf{P}_3. \tag{2.45}$$

Bei mehrfachen Eigenwerten wird $\lambda$ ausgeklammert und die Klammer zum Eigenprojektor zusammengefasst, so wie bei $\mathbb{C}_{\mathrm{Iso}}$ in Gl. (2.22) der Eigenwert $2G$ fünf linear unabhängige Eigentensoren hat.

## 2.8 Symbolliste

| Symbol | Bedeutung |
|---|---|
| $\Omega$ | Gebiet eines repräsentativen Volumenelementes, Materialprobe |
| $\partial\Omega$ | Rand von $\Omega$ |
| $\chi(\mathbf{x})$ | Indikatorfunktion |
| $A$ | Fläche |
| $p_{ij...k}$ | $n$-Punkt-Korrelationsfunktion |
| $v_i$ | Volumenanteil einer Phase, $0 \leq v_i \leq 1$ |
| $V$ | Volumen des Gebietes $\Omega$ |
| $\mathbf{d}$ | Differenzvektor zwischen zwei Orten $\mathbf{d} = \mathbf{x}_1 - \mathbf{x}_2$ |
| $\mathbf{f}$ | Kraftvektor $\mathbf{f} = A\mathbf{t}$ |
| $\mathbf{g}$ | Temperaturgradient $\mathbf{g} = \nabla T$ |
| $\mathbf{k}$ | Wellenvektor in der Fourierreihe $\mathbf{f}(\mathbf{x}) = \sum_{\forall \mathbf{k}} e^{i\mathbf{x}\cdot\mathbf{k}} \hat{\mathbf{f}}_{\mathbf{k}}$ |
| $\mathbf{n}_{(0)}$ | Normalenvektor |
| $\mathbf{p}$ | Polarisationsfeld |
| $\mathbf{q}$ | Wärmeflussvektor |
| $\mathbf{t}$ | Spannungsvektor |
| $\mathbf{u}$ | Verschiebungsvektor $\mathbf{u} = \mathbf{x} - \mathbf{x}_0$ |
| $\mathbf{x}$ | Ortsvektor in der Momentanplatzierung |
| $\mathbf{x}_0$ | Ortsvektor in der Referenzplatzierung |

| Symbol | Bedeutung |
|---|---|
| $\mathbf{I}$ | Einstensor 2. Stufe |
| $\boldsymbol{\varepsilon}$ | linearer Dehnungstensor $\boldsymbol{\varepsilon} = \mathrm{sym}(\mathbf{H})$ |
| $\mathbf{F}$ | Deformationsgradient $\mathbf{F} = \mathbf{x}(\mathbf{x}_0) \otimes \nabla_0$ |
| $\mathbf{H}$ | Verschiebungsgradient $\mathbf{H} = \mathbf{u}(\mathbf{x}_0) \otimes \nabla_0$ |
| $\mathbf{L}$ | Konstitutivtensor für Vektorfeldprobleme, z. B. $\mathbf{q} = \mathbf{L} \cdot \mathbf{g}$ |
| $\mathbf{P}$ | kontextabhängig die ersten Piola-Kirchhoff-Spannungen oder ein Projektionstensor oder das Polarisationsfeld |
| $\boldsymbol{\sigma}$ | Cauchyscher Spannungstensor |
| $\boldsymbol{\tau}$ | Polarisationsspannungen $\boldsymbol{\tau}(\mathbf{x}) = (\mathbb{C}(\mathbf{x}) - \mathbb{C}^0) : \boldsymbol{\varepsilon}(\mathbf{x})$ |
| $\mathbb{I}$ | Identität auf symmetrischen Tensoren 2. Stufe, $\mathrm{sym}(\mathbf{A}) = \mathbb{I} : \mathbf{A}$ <br> $\mathbb{I} = \frac{1}{2}(\delta_{ik}\delta_{jl} + \delta_{il}\delta_{jk})\mathbf{e}_i \otimes \mathbf{e}_j \otimes \mathbf{e}_k \otimes \mathbf{e}_l$ |
| $\overset{\langle 3 \rangle}{\boldsymbol{\varepsilon}}$ | Permutationstensor 3. Stufe |
| $\mathbb{C}$ | Steifigkeitstetrade |
| $\mathbb{C}^0$ | Vergleichssteifigkeit im Differenzproblem |
| $\mathbb{C}_{\#}$ | anisotrope Referenzsteifigkeit |
| $\mathbb{K}$ | Konzentrationstensor, bildet via $\boldsymbol{\sigma}(\mathbf{x}) = \mathbb{K}(\mathbf{x})\overline{\boldsymbol{\sigma}}$ mittlere in lokale Spannungen ab |
| $\mathbb{L}$ | Konzentrationstensor, bildet via $\boldsymbol{\varepsilon}(\mathbf{x}) = \mathbb{L}(\mathbf{x})\overline{\boldsymbol{\varepsilon}}$ mittlere in lokale Dehnungen ab |
| $\mathbb{P}_{C1,2,3}$ | die drei kubischen Projektoren |
| $\mathbb{P}_{I1/2}$ | erster und zweiter isotroper Projektor 4. Stufe |
| $\nabla$ | Nabla-Operator $\nabla(\cdot) = \partial(\cdot)/\partial x_{(0)i}\mathbf{e}_i$ |
| $\nabla^2$ | Laplace-Operator $\nabla^2(\cdot) = ((\cdot) \otimes \nabla) \cdot \nabla = (\cdot)_{,ii}$ |
| $\Delta$ | Differenz zwischen zwei Größen gleichen Typs, z. B. $\Delta\mathbb{C} = \mathbb{C} - \mathbb{C}^0$ |

# 3 Mikrostrukturcharakterisierung

Im ersten Schritt wenden wir uns der geometrischen und statistischen Beschreibung der Mikrostruktur zu.

## 3.1 Indikatorfunktion

Für eine konkrete Mikrostruktur verwenden wir die Indikatorfunktion $\chi_i(\mathbf{x})$, welche den Wert Null oder Eins annimmt und damit anzeigt, ob sich $\mathbf{x}$ im Gebiet von Material $i$ befindet. Dabei nehmen wir bereits an, dass das Material zumindest gebietsweise homogen ist, siehe Abb. 3.1. Gehen wir davon aus, dass an jedem Raumpunkt genau eine von $n$ Phasen vorliegt, können wir aus der Abwesenheit von $n-1$ Phasen auf die Anwesenheit der übrigen Phase schließen. Somit kann eine der Indikatorfunktionen durch die anderen Indikatorfunktionen ausgedrückt werden:

$$\chi_n(\mathbf{x}) = 1 - \chi_1(\mathbf{x}) - \chi_2(\mathbf{x}) \ldots - \chi_{n-1}(\mathbf{x}). \tag{3.1}$$

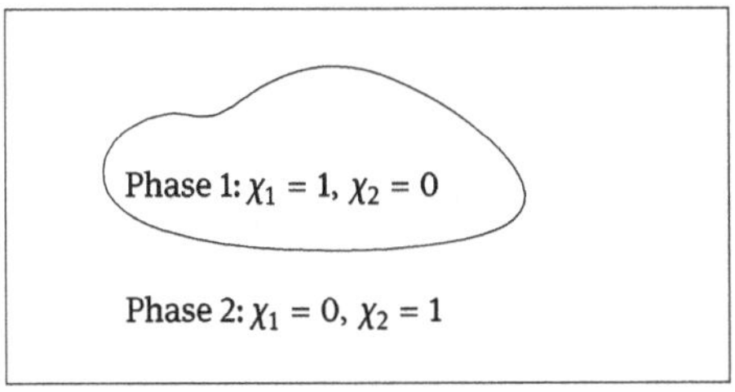


**Abb. 3.1:** Die Indikatorfunktionen zeigen an, welche Phase am Ort **x** vorliegt.

## 3.2 Einpunktstatistik

Wir schreiben mit $p_i(\mathbf{x})$ die Wahrscheinlichkeit, das Material $i$ an einem zufällig (uniform verteilt) gewählten Ort $\mathbf{x}$ anzutreffen. Es gilt

$$1 = \sum_{i=1}^{n} p_i(\mathbf{x}), \tag{3.2}$$

wobei $n$ die Anzahl der möglichen Phasen darstellt. $p_i$ wird als Einpunktstatistik bezeichnet, da sie nur die Wahrscheinlichkeit enthält, die Phase $i$ an einem einzelnen Raumpunkt anzutreffen. Sie entspricht dem Volumenanteil

$$v_i = p_i = \frac{1}{V} \int_{\Omega} \chi_i(\mathbf{x}) \, \mathrm{d}\mathbf{x}. \tag{3.3}$$

https://doi.org/10.1515/9783110719499-003

Dabei wird über ein Gebiet $\Omega$ mit dem Volumen $V$ integriert, welches groß genug ist, um die Mikrostrukturmerkmale von Interesse zu erfassen. Man nennt ein solches Gebiet *repräsentativ*. Wir gehen in aller Regel davon aus, dass die Mikrostruktur statistisch homogen ist, dass also der Ort des Ausschnittes $\Omega$ für die statistischen Eigenschaften der Mikrostruktur nicht relevant ist.

Da wir die Indikatorfunktion einer Phase durch die Indikatorfunktionen der anderen Phasen ausdrücken können, kann auch eine Einpunktstatistik durch die anderen ausgedrückt werden,

$$v_n = p_n = \frac{1}{V}\int_{\Omega} 1 - \chi_1(\mathbf{x}) - \chi_2(\mathbf{x}) \ldots - \chi_{n-1}(\mathbf{x})\, \mathrm{d}\mathbf{x} \tag{3.4}$$

$$= 1 - p_1 - p_2 \ldots - p_{n-1}. \tag{3.5}$$

## 3.3 Mehrpunktstatistiken

Dementsprechend gibt es auch Mehrpunktstatistiken. Man kann dann von Korrelationen sprechen, z. B. der Zweipunktkorrelation

$$p_{ii}(\mathbf{x}_1, \mathbf{x}_2), \tag{3.6}$$

welche angibt, wie groß die Wahrscheinlichkeit ist, dass die Phase $i$ gleichzeitig an den Punkten $\mathbf{x}_1$ und $\mathbf{x}_2$ vorliegt. Wegen der angenommenen statistischen Homogenität können wir bei beiden Argumenten den Vektor $\mathbf{x}_2$ abziehen, so dass

$$p_{ii}(\mathbf{x}_1, \mathbf{x}_2) = p_i(\underbrace{\mathbf{x}_1 - \mathbf{x}_2}_{\mathbf{d}}, \mathbf{o}) \tag{3.7}$$

ist, mit dem Differenzvektor $\mathbf{d}$. Wir können somit bei Mehrpunktkorrelationen aufgrund der statistischen Homogenität immer um ein Argument reduzieren. Konkret ergibt sich die Zweipunktstatistik zu

$$p_{ii}(\mathbf{d}) = \frac{1}{V}\int_{\Omega} \chi_i(\mathbf{x})\chi_i(\mathbf{x} + \mathbf{d})\, \mathrm{d}\mathbf{x}. \tag{3.8}$$

Die Zweipunktstatistik hängt nur von $\mathbf{d}$ ab und kann daher noch gut visualisiert werden. Hierzu werden zwei Beispiele betrachtet.

**Beispiel 1**

Wir betrachten einen regulären Laminataufbau aus einer 0.4 mm (Phase 1) und einer 0.6 mm (Phase 2) dicken Schicht, der sich periodisch wiederholt (Abb. 3.2). Gesucht sind die 1-, 2- und 3-Punktstatistiken.

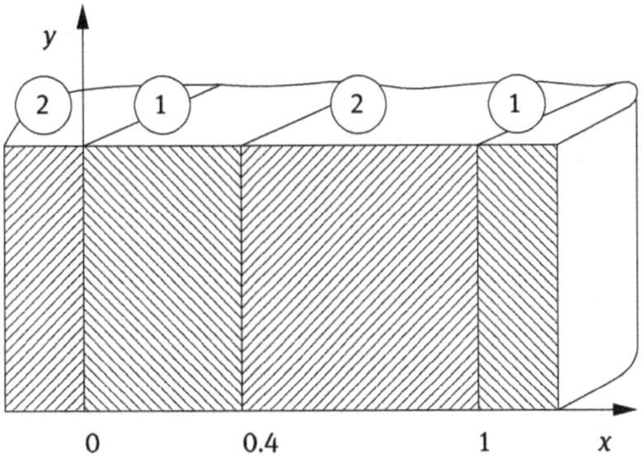


**Abb. 3.2:** Periodischer Laminataufbau mit $p_1 = 0.4$ und $p_2 = 0.6$.

**Lösung**

Wir wählen $x$ als Normalenrichtung. Eine Abhängigkeit senkrecht zur $x$-Richtung besteht nicht. Bei $x = 0$ beginnt eine 0.4 mm dicke Schicht der Phase 1. Im Folgenden wird die Längeneinheit mm der Übersicht halber weggelassen. Wir haben als Indikatorfunktionen

$$\chi_1(x) = \begin{cases} 0 \leq \mathrm{mod}(x,1) < 0.4 : 1 \\ 0.4 \leq \mathrm{mod}(x,1) < 1 : 0, \end{cases} \tag{3.9}$$

$$\chi_2(x) = \begin{cases} 0 \leq \mathrm{mod}(x,1) < 0.4 : 0 \\ 0.4 \leq \mathrm{mod}(x,1) < 1 : 1. \end{cases} \tag{3.10}$$

Damit ergeben sich die Volumenanteile

$$v_1 = \int_0^1 \chi_1(x)\,\mathrm{d}x = \int_0^{0.4} \mathrm{d}x = 0.4, \tag{3.11}$$

$$v_2 = \int_0^1 \chi_2(x)\,\mathrm{d}x = \int_{0.4}^{1.0} \mathrm{d}x = 1 - 0.4 = 0.6. \tag{3.12}$$

Es wird über ein Intervall $0 \leq x \leq 1$ integriert, das repräsentativ für die Mikrostruktur ist. Über die Elementarzelle hinaus überträgt sich die Periodizität des Laminataufbaus auf die Korrelationsfunktionen. Die erste statistische Information über die Anordnung der Phasen liefert $p_{11}(d)$ mit $d = x_1 - x_2$,

$$p_{11}(d) = \int_0^1 \chi_1(x)\chi_1(x+d)\,\mathrm{d}x \tag{3.13}$$

$$= \int_0^{0.4} \chi_1(x+d)\,\mathrm{d}x. \tag{3.14}$$

Das Umschreiben der zweiten Indikatorfunktion fällt wegen der Abhängigkeit von $d$ nicht mehr ganz so leicht. Wenn $0 < d < 0.4$ ist, ist $\chi_1(x + d) = 1$ im Intervall $0 < x < 0.4 - d$. Wenn $0.4 < d < 0.6$ ist, existiert kein $x$, bei welchem $\chi_1(x + d) = 1$ ist. Wenn $0.6 < d < 1.0$ ist, ist $\chi_1(x + d) = 1$ im Intervall $1 - d < x < 0.4$. Die Periodizität überträgt sich auf $d$. Damit erhalten wir

$$p_{11}(d) = \begin{cases} 0.0 \leq \mathrm{mod}(d, 1) < 0.4 : \int_0^{0.4-d} \mathrm{d}x = 0.4 - d \\ 0.4 \leq \mathrm{mod}(d, 1) < 0.6 : 0 \\ 0.6 \leq \mathrm{mod}(d, 1) < 1 : \int_{1-d}^{0.4} \mathrm{d}x = d - 0.6. \end{cases} \tag{3.15}$$

Man kann dies relativ leicht nachvollziehen, indem man eine gedachte Linie der Länge $d$ über das Laminat legt und schaut, für welche Intervalle von Startpunkten beide Enden in der gleichen Phase liegen. Dies setzt man dann ins Verhältnis zur Periodenlänge. Für $p_{22}(d)$ erhält man durch Ausnutzung von $\chi_1(x) + \chi_2(x) = 1$

$$p_{22}(d) = \int_0^1 \chi_2(x)\chi_2(x + d)\,\mathrm{d}x \tag{3.16}$$

$$= \int_0^1 (1 - \chi_1(x))(1 - \chi_1(x + d))\,\mathrm{d}x \tag{3.17}$$

$$= \int_0^1 1 - \chi_1(x) - \chi_1(x + d) + \chi_1(x)\chi_1(x + d)\,\mathrm{d}x \tag{3.18}$$

$$= 1.0 - 0.4 - \int_0^1 \chi_1(x + d)\,\mathrm{d}x + p_{11}(d) \tag{3.19}$$

$$= 0.6 - \int_{0+d}^{1+d} \chi_1(x)\,\mathrm{d}x + p_{11}(d) \tag{3.20}$$

$$= 0.6 - 0.4 + p_{11}(d) \tag{3.21}$$

$$= 0.2 + p_{11}(d) \tag{3.22}$$

$$= \begin{cases} 0 \leq \mathrm{mod}(d, 1) < 0.4 : 0.6 - d \\ 0.4 \leq \mathrm{mod}(d, 1) < 0.6 : 0.2 \\ 0.6 \leq \mathrm{mod}(d, 1) < 1 : d - 0.4. \end{cases} \tag{3.23}$$

Schließlich gibt es noch die gemischte Korrelation $p_{12}(d) = p_{21}(d)$. Die Symmetrie in den Indizes ergibt sich aus der angenommenen statistischen Homogenität.

$$p_{12}(d) = \int_0^1 \chi_1(x)\chi_2(x + d)\,\mathrm{d}x \tag{3.24}$$

$$= \int_0^1 (1 - \chi_2(x))(1 - \chi_1(x + d))\, dx \tag{3.25}$$

$$= \int_0^1 1 - \chi_2(x) - \chi_1(x + d) + \chi_2(x)\chi_1(x + d)\, dx. \tag{3.26}$$

Das Argument $x + d$ im dritten Summanden kann wieder auf die Integrationsgrenzen übertragen werden. Dies wirkt sich in unserem Beispiel wegen der Periodizität und im Allgemeinen wegen hinreichend großer Materialproben nicht auf das Ergebnis, nämlich den Volumenanteil aus.

$$p_{12}(d) = \int_0^1 1\, dx - \int_0^1 \chi_2(x)\, dx - \int_{0+d}^{1+d} \chi_1(x) + \int_0^1 \chi_2(x)\chi_1(x + d)\, dx \quad \leftarrow \begin{array}{l}\text{statistische}\\ \text{Homogenität}\end{array} \tag{3.27}$$

$$p_{12}(d) = \int_0^1 \underbrace{1 - \chi_2(x) - \chi_1(x)}_{0} + \chi_2(x)\chi_1(x + d)\, dx \tag{3.28}$$

$$= p_{21}(d). \tag{3.29}$$

Mit der Summe der Wahrscheinlichkeiten $1 = p_{11}(d) + p_{22}(d) + 2p_{12}(d)$ erhalten wir

$$p_{12}(d) = \frac{1}{2}(1 - p_{11}(d) - p_{22}(d)), \tag{3.30}$$

also

$$p_{12}(d) = \begin{cases} 0 \le \operatorname{mod}(d, 1) < 0.4 : d \\ 0.4 \le \operatorname{mod}(d, 1) < 0.6 : 0.4 \\ 0.6 \le \operatorname{mod}(d, 1) < 1 : 1 - d. \end{cases} \tag{3.31}$$

Die Zweipunktkorrelationen sind in Abb. 3.3 dargestellt. Die Dreipunktkorrelationen lassen sich auf zwei Parameter $d_1$ und $d_2$ zurückführen. Man erkennt wieder die periodische Struktur sowie die Symmetrie, wenn $d_1 = d_2$ ist, siehe Abb. 3.4.

**Beispiel 2**
Wir betrachten die in Abb. 3.5 abgebildete Mikrostruktur und versuchen, mit Hilfe der Zweipunktstatistik die Anisotropie zu beurteilen.

Den Farben Schwarz und Weiß werden die Werte 0 und 1 zugeordnet, so dass wir eine gerasterte Indikatorfunktion haben. Die Auswertung der Integrale wird zu einer Summation über alle Pixel. Wir werten die Zweipunktkorrelationen für verschiedene **d** aus, anschließend plotten wir deren Wert in der **d**-Ebene. Der Mathematica-Code in Listing 3.1 erledigt dies für uns. Anhand der Plots erkennen wir eine Vorzugsrichtung in der Nahordnung, siehe Abb. 3.6.

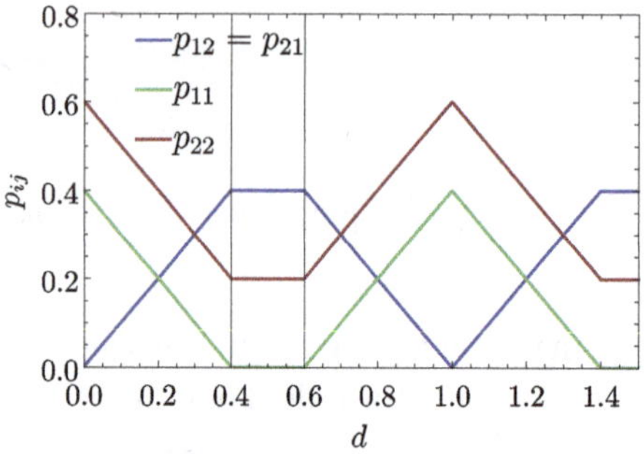


**Abb. 3.3:** Zweipunktkorrelationen $p_{ij}(d)$ des Laminataufbaus. Man erkennt die Periodizität der Mikrostruktur an der Periodizität der Korrelationsfunktionen. Man sieht beispielsweise, dass $p_{11}$ zwischen $d = 0.4$ und $d = 0.6$ den Wert Null annimmt, man also keine Nadel der Länge $0.4 \ldots 0.6$ senkrecht über das Laminat legen kann, so dass beide Enden in Phase 1 liegen. Die den einzelnen Schichtdicken entsprechenden kritischen Längen von 0.4 mm und 0.6 mm sind als senkrechte Linien eingezeichnet.

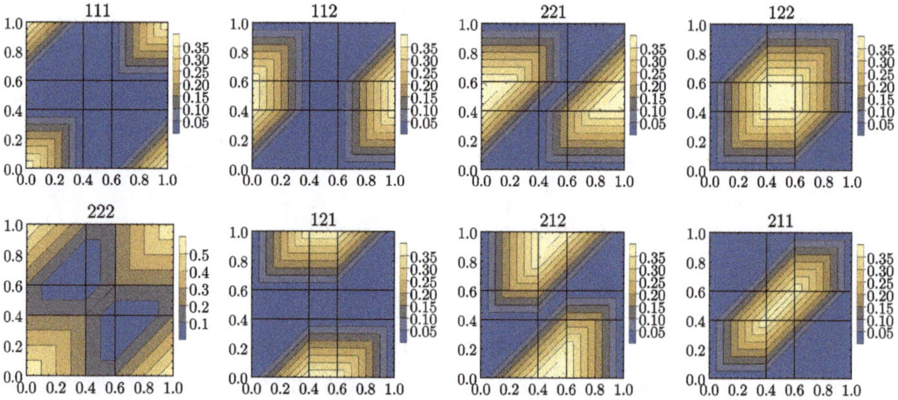


**Abb. 3.4:** Dreipunktkorrelationen $p_{ijk}(d_1, d_2) = \int_\Omega \chi_i(x)\chi_j(x + d_1)\chi_k(x + d_2)\,dx$ mit $d_1$ horizontal und $d_2$ vertikal aufgetragen, die kritischen Längen 0.4 mm und 0.6 mm sind eingezeichnet. Die Ergebnisse lassen sich periodisch fortsetzen. Die Vertauschung der Indizes $j$ und $k$ führt zur Spiegelung an der Achse $d_1 = d_2$. Bei $j = k$ ist das Ergebnis symmetrisch bezüglich der Achse $d_1 = d_2$.

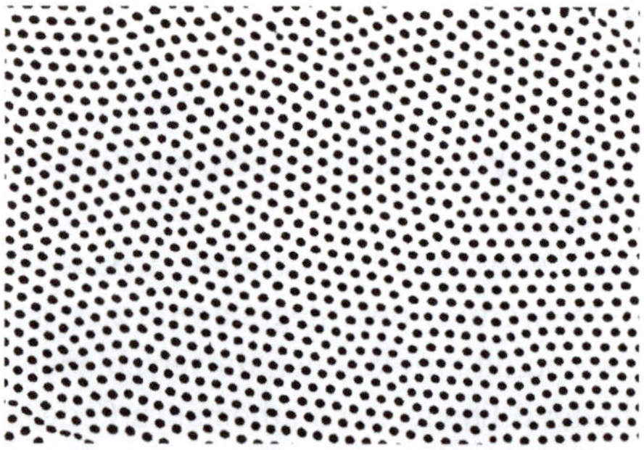

**Abb. 3.5:** Eine reale Matrix-Einschluss-Struktur (aus Orera und Merino (2015)).

**Listing 3.1:** Mathematica-Code zum Erzeugen der Zweipunktkorrelation auf einer binären Mikrostruktur.

```
(* Die numerische Auswertung der 2-Pkt-Korrelation wird zwecks schnellerer Ausführung kompiliert
    *)
averageCompiled = Compile[{{x, _Integer}, {y, _Integer}, {grid, _Real, 2}},
 Module[{dimx, dimy}, {dimx, dimy} = Dimensions[grid];
  Mean@Flatten@Table[
   grid[[i, j]] grid[[i + x - 1, j + y - 1]], {i, dimx - x + 1}, {j, dimy - y + 1}]],
 CompilationTarget -> "C",
 RuntimeOptions -> "Speed"];

(* Die Mikrostruktur wird eingelesen und Schwarz-Weiss-gefärbt *)
SetDirectory[NotebookDirectory[]];
TempDat = ImageData[Binarize[Import["bild2_binaer.jpeg"]]];

(* Two-Point-Correlation-Function (tpcf) als Raster speichern und plotten *)
tpcf = Table[N[averageCompiled[i, j, TempDat]], {i, 1, 100, 5}, {j, 1, 100, 5}];
ListContourPlot[tpcf, PlotRange -> All, Mesh -> 20,
 MeshFunctions -> {Function[{x, y, z}, z]},
 Contours -> {{0.8, {Thick, Black}}, ## & @@ ({#, None} & /@ Range[Min@tpcf, Max@tpcf, .0025])},
 PlotLegends -> Placed[BarLegend[Automatic, LegendMargins -> {{0, 0}, {10, 5}}], Right]]
```

## 3.4 Periodische Mikrostrukturen

Bei periodischen Mikrostrukturen gilt

$$p_i(\mathbf{x}) = p_i(\mathbf{x} + k\mathbf{p}_1 + l\mathbf{p}_2 + m\mathbf{p}_3) \tag{3.32}$$

für alle ganzen Zahlen $k, l, m$. Die drei linear unabhängigen Vektoren $\mathbf{p}_i$ spannen den Periodizitätsrahmen auf. Die Korrelationsfunktionen verhalten sich wie im ersten Beispiel: sie sind periodisch und streben nicht gegen einen asymptotischen Wert für $\|\mathbf{d}\| \to \infty$. Periodische Mikrostrukturen haben eine Fernordnung. Im Beispiel mit der realen Mikrostruktur erkennt man eine abklingende Nahordnung in Abb. 3.6. Im strengen Sinne ist diese Mikrostruktur nicht periodisch. Betrachtet man jedoch nicht die Korrelation im Unendlichen, sondern nur in einem begrenzten Gebiet, kann man durchaus von einem periodischen Anteil in der Nahordnung sprechen.

## 3.5 Andere statistische Deskriptoren

Die besprochenen Korrelationsfunktionen erlauben eine vollständige statistische Beschreibung einer Mikrostruktur. Sie tauchen bei analytischen Methoden direkt in den Integralausdrücken für die effektiven Eigenschaften auf, siehe z. B. Kapitel 15 in Milton (2002). Daneben gibt es aber auch eine Reihe anderer Definitionen für Korrelationsfunktionen (Torquato, 2005) und andere statistische Kenngrößen, welche auf einzelne Aspekte der Mikrostruktur zugeschnitten sind. Beispielsweise gibt die lineal-path

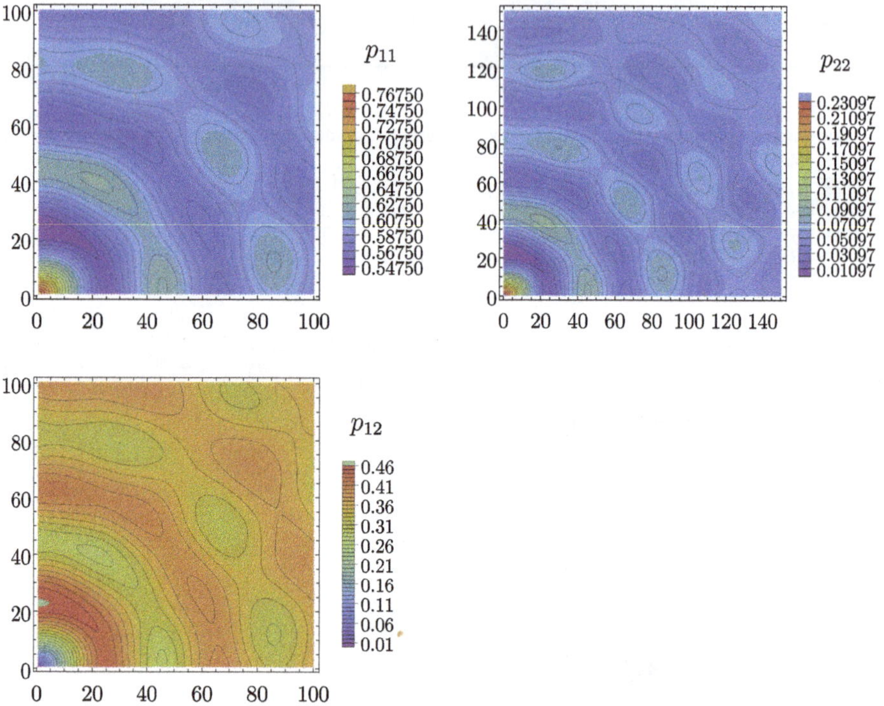


**Abb. 3.6:** $p_{11}$ (links oben), $p_{22}$ (rechts oben) und $p_{12}$ (unten) für die reale Mikrostruktur in Abb. 3.5. Bei $\mathbf{d} = \mathbf{o}$ findet man die Volumenanteile von 0.768483 (bei $p_{11}$) und 0.230972 (bei $p_{22}$) sowie den Wert 0 (bei $p_{12}$) wieder. Wir erkennen regelmäßige Ringe im Abstand von ca. 45 Pixeln, was in etwa der mittlere Abstand der Einschlüsse ist. Dies ist die Nahordnung. Mit steigendem Abstand geht diese im stochastischen Rauschen unter, und die Zweipunktkorrelation nähert sich dem Erwartungswert zweier zufällig gewählter Punkte $0.768483^2 = 0.590567$ ($p_{11}$) und $0.230972^2 = 0.05335$ ($p_{22}$) an. Es gibt also keine Fernordnung. Des Weiteren erkennt man im ersten Ring eine schwache Anisotropie in der Nahordnung.

function an, wie groß die Wahrscheinlichkeit ist, dass eine Nadel der Länge $l$ mit der Richtung $\mathbf{v}$ vollständig in einer Phase liegt. Sie ist im Gegensatz zur Zweipunktkorrelation monoton fallend mit dem Abstand der Endpunkte.

## 3.6 Erzeugen von Materialverteilungen zu gegebenen Korrelationsfuntionen

Manchmal stellt sich das umgekehrte Problem: Man hat Korrelationsfunktionen an realen Mikrostrukturdaten gemessen, und möchte nun eine Mikrostruktur mit diesen statistischen Eigenschaften konstruieren. Hierfür gibt es keine direkten Methoden, vielmehr wird die Mikrostruktur iterativ verändert, bis die gewählten statistischen Deskriptoren hinreichend gut übereinstimmen. Einen Einstieg in diese Thematik liefert der Abschnitt „Heterogeneous media reconstruction" in Tashkinov (2017).

## 3.7 Zusammenfassung

Eine vollständige Beschreibung einer Mikrostruktur mit gebietsweise homogenen Phasen ist durch die Indikatorfunktionen $\chi_i(\mathbf{x})$ gegeben. Die statistischen Eigenschaften von Mikrostrukturen werden in aus den Indikatorfunktionen abgeleiteten Korrelationsfunktionen zusammengefasst. Sie objektivieren und quantifizieren eine Mikrostruktur, so dass diese verglichen und analysiert werden kann. Mit den Korrelationsfunktionen können z. B. Anisotropie, Nahordnung oder Periodizität objektiv festgestellt werden.

Leider lassen sich auch für einfache Strukturen nur selten geschlossene Ausdrücke für die Korrelationsfunktionen angeben. In aller Regel werden die Korrelationsfunktionen numerisch aus Schliffbildern oder 3D-Tomographieaufnahmen bestimmt.

Des Weiteren gehen bei der analytischen Homogenisierung linearer Materialgesetze die Korrelationsfunktionen direkt in die die effektiven Eigenschaften definierenden Integrale ein, wenn dies im Realraum erfolgt, siehe z. B. Kapitel 15 in Milton (2002) oder Kapitel 20 in Torquato (2005). Dies ist mathematisch allerdings sehr schwierig. Wesentlich einfacher, und ohne die Verwendung der Korrelationsfunktionen, ist dies im Fourierraum möglich, siehe Abschnitt 12.

#### Übung: Das Nadelproblem

Wie groß ist die Wahrscheinlichkeit, dass eine auf ein Raster geworfene Nadel der Länge $l$ keine Linie schneidet? Die Rasterlänge ist ebenfalls $l$, siehe Abb. 3.7.

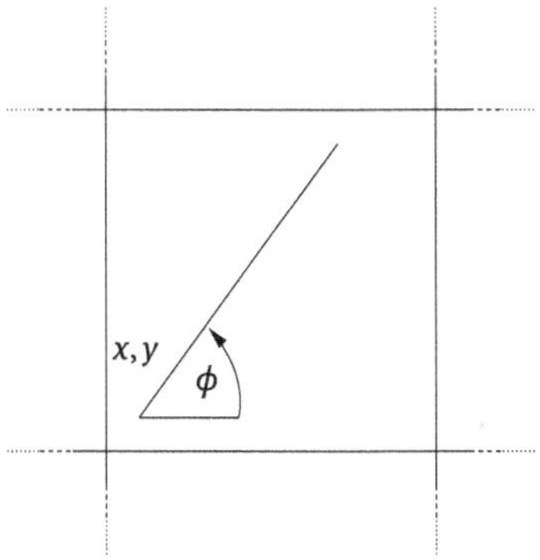


**Abb. 3.7:** Nadel auf Raster.

**Lösung**

$(\pi-3)/\pi \approx 0.045 = 4.5\,\%$. Der Zustandsraum der Nadel wird damit beschrieben, dass ein Ende der Nadel im Raster an den Orten $x = 0 \ldots l$ und $y = 0 \ldots l$ liegt und die Nadel einen Winkel $\phi = 0 \ldots 2\pi$ mit der $x$-Achse hat. Man muss nun eine Funktion $\chi(x, y, \phi)$ konstruieren, deren Wert 0 ist, wenn die Nadel eine Rasterlinie schneidet und 1, wenn dies nicht der Fall ist. Das Integral dieser Funktion über den Zustandsraum dividiert durch die Größe des Zustandsraumes ist der gesuchte prozentuale Anteil an Realisierungen ohne Schnittpunkte zwischen Nadel und Raster.

$$\chi(x, y, \phi) = \begin{cases} x + l\cos\phi < l \quad \text{und} \quad y + l\cos\phi < l \,:\, 1 \\ \text{sonst} : 0 \end{cases} \tag{3.33}$$

Die Integration wird dann nur über den Teil mit $\chi = 1$ gemacht und mit Ausnutzung der Symmetrie bezüglich der 4 Ecken eines Rasterquadrates,

$$\int_0^{2\pi}\int_0^{l}\int_0^{l} \chi(x, y, \phi)\,\mathrm{d}x\,\mathrm{d}y\,\mathrm{d}\phi = 4\int_0^{\pi/2}\int_0^{l-l\sin\phi}\int_0^{l-l\cos\phi} \mathrm{d}x\,\mathrm{d}y\,\mathrm{d}\phi \tag{3.34}$$

$$= 2l^2(\pi - 3). \tag{3.35}$$

Die Integration über den gesamten Realisierungsraum liefert $2\pi l^2$. Der prozentuale Anteil der Realisierungen ohne Schnittpunkte mit dem Gitter ist der Quotient

$$\frac{2l^2(\pi-3)}{2\pi l^2} = (\pi - 3)/\pi. \tag{3.36}$$

Der Wert lässt sich auch durch numerische Experimente approximieren, siehe Listing 3.2.

**Listing 3.2:** Numerisches Experiment zum Berechnen der Wahrscheinlichkeit, dass die Nadel das Raster nicht schneidet. Es liefert z. B. die Ausgaben `0.04513355` und `0.0450703414486`.

```
count = 0;
Do[
 phi = Random[Real, {0, 2 Pi}];
 x = Random[]; (* x & y zwischen 0 und 1 *)
 y = Random[];
 If[Floor[x + Cos[phi]] == 0 && Floor[y + Sin[phi]] == 0, count = count + 1],
 20000000]
count/20000000 // N
(Pi - 3)/Pi // N
```

# 4 Das kontinuumsmechanische Rand- und Anfangswertproblem der Homogenisierung

**Virtuelle Materialprobe**

Wir betrachten eine virtuelle Materialprobe wie in Abb. 4.1. Das Gebiet wird mit $\Omega$ bezeichnet, der Rand mit $\partial\Omega$. Das Verschiebungsfeld $\mathbf{u}(\mathbf{x}_0)$ beschreibt die Bewegung der Probe aus der Ausgangslage, in der $\mathbf{u}$ überall Null ist. $\mathbf{x}_0$ ist der Ortsvektor der Materialpunkte in der Ausgangslage,

$$\mathbf{x}(\mathbf{x}_0) = \mathbf{u}(\mathbf{x}_0) + \mathbf{x}_0 \tag{4.1}$$

ist der Ortsvektor der Materialpunkte in der deformierten Lage. Der Verschiebungsgradient ist

$$\mathbf{H} = \mathbf{u}(\mathbf{x}_0) \otimes \nabla_0. \tag{4.2}$$

Das Spannungsvektorfeld auf dem Rand $\partial\Omega$ ergibt sich aus

$$\mathbf{t}(\mathbf{x}_0) = \mathbf{P}(\mathbf{x}_0) \cdot \mathbf{n}_0(\mathbf{x}_0), \tag{4.3}$$

mit dem ersten Piola[1]-Kirchhoff[2]-Spannungstensor $\mathbf{P}$ und dem Normalenvektor $\mathbf{n}_0(\mathbf{x}_0)$ in der Ausgangsplatzierung. All diese Variablen sind Felder. Wir verwenden zur Beschreibung meist die Ortsvektoren $\mathbf{x}_0$ in der Ausgangslage. Oft notieren wir der Übersicht halber diese Abhängigkeit nicht.

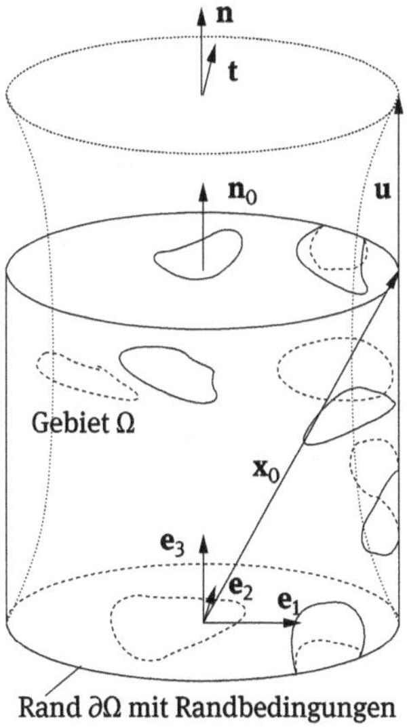


**Abb. 4.1:** Virtuelle Materialprobe mit Mikrostruktur.

1 Gabrio Piola, 1794–1850.

2 Gustav Robert Kirchhoff, 1824–1887.

https://doi.org/10.1515/9783110719499-004

**Kleine Deformationen**

Der Dehnungstensor bei kleinen Deformationen ist mit

$$\boldsymbol{\varepsilon} = \frac{1}{2}(\mathbf{H} + \mathbf{H}^T) \tag{4.4}$$

der symmetrische Anteil von **H**. Im Folgenden kann der Übergang zu kleinen Deformationen durch Ersetzen der ersten Piola-Kirchhoff-Spannungen **P** durch die Cauchy[3]-Spannungen $\boldsymbol{\sigma}$ ($\mathbf{P} \to \boldsymbol{\sigma}$) sowie $\mathbf{H} \to \boldsymbol{\varepsilon}$, $\mathbf{x}_0 \to \mathbf{x}$ und $\nabla_0 \to \nabla$ erfolgen. Die folgenden Abschnitte gelten allerdings auch für große Deformationen und lassen sich auch kompakter ohne die Symmetrisierung aufschreiben.

**Randbedingungen**

Auf dem Rand geben wir in drei orthogonalen Richtungen jeweils lineare Zwänge zwischen **u** und **t** vor. Bei einer reibungsfreien Auflage einer glatten Fläche mit der Normalen $\mathbf{n}_0$ ist z. B. $\mathbf{u} \cdot \mathbf{n}_0 = 0$ und $\mathbf{t} \cdot (\mathbf{I} - \mathbf{n} \otimes \mathbf{n}) = \mathbf{o}$. Bei einer elastischen Bettung ist z. B. $\mathbf{t} = \mathbf{C} \cdot \mathbf{u}$. Meist werden an Randpunkten direkt alle Verschiebungen oder alle Spannungen vorgeschrieben. Schreiben wir **u** vor, spricht man auch von Dirichlet[4]-Randbedingungen oder direkten Randbedingungen, da der Wert der unbekannten Funktion spezifiziert wird. Schreiben wir **t** vor, spricht man von Neumann[5]-Randbedingungen oder natürlichen Randbedingungen. Beispielsweise gehen alle Finite-Elemente-Programmsysteme von spannungsfreien Rändern mit $\mathbf{t} = \mathbf{o}$ aus, sofern nichts anderes angegeben wird.

**Repräsentative Volumenelemente**

R. Hill[6] prägte für die virtuelle Materialprobe den Begriff „repräsentatives Volumenelement" (RVE). Dieser scheint zu implizieren, dass die Materialprobe periodisch fortsetzbar sein muss. Dies ist nicht der Fall, weswegen der Begriff „virtuelle Materialprobe" etwas klarer ist. *Der Begriff „repräsentativ" bezieht sich allein auf die Größe der virtuellen Materialprobe, nicht jedoch auf die Fortsetzbarkeit.* Die Materialprobe sollte groß genug sein, um die wesentlichen statistischen Eigenschaften zu fassen, siehe Abschnitt 4.2. Dann kann man z. B. den mittleren Elastizitätsmodul auch an einer zylindrischen, nicht periodisch fortsetzbaren Probe ermitteln. Allerdings ist der Begriff des RVE fest in der Sprache der Homogenisierer verankert, weswegen auch wir ihn verwenden. Des Weiteren ist die periodische Fortsetzbarkeit sehr gut geeignet, um die Einbettung des RVE in ein identisches Material zu simulieren, weswegen periodisch

3 Augustin-Louis Cauchy, 1789–1857.

4 Peter Gustav Lejeune Dirichlet, 1805–1859.

5 Carl Gottfried Neumann, 1832–1925.

6 Rodney Hill, 1911–2011.

fortsetzbare, quaderförmige RVE relativ gut geeignet sind, um die effektiven Eigenschaften zu approximieren, siehe Abschnitt 4.3.5.

## 4.1 Die Differenzialgleichung

Das oben skizzierte Rand- und Anfangswertproblem wird durch eine Differenzialgleichung im Gebiet $\Omega$ vervollständigt. Diese setzt sich aus einem Materialgesetz $\mathbf{P}(\mathbf{H},\ldots)$ und den Gleichgewichtsbedingungen zusammen. Je nach Materialmodell können interne Variablen (z. B. plastische Dehnungen oder Verfestigungszustand) oder eine Geschwindigkeitsabhängigkeit auftauchen. Das Materialgesetz hängt dabei vom Ort $\mathbf{x}_0$ ab und kann formal als Summe der Produkte der Materialgesetze der Phasen mit ihren Indikatorfunktionen geschrieben werden,

$$\mathbf{P}(\mathbf{x}_0) = \sum_{i=1\ldots n} \chi_i(\mathbf{x}_0)\mathbf{P}_i(\mathbf{H}(\mathbf{x}_0),\ldots). \tag{4.5}$$

Die Gleichgewichtsbedingungen sind

$$\mathbf{P} \cdot \nabla_0 = \mathbf{o}. \tag{4.6}$$

*Bei Homogenisierungsaufgaben für Materialgesetze müssen Massen- und Trägheitskräfte ausgeschlossen werden, da es sich nicht um zu homogenisierende Materialeigenschaften handelt.* Wir betrachten hier daher nur statische Probleme ohne Massenkräfte.[7]

Die originäre Dgl. ist also ein System von drei partiellen Dgl. vom Grad zwei (zweite Ableitungen in $\mathbf{x}_0$). Die rechte Seite ist immer Null, das System ist homogen. Die Koeffizienten auf der linken Seite sind nicht konstant, da das Materialgesetz vom Ort $\mathbf{x}_0$ abhängt.

In dieser direkten Form wird das Problem in aller Regel bei der numerischen Homogenisierung gelöst, siehe Abschnitt 4.4. Für analytische Methoden ist diese Darstellung jedoch ungeeignet, insbesondere die nicht konstanten Koeffizienten (Gl. 4.5) bereiten Probleme. Daher werden oft Umformulierungen des Homogenisierungsproblems verwendet, nämlich das Eigendehnungsproblem und das Polarisationsproblem, siehe Abschnitt 8.

7 Die häufig anzutreffende Argumentation, dass das Volumen proportional zu $l_{\text{mini}}^3$ ist (siehe Abschnitt 4.2), die Oberfläche proportional zu $l_{\text{mini}}^2$ und wir $l_{\text{mini}} \ll l_{\text{makro}}$ haben, und daher die Volumenkräfte gegenüber den Kontaktkräften im Grenzwert verschwinden, ist nicht gültig. Das effektive Materialverhalten muss sich bei $l_{\text{mini}} \to \infty$ einstellen. Daher fallen die Volumenkräfte nicht weg, sie müssen explizit ausgeschlossen werden.

## 4.2 Skalenabstand

Es wird ein großer Abstand zwischen der Mikro- und der Makroebene benötigt. Bekannte Beispiele für effektive Größen sind die thermodynamische Entropie und die Temperatur, welche nur für hinreichend große bzw. komplexe Systeme definiert sind, aber nicht für einzelne Atome oder Moleküle. Bei großem Skalenabstand tendiert das effektive Verhalten gegen den Erwartungswert, ähnlich dem Gesetz der großen Zahlen. Für die Anwendung der effektiven Eigenschaften ist sogar ein doppelter Skalenabstand notwendig. Einerseits soll die Materialprobe repräsentativ sein und damit deutlich größer als die Inhomogenitäten, andererseits soll die Materialprobe an einem materiellen Punkt im Makro-Modell eingesetzt werden. Dies ist Hashins[8] Mikro-Mini-Makro Prinzip (Hashin, 1983),

$$l_{\text{mikro}} \ll l_{\text{mini}} \ll l_{\text{makro}}. \tag{4.7}$$

Dabei steht $l_{\text{mikro}}$ für die charakteristische Größe der Inhomogenitäten, $l_{\text{mini}}$ für die Größe einer statistisch repräsentativen Materialprobe, und $l_{\text{makro}}$ für die typischen Abmessungen eines Bauteils, siehe Abb. 4.2.

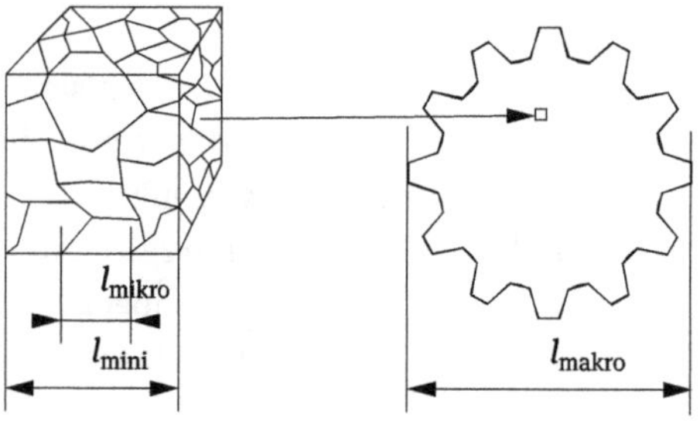


**Abb. 4.2:** Skalenabstand am Beispiel einer Kornstruktur.

**Beispiel**

Die Auswirkungen der Verletzung des Skalenabstandes wird an folgendem Experiment klar. Um die lokalen Materialeigenschaften zu bestimmen wird eine Zugprobe in 50 μm dünne Schichten geschnitten. Dann werden diese einzeln Zugversuchen unterworfen und die Elastizitätsmoduli gemessen. Diese werden mit dem Elastizitätsmodul der Gesamtprobe verglichen.

In dem Zahlenbeispiel hier handelt es sich um einen im Spritzguss hergestellten Quader aus Polypropylen. Durch die unterschiedlichen Abkühlkurven, welche vom Randabstand abhängen, bilden sich unterschiedliche Mikrostrukturen aus. In Abb. 4.3 ist ein Mikroschliff gegeben.

8 Zvi Hashin, 1929–2017.

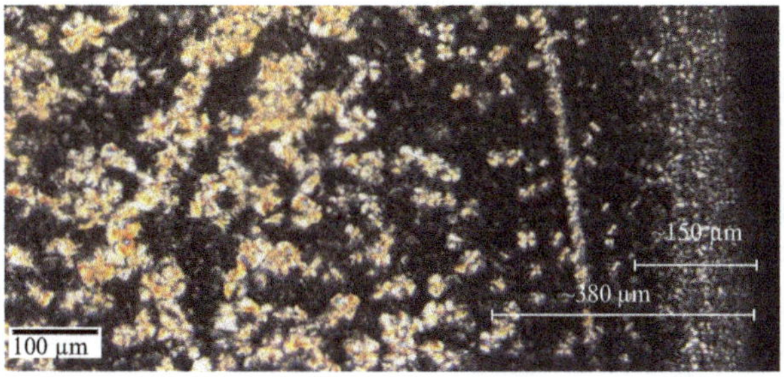


**Abb. 4.3:** Die Mikrostruktur einer spritzgegossenen Polypropylenprobe hängt vom Randabstand ab.

Plottet man die an den dünnen Schnitten gemessenen Elastizitätsmoduli über dem Randabstand, ergibt sich die blaue Kurve in Abb. 4.4. Der Mittelwert beträgt ca. 920 MPa und liegt damit signifikant unter dem an der Gesamtprobe gemessenem Elastizitätsmodul von ca. 1320 MPa. Da man sich die dünnen Schichten als Parallelschaltung von Federn vorstellen kann, würde man wahrscheinlich erwarten, dass der Mittelwert der Schicht-Elastizitätsmoduli in etwa dem Elastizitätsmodul der Gesamtprobe entspricht.

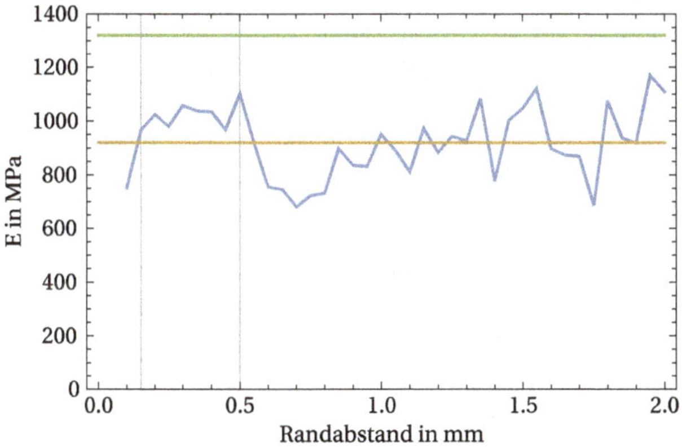


**Abb. 4.4:** Der Elastizitätsmodul der dünnen Schnitte über dem Randabstand (blau). Der Mittelwert beträgt ca. 920 MPa (gelb). Der an der Gesamtprobe gemessene Elastizitätsmodul beträgt 1320 MPa (grün).

Die Ursache für diese Diskrepanz liegt im zu geringen Skalenabstand. In den dünnen Schnitten wird durch die freie Oberfläche praktisch überall ein ebener Spannungszustand erzwungen. Bei homogenen Materialien würde sich ein homogener einachsiger Spannungszustand einstellen, unabhängig davon, ob man eine dünne Schicht oder die Gesamtprobe untersucht, und man würde immer den gleichen Elastizitätsmodul messen. Aufgrund der Inhomogenitäten haben wir jedoch lokal Spannungsfluktuationen. Diese können sich in der Gesamtprobe beliebig ausbilden, in den Schichten

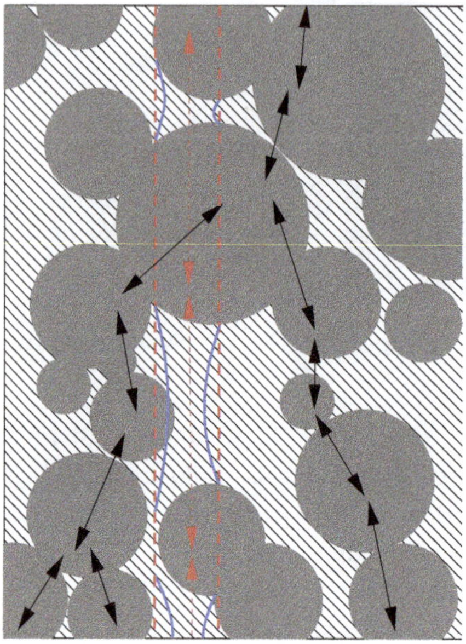

**Abb. 4.5:** Bei einer Struktur mit steifen Einschlüssen (semikristalline Spherulite) in einer weichen, nahezu inkompressiblen Matrix (amorphes Polymer) konzentriert sich der Lastfluss in den Einschlüssen (schwarze Pfeile). In einem dünnen Schnitt (rot) wird der Lastfluss verstärkt durch die weiche Matrix gelenkt. Zusätzlich können sich im dünnen Schnitt die unterschiedlichen Querdehnungen frei einstellen (blau). Insgesamt erscheint die dünne Probe weicher.

müssen sie hingegen eben bleiben. Damit fehlt den dünnen Schichten eine Dimension zur Lastverteilung, und sie erscheinen weicher als die Gesamtprobe, siehe Abb. 4.5 (Glüge u. a., 2020). Man kann sich an dem Schliffbild in Abb. 4.3 davon überzeugen, dass die Inhomogenitäten von der Größenordnung der Schichtdicke von 50 μm sind.

## 4.3 Integralsätze der Homogenisierung

Wir sind häufig an Volumenmittelwerten interessiert. Oft lassen sich diese mit dem Satz von Gauß[9]-Ostrogradski[10] auf Oberflächenintegrale zurückführen. Letztere können manchmal allein anhand der Randbedingungen ausgewertet werden, in welche die Lösung des Randwertproblems nicht eingeht.

### 4.3.1 Effektive Dehnungen

Der Mittelwert des Verschiebungsgradienten ist

$$\overline{\mathbf{H}} = \frac{1}{V} \int\limits_{\Omega} \mathbf{u} \otimes \nabla_0 \, \mathrm{d}\mathbf{x}_0 \tag{4.8}$$

$$= \frac{1}{V} \int\limits_{\partial\Omega} \mathbf{u} \otimes \mathbf{n}_0 \, \mathrm{d}\mathbf{x}_0 . \tag{4.9}$$

9 Carl Friedrich Gauß, 1777–1855.

10 Michail Wassiljewitsch Ostrogradski, 1801–1861.

Für $\overline{\boldsymbol{\varepsilon}}$ muss lediglich symmetrisiert werden. Wir können also aus den Randverschiebungen die mittlere Deformation integrieren. Dies gilt allgemein für jedes kontinuumsmechanische Randwertproblem.

**Homogene Dehnungsrandbedingungen**

Wenn wir einen Verschiebungsgradienten $\mathbf{H}_\partial$ wählen und mit diesem die Verschiebung an jedem Randpunkt gemäß

$$\mathbf{u}_\partial(\mathbf{x}_0) = \mathbf{H}_\partial \cdot \mathbf{x}_0 \tag{4.10}$$

vorschreiben, erhalten wir

$$\overline{\mathbf{H}} = \frac{1}{V} \int\limits_{\partial\Omega} \mathbf{H}_\partial \cdot \mathbf{x}_0 \otimes \mathbf{n}_0 \, \mathrm{d}\mathbf{x}_0 \tag{4.11}$$

$$= \mathbf{H}_\partial \cdot \underbrace{\frac{1}{V} \int\limits_{\partial\Omega} \mathbf{x}_0 \otimes \mathbf{n}_0 \, \mathrm{d}\mathbf{x}_0}_{\mathbf{I}} = \mathbf{H}_\partial. \tag{4.12}$$

### 4.3.2 Effektive Spannungen

Für die Spannung gibt es einen ähnlichen Zusammenhang, allerdings nur bei Abwesenheit von Volumenkräften. Wir schreiben das Volumenintegral als erstes mit Hilfe der Produktregel rückwärts um.

$$\overline{\mathbf{P}}^T = \frac{1}{V} \int\limits_{\Omega} \mathbf{P}^T(\mathbf{x}_0) \, \mathrm{d}\mathbf{x}_0 \tag{4.13}$$

$$= \frac{1}{V} \int\limits_{\Omega} \left[ (\mathbf{x}_0 \otimes \mathbf{P}(\mathbf{x}_0)) \cdot \nabla_0 - \mathbf{x}_0 \otimes (\mathbf{P}(\mathbf{x}_0) \cdot \nabla_0) \right] \mathrm{d}\mathbf{x}_0. \tag{4.14}$$

Diese Erweiterung ist etwas schwierig zu sehen. Sie wird am besten in Indexschreibweise (unter Vernachlässigung der Abhängigkeit von $\mathbf{x}_0$ und ohne den Index 0) bezüglich der Basis $\mathbf{e}_i \otimes \mathbf{e}_j$ nachvollzogen,

$$\frac{1}{V} \int\limits_{\Omega} P_{ji} \, \mathrm{d}\mathbf{x}_0 = \frac{1}{V} \int\limits_{\Omega} \left[ (x_i P_{jk})_{,k} - x_i P_{jk,k} \right] \mathrm{d}\mathbf{x}_0 \tag{4.15}$$

$$= \frac{1}{V} \int\limits_{\Omega} x_{i,k} P_{jk} + x_i P_{jk,k} - x_i P_{jk,k} \, \mathrm{d}\mathbf{x}_0 \tag{4.16}$$

$$= \frac{1}{V} \int\limits_{\Omega} \delta_{ik} P_{jk} \, \mathrm{d}\mathbf{x}_0 \tag{4.17}$$

$$= \frac{1}{V} \int\limits_{\Omega} P_{ji} \, \mathrm{d}\mathbf{x}_0. \tag{4.18}$$

Mit der lokalen Gleichgewichtsbedingung $\mathbf{P}(\mathbf{x}_0) \cdot \nabla_0 = \mathbf{o}$ fällt das zweite Integral in Gl. (4.14) weg. Das erste Integral wird mit dem Gauß-Ostrogradski-Satz in ein Oberflächenintegral umformuliert

$$\overline{\mathbf{P}}^T = \frac{1}{V} \int_\Omega (\mathbf{x}_0 \otimes \mathbf{P}(\mathbf{x}_0)) \cdot \nabla_0 \, \mathrm{d}\mathbf{x}_0 \tag{4.19}$$

$$= \frac{1}{V} \int_{\partial\Omega} \mathbf{x}_0 \otimes \mathbf{P}(\mathbf{x}_0) \cdot \mathbf{n}_0 \, \mathrm{d}\mathbf{x}_0, \tag{4.20}$$

oder mit $\mathbf{t} = \mathbf{P} \cdot \mathbf{n}_0$ und ohne die Transposition

$$\overline{\mathbf{P}} = \frac{1}{V} \int_{\partial\Omega} \mathbf{t} \otimes \mathbf{x}_0 \, \mathrm{d}\mathbf{x}_0. \tag{4.21}$$

Für $\overline{\boldsymbol{\sigma}}$ muss bei kleinen Deformationen lediglich symmetrisiert werden. Wir können also aus den Randspannungen $\mathbf{t}(\mathbf{x}_0)$ auf $\partial\Omega$ die mittlere Spannung $\overline{\mathbf{P}}$ integrieren. Dies gilt allgemein nur für statische Probleme ohne Volumenkräfte.

**Homogene Spannungsrandbedingungen**

Wenn wir einen Spannungstensor $\mathbf{P}_\partial$ wählen und mit diesem die Spannungen an jedem Randpunkt gemäß

$$\mathbf{t}_\partial(\mathbf{x}_0) = \mathbf{P}_\partial \cdot \mathbf{n}_0(\mathbf{x}_0) \tag{4.22}$$

vorschreiben, erhalten wir für die effektiven Spannungen

$$\overline{\mathbf{P}} = \frac{1}{V} \int_\Omega \mathbf{P}_\partial \cdot \mathbf{n}_0 \otimes \mathbf{x}_0 \, \mathrm{d}\mathbf{x}_0 \tag{4.23}$$

$$= \mathbf{P}_\partial \cdot \underbrace{\frac{1}{V} \int_\Omega \mathbf{n}_0 \otimes \mathbf{x}_0 \, \mathrm{d}\mathbf{x}_0}_{\mathbf{I}} = \mathbf{P}_\partial. \tag{4.24}$$

### 4.3.3 Die Hill-Mandel-Bedingung

Die Spannungsleistung ist eine elementare Größe in der Festkörpermechanik. Sie spielt eine wichtige Rolle bei der Energieerhaltung. Entsprechend sinnvoll ist es, ihre Erhaltung beim Skalenübergang zu fordern:

$$\langle \mathbf{P}(\mathbf{x}) \rangle : \langle \dot{\mathbf{H}}(\mathbf{x}) \rangle = \langle \mathbf{P}(\mathbf{x}) : \dot{\mathbf{H}}(\mathbf{x}) \rangle. \tag{4.25}$$

Die effektive Spannungsleistung wird einerseits aus der mittleren Spannung und der mittleren Dehnrate berechnet (linke Seite von Gl. (4.25)), andererseits kann sie auch lokal berechnet und dann erst über Volumenmittelung bestimmt werden (rechte Seite von Gl. (4.25)). Man verlangt gewissermaßen Ergodizität bei der Mittelung der Spannungsleistung, oder anders ausgedrückt Energieerhaltung beim Skalenübergang. Da wir alles bezüglich der Referenzkonfiguration $\mathbf{x}_0$ notieren, sind die materielle Zeitableitung und die Ortsableitung $\nabla_0$ vertauschbar.

Es stellt sich die Frage, welche Einschränkung wir mit der neuen Gleichung vornehmen.

- Anfangs war man der Meinung, dass Gl. (4.25) nur für unendlich große Proben erfüllt ist, da sich nur dann die statistischen Schwankungen aufheben. Daher sah man in der Hill-Mandel-Bedingung einen Qualitätsindikator für die Größe der virtuellen Materialprobe.
- Man kann allerdings zeigen, dass für bestimmte Randbedingungen die Gleichung unabhängig von der Größe der Materialprobe sowie dem Materialverhalten erfüllt ist. Daher wird die Hill-Mandel-Bedingung heute als Restriktion an die Randbedingungen angesehen. Für Homogenisierung werden nur diejenigen Randbedingungen als geeignet erachtet, die die Hill-Mandel-Bedingung a priori erfüllen.

Es ist leicht zu sehen, dass bei einer Zerlegung des Verschiebungsgradienten

$$\dot{\mathbf{H}}(\mathbf{x}_0) = \underbrace{\dot{\overline{\mathbf{H}}}}_{\langle\dot{\mathbf{H}}\rangle} + \underbrace{\dot{\tilde{\mathbf{H}}}(\mathbf{x}_0)}_{\dot{\mathbf{H}}(\mathbf{x}_0)-\langle\dot{\mathbf{H}}\rangle} \tag{4.26}$$

in den homogenen Anteil $\dot{\overline{\mathbf{H}}}$ und den Fluktuationsanteil $\dot{\tilde{\mathbf{H}}}(\mathbf{x}_0)$ die Hill-Mandel-Bedingung zu

$$0 = \langle \mathbf{P}(\mathbf{x}_0) : \dot{\tilde{\mathbf{H}}}(\mathbf{x}_0)\rangle \tag{4.27}$$

wird. Mit dieser Zerlegung haben wir ebenfalls eine Zerlegung des Verschiebungsfeldes in einen linearen und einen fluktuierenden Anteil:

$$\mathbf{u}(\mathbf{x}_0) = \overline{\mathbf{H}} \cdot \mathbf{x}_0 + \tilde{\mathbf{u}}(\mathbf{x}_0). \tag{4.28}$$

Mit der Produktregel rückwärts (Gl. 4.30 zu Gl. 4.31), dem lokalen Gleichgewicht $\mathbf{P}(\mathbf{x}_0)\cdot \nabla_0 = \mathbf{o}$ (Gl. 4.31 zu Gl. 4.32), dem Gauß-Ostrogradski-Satz (Gl. 4.31 zu Gl. 4.32) und dem Satz von Cauchy $\mathbf{t} = \mathbf{P} \cdot \mathbf{n}_0$ (Gl. 4.32 zu Gl. 4.33) wird aus Gl. (4.27)

$$0 = \int_{\partial\Omega} \dot{\tilde{\mathbf{u}}}(\mathbf{x}_0) \cdot \mathbf{t}(\mathbf{x}_0)\, \mathrm{d}\mathbf{x}_0. \tag{4.29}$$

Die Rechnung schreibt man am besten in Indizes auf, ausgehend von Gl. (4.27),

$$0 = \int_{\Omega} P_{ij}(\mathbf{x}_0)\dot{\tilde{u}}_{i,j}(\mathbf{x}_0)\, \mathrm{d}\mathbf{x}_0 \tag{4.30}$$

$$0 = \int_{\Omega} (P_{ij}(\mathbf{x}_0)\dot{\tilde{u}}_i(\mathbf{x}_0))_{,j} - \underbrace{P_{ij,j}(\mathbf{x}_0)}_{0}\, \dot{\tilde{u}}_i(\mathbf{x}_0)\, \mathrm{d}\mathbf{x}_0 \tag{4.31}$$

$$0 = \int_{\partial\Omega} P_{ij}(\mathbf{x}_0)\dot{\tilde{u}}_i(\mathbf{x}_0)\, n_{0j}\, \mathrm{d}\mathbf{x}_0 \tag{4.32}$$

$$0 = \int_{\partial\Omega} t_i(\mathbf{x}_0)\dot{\tilde{u}}_i(\mathbf{x}_0)\, \mathrm{d}\mathbf{x}_0. \tag{4.33}$$

In dieser Form lässt sich die Hill-Mandel-Bedingung für gegebene Randbedingungen für **t** oder **u** leichter überprüfen.

### Homogene Dehnungsrandbedingungen

Hierfür eignet sich die Form Gl. (4.33) am besten. Auf dem Rand herrscht $\dot{\mathbf{u}}(\mathbf{x}_0) = \dot{\mathbf{H}}_\partial \cdot \mathbf{x}_0$. Mit $\dot{\overline{\mathbf{H}}} = \dot{\mathbf{H}}_\partial$ aus Gl. (4.12) ist klar, dass $\dot{\tilde{\mathbf{u}}}(\mathbf{x}_0)$ Null ist, also ist die Hill-Mandel-Bedingung erfüllt.

### Homogene Spannungsrandbedingungen

Gl. (4.29) wird mit der Randbedingung $\mathbf{t}(\mathbf{x}_0) = \mathbf{P}_\partial \cdot \mathbf{n}_0(\mathbf{x}_0)$ zu

$$0 = \int_{\partial\Omega} \dot{\tilde{\mathbf{u}}}(\mathbf{x}_0) \otimes \mathbf{n}_0(\mathbf{x}_0)\, \mathrm{d}\mathbf{x}_0 : \mathbf{P}_\partial. \tag{4.34}$$

Das Integral ist $\int_{\partial\Omega} \dot{\tilde{\mathbf{H}}}(\mathbf{x}_0)\, \mathrm{d}\mathbf{x}_0$, und verschwindet daher definitionsgemäß.

## 4.3.4 Wechsel der unabhängigen Variablen bei homogenen Spannungsrandbedingungen

Üblicherweise soll unser effektives Materialgesetz die effektive Deformation als unabhängige Variable (Argument) und die effektive Spannung als abhängige Variable (Funktionswert) enthalten. Daher ist es eher unüblich, effektive Spannungen vorzuschreiben. Wir vollziehen nun den Wechsel zu $\overline{\mathbf{H}}$ als unabhängiger Variable bei gleichzeitiger Vorschrift homogener Randspannungen.

Hierfür benötigen wir ein Argument aus der Variationsrechnung, nämlich dass an der Stelle der Lösung die globale Spannungsleistung[11]

$$\dot{W}(\dot{\mathbf{u}}(\mathbf{x}_0)) = \int_{\partial\Omega} \mathbf{t}(\mathbf{x}_0) \cdot \dot{\mathbf{u}}(\mathbf{x}_0)\, \mathrm{d}\mathbf{x}_0 \tag{4.35}$$

---

11 Damit beschränken wir uns auf Materialien aus der Familie der „Generalized Standard Materials", (GSM) für welche ein Dissipationspotenzial und eine freie Energie definiert werden (Halphen und Son Nguyen, 1975). Diese erfüllen a priori die Hauptsätze der Thermodynamik. Der GSM-Rahmen ist sehr allgemein, alle relevanten Materialien können in diesem Rahmen beschrieben werden. Daher ist diese Einschränkung kaum von praktischer Bedeutung.

bezogen auf das Verschiebungsfeld ein Minimum annimmt. $\dot{W}$ ist ein Funktional des Geschwindigkeitsfeldes. In der linearen Elastizität ohne Trägheits- und Volumenkräfte wird dies einfach das Prinzip vom Minimum der elastischen Energie. Wir zerlegen die Spannungen $\mathbf{P}$ in den homogenen und fluktuierenden bzw. $\mathbf{t}(\mathbf{x}_0)$ in den linearen und den fluktuierenden Anteil,

$$\mathbf{P}(\mathbf{x}_0) = \overline{\mathbf{P}} + \widetilde{\mathbf{P}}(\mathbf{x}_0), \tag{4.36}$$

$$\mathbf{t}(\mathbf{x}_0) = \overline{\mathbf{P}} \cdot \mathbf{n}_0 + \widetilde{\mathbf{P}}(\mathbf{x}_0) \cdot \mathbf{n}_0, \tag{4.37}$$

und setzen dies ein:

$$\dot{W}(\dot{\mathbf{u}}(\mathbf{x}_0)) = \int_{\partial\Omega} (\overline{\mathbf{P}} \cdot \mathbf{n}_0 + \widetilde{\mathbf{P}}(\mathbf{x}_0) \cdot \mathbf{n}_0) \cdot \dot{\mathbf{u}}(\mathbf{x}_0)\, \mathrm{d}\mathbf{x}_0. \tag{4.38}$$

Nun betrachten wir die erste Variation bezüglich $\dot{\mathbf{u}}(\mathbf{x}_0)$. Dabei muss $\delta\dot{\mathbf{u}}(\mathbf{x}_0)$ den Randbedingungen genügen. Unser einziger Zwang ist, dass wir die effektiven Deformationen vorschreiben wollen,

$$\dot{\overline{\mathbf{H}}} = \frac{1}{V} \int_{\partial\Omega} \dot{\mathbf{u}}(\mathbf{x}_0) \otimes \mathbf{n}_0(\mathbf{x}_0)\, \mathrm{d}\mathbf{x}_0. \tag{4.39}$$

Es soll also keine Änderung der effektiven Deformation erfolgen, weswegen die Variation $\delta\dot{\mathbf{u}}(\mathbf{x}_0)$ der Gleichung

$$\delta\dot{\overline{\mathbf{H}}} = \mathbf{0} = \frac{1}{V} \int_{\partial\Omega} \delta\dot{\mathbf{u}}(\mathbf{x}_0) \otimes \mathbf{n}_0(\mathbf{x}_0)\, \mathrm{d}\mathbf{x}_0 \tag{4.40}$$

genügen muss. Die erste Variation von $\dot{W}$ bezüglich $\delta\dot{\mathbf{u}}(\mathbf{x}_0)$ verschwindet,

$$\delta\dot{W} = 0 = \int_{\partial\Omega} (\overline{\mathbf{P}} \cdot \mathbf{n}_0 + \widetilde{\mathbf{t}}(\mathbf{x}_0)) \cdot \delta\dot{\mathbf{u}}(\mathbf{x}_0)\, \mathrm{d}\mathbf{x}_0. \tag{4.41}$$

Der erste Summand wird wegen Gl. (4.40) sofort als 0 identifiziert. Es verbleibt

$$0 = \int_{\partial\Omega} \widetilde{\mathbf{t}}(\mathbf{x}_0) \cdot \delta\dot{\mathbf{u}}(\mathbf{x}_0)\, \mathrm{d}\mathbf{x}_0, \tag{4.42}$$

was für beliebige, mit Gl. (4.40) kompatible Variationen $\delta\dot{\mathbf{u}}(\mathbf{x}_0)$ erfüllt sein muss. Dies ist nur für $\widetilde{\mathbf{t}}(\mathbf{x}_0) = \mathbf{o}$ möglich, denn die Wahl $\widetilde{\mathbf{t}}(\mathbf{x}_0) = \alpha\delta\dot{\mathbf{u}}$ mit $\alpha > 0$ ist immer zulässig, da sie nicht die Zerlegung Gl. (4.36) verletzt. Dies würde auf einen positiven Integranden und ein von Null abweichendes Integral führen. Folglich sind homogene Randspannungen allein durch die Forderung realisiert, dass die mittlere Deformation im integralen Mittel auf dem Rand vorgeschrieben wird, Gl. (4.39). Obwohl es sich um die gleichen homogenen Spannungs-Randbedingungen handelt spricht man von **kinematisch minimalen Randbedingungen**, wenn $\dot{\overline{\mathbf{H}}}$ die unabhängige Variable ist.

### 4.3.5 Verallgemeinerte Randbedingungen, die der Hill-Mandel-Bedingung genügen

Es stellt sich die Frage nach der gesamten Klasse von Randbedingungen, welche die Hill-Mandel-Bedingung erfüllen. Wir haben gesehen, dass homogene Randdehnungen und homogene Randspannungen (kinematisch minimaler Zwang auf dem Rand) die Hill-Mandel-Bedingung erfüllen. Man kann nun wie folgt verallgemeinern:

- Der Rand $\partial\Omega$ wird in Teilgebiete $\partial_i\Omega$ zerlegt.
- Es wird eine mittlere Deformation $\dot{\bar{\mathbf{H}}}$ vorgeschrieben.
- Auf jedem Abschnitt werden kinematisch minimale Randbedingungen vorgeschrieben gemäß:

$$\underbrace{\dot{\bar{\mathbf{H}}} \cdot \int_{\partial\Omega_i} \mathbf{x}_0 \otimes \mathbf{n}_0 \, d\mathbf{x}_0}_{\dot{\bar{\mathbf{H}}}_i} = \int_{\partial\Omega_i} \dot{\mathbf{u}}(\mathbf{x}_0) \otimes \mathbf{n}_0(\mathbf{x}_0) \, d\mathbf{x}_0. \tag{4.43}$$

Wir können die wichtigsten Spezialfälle identifizieren. Man erkennt, dass die beiden extremen Fälle, also maximale Unterteilung des Randes und keine Unterteilung des Randes, den homogenen Randbedingungen entsprechen.

- Die **homogenen Dehnungsrandbedingungen** entsprechen einer unendlich feinen Aufteilung der Oberfläche. Dann wird $\dot{\mathbf{u}}(\mathbf{x}_0) = \dot{\bar{\mathbf{H}}} \cdot \mathbf{x}_0$ punktweise gefordert.
- Die **periodischen Randbedingungen** ergeben sich, wenn die Teilflächen $\partial\Omega_i$ paarweise um Punkte mit gegensinniger Oberflächennormalen $\mathbf{n}_{0+} = -\mathbf{n}_{0-}$ zusammengezogen werden,

$$\dot{\bar{\mathbf{H}}} \cdot (\mathbf{x}_{0+} - \mathbf{x}_{0-}) = \dot{\mathbf{u}}(\mathbf{x}_{0+}) - \dot{\mathbf{u}}(\mathbf{x}_{0-}). \tag{4.44}$$

  Die Periodizität ist dabei ein Hilfsmittel, um Punkte mit gegensinnigen Oberflächennormalen auszuwählen. Es entsteht allerdings kein mathematischer Widerspruch, wenn beliebige Punkte mit gegensinnigen Oberflächennormalen gekoppelt werden. Man verliert lediglich die periodische Fortsetzbarkeit, welche bei homogenen Randbedingunen allerdings auch nicht gegeben ist.
- Unterlässt man die Unterteilung von $\partial\Omega$, wird das linke Integral sofort zu $V\mathbf{I}$, und man hat die kinematisch minimalen Randbedingungen, welche äquivalent zu den homogenen Spannungsrandbedingungen sind.

Man erkennt, dass mit jeder Partitionierung der Probenoberfläche eine weitere Gleichung, also ein neuer Zwang, auf den Rand aufgebracht wird. Jeder zusätzliche Zwang sorgt für Reaktionsspannungen, welche sich als größere effektive Spannungen bemerkbar machen. Während sich der Rand bei kinematisch minimalen Randbedingungen frei deformieren kann, wird er bei homogenen Dehnungsrandbedingungen einer affinen Deformation unterworfen, siehe Abb. 4.6. Im ersten Fall haben wir den geringsten kinematischen Zwang, und daher die geringsten effektiven Spannungen,

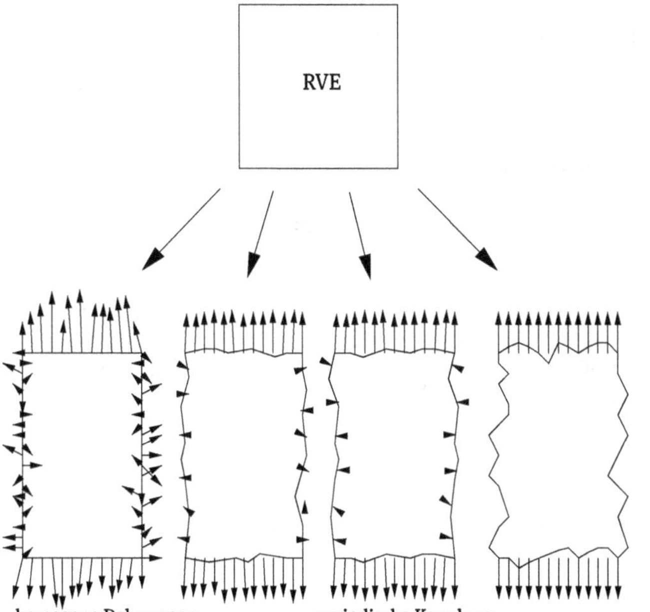


**Abb. 4.6:** Verschiedene RVE-Randbedingungen.

im zweiten Fall haben wir den größten Zwang, und damit die größten Spannungen. Dies sind die beiden extremen Fälle. Das reale Materialverhalten wird irgendwo dazwischen liegen. Theoretisch muss uns das nicht weiter stören: wir wissen, dass bei Vergrößerung einer charakteristischen Abmessung $l$ der Probe der Randeinfluss nur quadratisch mit $l$ wächst, das untersuchte Materialvolumen hingegen wächst kubisch mit $l$. Daher erwarten wir bei einer unendlich großen Materialprobe Konvergenz gegen die effektiven Eigenschaften, unabhängig von den Randbedingungen. Allerdings können wir nicht mit unendlich großen Proben rechnen oder experimentieren. Daher ist es sinnvoll, Randbedingungen mit moderater Steifigkeit zu wählen, welche die Einbettung der Probe in ein Material mit ähnlichen Eigenschaften imitiert. So wird versucht, von vornherein möglichst nah am Grenzwert für $l \to \infty$ zu liegen. Hier haben sich die periodischen Randbedingungen, wohl auch mit Hilfe der irreführenden Bezeichnung „RVE" etabliert. Sie bilden hinsichtlich der Steifigkeit des Randes einen Kompromiss zwischen den beiden genannten Extremen. Sie induzieren einen Periodizitätsrahmen, der bei stochastischen Mikrostrukturen nicht gegeben ist. Dieser klingt zwar mit $l \to \infty$ ab, allerdings kann der Rand auch zufällig partitioniert werden. So lässt sich mit der Anzahl der Teilflächen der kinematische Zwang einstellen, ohne dass ein Periodizitätsrahmen induziert wird. Dabei zeigt sich, dass die Regularität der periodischen Randbedingungen einen Rahmen für RVE-weite plastische Lokalisierungen bietet, welcher bei stochastischer Teilung des Randes unterdrückt wird. Unabhängig davon hat man bei gleichem kinematischen Zwang die gleichen elastischen Steifigkeiten (Glüge, 2013).

## 4.4 Numerische Homogenisierung

Die numerische Homogenisierung wird oft auch als RVE-Methode bezeichnet. Man löst das RVE-Randwertproblem numerisch, meist mit Hilfe der Finiten-Elemente-Methode (FEM). Dabei schreibt man meist die mittlere Deformation durch geeignete (periodische) Randbedingungen vor, und extrahiert die mittleren Spannungen. Dann kann für eine spezifische Deformation oder einen Belastungspfad eine numerische Approximation des effektiven Materialgesetzes angegeben werden.

**Benötigte RVE-Größe**

Als Konvergenzkriterium für eine hinreichende Größe des RVE werden zwei unterschiedlich große RVE verglichen, deren effektive Materialantworten nah genug beieinander liegen müssen. Dabei hängt die notwendige RVE-Größe sehr vom zu modellierenden Materialverhalten ab. Bei anisotropen elastischen Homogenisierungsaufgaben steigt die benötigte RVE-Größe ungefähr linear mit dem Anisotropiegrad und invers quadratisch mit dem akzeptierbaren Fehler (Nygards, 2003). Houdaigui u. a. (2007) ermittelte zum Beispiel eine benötigte Anzahl von 445 Körnern pro RVE für die Bestimmung der elastischen Eigenschaften von polykristallinem Kupfer mit einem zulässigen Fehler von 1 %, wobei bereits von optimalen Randbedingungen und der näherungsweise gültigen Ergodizitätshypothese Gebrauch gemacht wurde. Für die plastischen Eigenschaften steigt der Aufwand nochmal erheblich. Beispielhaft sei ein isotrop partikelverstärktes Material genannt. Reicht bei kubischen RVE für die elastischen Eigenschaften ein Verhältnis zwischen RVE- und Partikelvolumen von ca. 16 aus, benötigt man bei den plastischen Rechnungen mindestens das 64-fache Partikelvolumen als RVE-Volumen (Glüge, Weber und Bertram, 2012).

**Mehrskalen-FEM**

Der Vorteil der RVE-Methode ist, dass beliebig komplexe Mikrostrukturen betrachtet werden können. Allerdings erhält man keinen geschlossenen Ausdruck für das effektive Materialgesetz, sondern nur diskrete Punkte der Spannungs-Dehnungs-Funktion. Bei linearer Elastizität ist dies ausreichend: man kann mit maximal sechs Basisrechnungen $\mathbb{C}^*$ identifizieren und in Modellen auf der Makroebene verwenden. Bei Plastizität hingegen gehört der Belastungspfad zum Zustandsraum, welcher dadurch sehr groß (im Prinzip unendlich-dimensional) wird. Dann muss über andere Methoden der Mikro-Makro-Kopplung nachgedacht werden. Die direkte, aber auch aufwendigste Methode ist die sogenannte Mehrskalen-FEM, bei der sich hinter dem Materialgesetz auf Makroebene eine RVE-Rechnung verbirgt (Feyel, 1999; Schröder, 2014).

Es ist klar, dass bei der naiven Mehrskalen-FEM erhebliches Optimierungspotenzial besteht. Beispielsweise müssen identische oder sehr ähnliche Belastungspfade nur einmal berechnet und in einer Datenbank hinterlegt werden (Klusemann und Ortiz, 2015). Eine andere Methode ist die Diskretisierung des materiellen Zustandsraumes mit Deformationsmoden. Michel und Suquet (2003) bezeichnen diese Moden als „non-uniform transformation fields". Sie werden in RVE-Vorabrechnungen bestimmt, siehe z. B. auch Fritzen und Böhlke (2010b) und Wulfinghoff und Reese (2016). Zur Laufzeit des Makromodells wird das effektive Materialgesetz durch Überlagerung dieser Vorabrechnungen approximiert. Außerdem kann die RVE-Rechnung selbst möglichst effizient gestaltet werden, unter anderem durch Ausnutzung der näherungsweisen Ergodizität (z. B. Hazanov und Huet (1994) und Huet (1990)), bei der numerisch günstiger eine Mittelung über mehrere kleine RVE-Realisierungen anstatt eines großen RVE berechnet wird. Weitere Stellschrauben sind die Optimierung der Repräsentativität der Mikrostruktur (z. B. Schröder, Balzani und Brands (2011)) und die Optimierungen der Randbedingungen und der Form des RVE (z. B. Fritzen und Böhlke (2010a), Glüge (2013), Glüge und Weber (2013) und Glüge, Weber und Bertram (2012)).

Man sieht, dass nicht nur Mechanikerinnen und Materialwissenschaftler, sondern vor allem Numerikerinnen und IT-Experten gefragt sind. Daher soll nach diesem groben Überblick auf weiterführende Literatur zu diesem Thema verwiesen werden. Als Einstieg eignen sich beispielsweise Efendiev und Hou (2009), Llorca, González und Segurado (2007), Zohdi und Wriggers (2008) und Yvonnet (2019).

# 5 Homogenisierung mit Hilfe der Strukturmechanik

Einige Mikrostrukturen lassen sich näherungsweise durch Modelle der Strukturmechanik wie Balken, Platten und Scheiben approximieren. Die RVE bestehen dann z. B. aus Fachwerken, welche geschlossen gelöst werden können. Wir untersuchen im Folgenden zwei Beispiele für geometrisch lineare und nichtlineare Homogenisierungsaufgaben.

## 5.1 Kleine Deformationen: ein einfaches Modell für Waben

Wir betrachten eine Wabenstruktur, siehe Abb. 5.1. Es handelt sich um ein RVE aus Bernoulli[1]-Balken, welches sich mit den Methoden aus dem Grundkurs Mechanik behandeln lässt, siehe auch z. B. Gibson und Ashby (1999) Abschnitt 4.3. Wir behandeln die Struktur als ebenes Problem mit den folgenden Annahmen: Die Verbindungspunkte sind biegesteif, so dass die Winkel zwischen den Balken an den Verbindungsstellen auch im deformierten Zustand stets 120° betragen, siehe Abb. 5.2 und 5.3. Des Weiteren sind die Deformationen klein, so dass die Nennspannung sich nur unerheblich von der wahren Spannung unterscheidet. Mit der Periodizität ist dann klar, dass sich die Balken symmetrisch deformieren wie in Abb. 5.2 dargestellt. Wir verschaffen uns mit Hilfe der Balkentheorie den Zusammenhang zwischen den Verschiebungen und Kräften. Die Dgl. der Biegelinie entlang der Balkenkoordinate $s$ ist

$$EIw''''(s) = q(s), \tag{5.1}$$

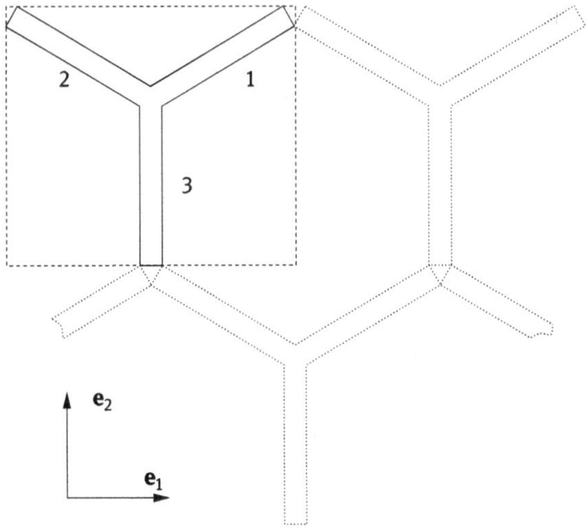


**Abb. 5.1:** Wabenstruktur mit aus drei Balken bestehendem Y-förmigem RVE mit der Dicke $d$ senkrecht zur Zeichenebene.

1 Jakob I Bernoulli, 1655–1705.

https://doi.org/10.1515/9783110719499-005

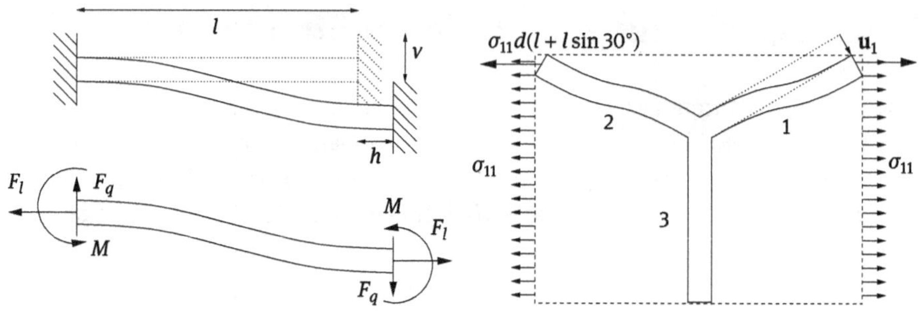


**Abb. 5.2:** Links: Symmetrisch deformierter Bernoulli-Balken, beidseitig eingespannt. Die Schnittgrößen sind in Richtung der Belastung angetragen, so dass $M > 0$, $F_q > 0$ und $F_l > 0$ sind, wenn $v > 0$ ist. Rechts: Waben-RVE unter Zugbelastung in horizontaler $\mathbf{e}_1$-Richtung.

mit der Biegesteifigkeit $EI$. Ohne Linienlast $q(s)$ ist $w(s)$ ein kubisches Polynom $w(s) = c_3 s^3 + c_2 s^2 + c_1 s + c_0$. Die Querkraft ist

$$F_q(s) = -EIw'''(s) = -6EIc_3. \tag{5.2}$$

Die Parameter $c_{0...3}$ können nun bezüglich eines Koordinatensystems angepasst werden. Zur Ausnutzung der Symmetrie bietet sich ein Koordinatensystem in der Balkenmitte an, dann ist der gerade Teil von $w(s)$ sofort Null, also $c_2 = 0$ und $c_0 = 0$, und $c_3$ und $c_1$ können mit $w(l/2) = v/2$ und $w'(l/2) = 0$ angepasst werden. Man findet

$$F_q = \frac{12EI}{l^3} v \qquad \leftrightarrow \qquad v = \frac{l^3}{12EI} F_q. \tag{5.3}$$

Der Zusammenhang zwischen Längenänderung $h$ und Längskraft $F_l$ ist

$$F_l = \frac{EA}{l} h \qquad \leftrightarrow \qquad h = \frac{l}{EA} F_l, \tag{5.4}$$

mit der Dehnsteifigkeit $EA$. Wir können nun wie folgt die effektive Steifigkeit der Wabenstruktur bestimmen:

1. Ausschneiden des RVE und Antragen der Basisspannungszustände $\sigma_{11}$, $\sigma_{22}$, $\sigma_{12}$.
2. Berechnen der resultierenden Kräfte aus den Spannungen und Antragen an den jeweils an der Seite liegenden Balkenenden.
3. Berechnen der Verschiebung der Balkenenden bezogen auf den festgehaltenen Mittelpunkt mit Gl. (5.3) und (5.4).
4. Berechnen der effektiven Deformation aus den Verschiebungen.
5. Der Koeffizientenvergleich mit dem inversen Hookeschen Gesetz liefert die effektive ebene Nachgiebigkeitstetrade.

Die umgekehrte Vorgehensweise, also vorgegebene Deformationen und daraus resultierende Kräfte, ist ebenfalls möglich und wird in Abschnitt 5.2 besprochen.

**Einachsiger Zug in horizontaler Richtung**

Die Belastung bei Zug in horizontaler Richtung sowie die erwartbare Deformation sind in Abb. 5.2 dargestellt. Wir werden im Folgenden sehr häufig die Werte

$$c = \cos 30^\circ = \sqrt{3}/2 \tag{5.5}$$

$$s = \sin 30^\circ = 1/2 \tag{5.6}$$

für die Zerlegung von Verschiebungen und Kräften in balkenparallele und balkensenkrechte Anteile und die horizontale und vertikale Richtung benötigen. Die horizontale Kraft ist

$$F = \sigma_{11}(l + sl)d, \tag{5.7}$$

mit der Dicke $d$ senkrecht zur Wabenrichtung. Durch Zerlegung von $F$ parallel und senkrecht zum Balken in $F_l$ und $F_q$, dem Anwenden von $v(F_q)$ und $h(F_l)$ (Gl. 5.3 und 5.4) und Rückprojektion in die horizontale $\mathbf{e}_1$- und vertikale $\mathbf{e}_2$-Richtung ergibt sich

$$\mathbf{u}_1 = (sv(sF) + ch(cF))\mathbf{e}_1 + (sh(sF) - cv(cF))\mathbf{e}_2 \tag{5.8}$$

$$\mathbf{u}_2 = -(sv(sF) + ch(cF))\mathbf{e}_1 + (sh(sF) - cv(cF))\mathbf{e}_2 \tag{5.9}$$

$$\mathbf{u}_3 = \mathbf{o}. \tag{5.10}$$

Die Dehnung ist die relative Längenänderung bezogen auf die Ausgangslänge, also

$$\varepsilon_{11} = \frac{2u_{1,1}}{2cl} \tag{5.11}$$

$$\varepsilon_{22} = \frac{u_{1,2}}{l + sl}. \tag{5.12}$$

**Einachsiger Zug in vertikaler Richtung**

Die Belastung bei Zug in vertikaler Richtung sowie die erwartbare Deformation sind in Abb. 5.3 links dargestellt. Die resultierende Kraft an der Unterseite ist

$$F = \sigma_{22} d 2cl, \tag{5.13}$$

an der Oberseite teilt sich die Kraft gleichmäßig auf. Wie im ersten Fall zerlegen wir $F$ an der Oberseite, und notieren die Verschiebungen der Balkenenden bezogen auf den Mittelpunkt:

$$\mathbf{u}_1 = (-sv(cF/2) + ch(sF/2))\mathbf{e}_1 + (sh(sF/2) + cv(cF/2))\mathbf{e}_2 \tag{5.14}$$

$$\mathbf{u}_2 = -(-sv(cF/2) + ch(sF/2))\mathbf{e}_1 + (sh(sF/2) + cv(cF/2))\mathbf{e}_2 \tag{5.15}$$

$$\mathbf{u}_3 = -h(F)\mathbf{e}_2 \tag{5.16}$$

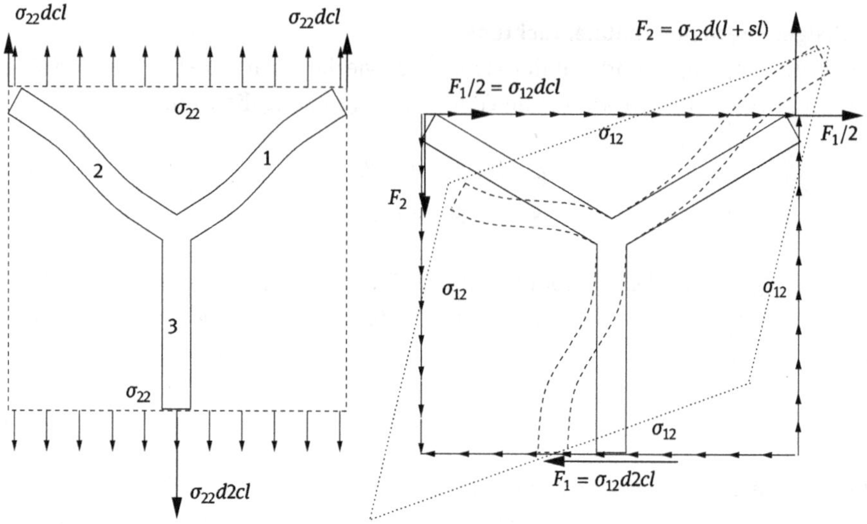


**Abb. 5.3:** Links: Waben-RVE unter Zugbelastung in vertikaler $\mathbf{e}_2$-Richtung. Rechts: Waben-RVE unter Schubbelastung.

Die Dehnung ist die relative Längenänderung bezogen auf die Ausgangslänge. Damit ergeben sich die mittleren Dehnungen zu

$$\varepsilon_{11} = \frac{2u_{1,1}}{\sqrt{3}l} \tag{5.17}$$

$$\varepsilon_{22} = \frac{u_{1,2} - u_{3,2}}{3l/2}. \tag{5.18}$$

## Identifikation der Elastizitätskonstanten

Der lineare Zusammenhang zwischen Spannungen und Dehnungen lässt sich wie folgt zusammenfassen:

$$\begin{bmatrix} \varepsilon_{11} \\ \varepsilon_{22} \end{bmatrix} = \begin{bmatrix} \frac{3^{3/2}l}{4EA} + \frac{l^3}{16\sqrt{3}EI} & \frac{\sqrt{3}l}{4EA} - \frac{l^3}{16\sqrt{3}EI} \\ \text{sym} & \frac{3^{3/2}l}{4EA} + \frac{l^3}{16\sqrt{3}EI} \end{bmatrix} \begin{bmatrix} \sigma_{11} \\ \sigma_{22} \end{bmatrix}. \tag{5.19}$$

Es ist möglicherweise etwas überraschend, dass $S_{1111} = S_{2222}$ ist. Dies ist jeweils der Kehrwert des Elastizitätsmoduls in $\mathbf{e}_1$- und $\mathbf{e}_2$-Richtung. Der Wabenstruktur sieht man diese Gleichheit jedenfalls nicht an. Sie ist nur aus der übergeordneten Perspektive der Symmetrietransformationen zu verstehen: Die Struktur hat eine 60°-Symmetrie. Der Elastizitätstensor muss diese Symmetrie enthalten. Da es sich um einen Tensor 4. Stufe handelt können maximal vierzählige Symmetrien unterschieden werden (siehe Abschnitt 13.3). Demnach muss für höhere Symmetrien wie die sechszählige eine isotrope Elastizität herauskommen. Diese hat 2 unabhängige Freiwerte. Im inversen

Hookeschen Gesetz lassen sich der Elastizitätsmodul $E$ und die Querkontraktionszahl $\nu$ leicht identifizieren,

$$E = S_{1111}^{-1} = \frac{16\sqrt{3}EAEI}{EAl^3 + 36EIl} \tag{5.20}$$

$$\nu = -\varepsilon_{22}/\varepsilon_{11} = -S_{2211}/S_{1111} = 1 - \frac{48EI}{36EI + EAl^2}. \tag{5.21}$$

Es ist bemerkenswert, dass sich die Querdehnungszahl $\nu$ für die Grenzfälle $EAl^2 \ll EI$ und $EI \ll EAl^2$ automatisch im Intervall $-1/3 < \nu < 1$ ergibt. Man kann nun theoretisch den Einfluss der Balken auf die effektiven elastischen Eigenschaften untersuchen. Strebt man beispielsweise näherungsweise inkompressibles Materialverhalten an, wäre $I \ll Al^2$ ein Designziel.

Der Schubmodul $G$ für die Belastung $\sigma_{12}$ ergibt sich aufgrund der Isotropie bereits aus den berechneten Konstanten mit

$$G = \frac{E}{2(1+\nu)} = \frac{4\sqrt{3}EAEI}{12EIl + EAl^3}, \tag{5.22}$$

siehe z. B. Bertram und Glüge (2017) (Umrechnungstabelle am Ende von Abschnitt 4.1.2). Wir können mit $S_{1212} = 1/G$, $S_{1112} = S_{2212} = 0$ das elastische Gesetz komplettieren,

$$\begin{bmatrix} \varepsilon_{11} \\ \varepsilon_{22} \\ \varepsilon_{12} \end{bmatrix} = \begin{bmatrix} \frac{3^{3/2}l}{4EA} + \frac{l^3}{16\sqrt{3}EI} & \frac{\sqrt{3}l}{4EA} - \frac{l^3}{16\sqrt{3}EI} & 0 \\ & \frac{3^{3/2}l}{4EA} + \frac{l^3}{16\sqrt{3}EI} & 0 \\ \text{sym} & & \frac{12EIl+EAl^3}{4\sqrt{3}EAEI} \end{bmatrix} \begin{bmatrix} \sigma_{11} \\ \sigma_{22} \\ \sigma_{12} \end{bmatrix}. \tag{5.23}$$

Wir zeigen noch, dass bei der Analyse des Schubspannungszustandes das gleiche Ergebnis herauskommt.

### Schub

Die Belastung bei Schub in der 1–2-Ebene sowie die erwartbare Deformation sind in Abb. 5.3 rechts dargestellt. Die Analyse ist etwas komplexer. Wir finden für die Verschiebungen der Endpunkte

$$\begin{aligned} \mathbf{u}_1 = {} & (-sv(cF_2 - sF_1/2) + cu(sF_2 + cF_1/2))\,\mathbf{e}_1 + \\ & (cv(cF_2 - sF_1/2) + su(sF_2 + cF_1/2))\,\mathbf{e}_2 \end{aligned} \tag{5.24}$$

$$\begin{aligned} \mathbf{u}_2 = {} & (-sv(cF_2 - sF_1/2) + cu(sF_2 + cF_1/2))\,\mathbf{e}_1 + \\ & (-cv(cF_2 - sF_1/2] - su(sF_2 + cF_1/2))\,\mathbf{e}_2 \end{aligned} \tag{5.25}$$

$$\mathbf{u}_3 = -v(F_1)\mathbf{e}_1, \tag{5.26}$$

mit $F_1 = \sigma_{12}d2cl$ und $F_2 = \sigma_{12}d(l + sl)$. Die Dehnung $\varepsilon_{12}$ ergibt sich differenziell durch

$$\varepsilon_{12} = \frac{1}{2}\left(\frac{\partial u_1}{\partial x_2} + \frac{\partial u_2}{\partial x_1}\right). \tag{5.27}$$

Mit finiten Differenzen ist dies

$$\varepsilon_{12} = \frac{1}{2}\left(\frac{\Delta u_1}{\Delta x_2} + \frac{\Delta u_2}{\Delta x_1}\right). \tag{5.28}$$

Für den ersten Differenzenquotienten betrachten wir die Endpunkte der Balken 1 und 3, für den zweiten Differenzenquotienten betrachten wir die Endpunkte der Balken 1 und 2,

$$\varepsilon_{12} = \frac{1}{2}\left(\frac{u_{1,1} - u_{3,1}}{l + sl} + \frac{u_{1,2} - u_{2,2}}{2cl}\right) = \frac{12EIl + EAl^3}{4\sqrt{3}EAEI}\sigma_{12}. \tag{5.29}$$

Man sieht ebenfalls, dass die effektiven Längsdehnungen $\varepsilon_{11}$ und $\varepsilon_{22}$ Null sind. Die Berechnungen in diesem Abschnitt sind in dem Mathematica-Skript in Listing 5.1 zusammengefasst.

## 5.2 Große Deformationen: ein nichtlineares Fachwerk

Die im vorigen Abschnitt dargestellte Vorgehensweise hält einer rigorosen Untersuchung nicht stand und funktioniert nur aufgrund der Symmetrie. Anderenfalls ist die Lokalisierung der Spannung zu Schnittkräften nicht ohne weiteres möglich. Sollten wir z. B. unterschiedliche Balkenquerschnitte haben, würde sich der Mittelpunkt verschieben. Dann müssten wir erst die Gleichgewichtsbedingungen im Inneren auswerten, um den Zusammenhang zwischen Schnittkräften und Verschiebungen herzustellen.

Des Weiteren wäre es günstig, das Materialgesetz von vornherein in der direkten Form $\overline{\mathbf{P}}(\overline{\mathbf{F}})$, nämlich die Spannungen als Funktion der Dehnungen (effektive erste Piola-Kirchhoff-Spannungen als Funktion des effektiven Deformationsgradienten) zu erhalten.

Diese Überlegungen führen letztlich auf die Verkettung der folgenden Schritte:

1. Aufbringung von Verschiebungsrandbedingungen $\mathbf{u}_i = \overline{\mathbf{H}}\mathbf{x}_{0i}$ oder äquivalent $\mathbf{x}_i = \overline{\mathbf{F}}\mathbf{x}_{0i}$ an den Randpunkten des RVE. Dies kann man als die Lokalisierung bezeichnen, da man von der effektiven Größe $\overline{\mathbf{F}}$ auf die lokalen Größen $\mathbf{u}_i$ geht.
2. Auswerten der Gleichgewichtsbedingungen im Inneren des RVE in der deformierten Lage.
3. Auswerten der resultierenden Kräfte bzw. der Reaktionskräfte $\mathbf{f}_i$ an den Randpunkten, an denen $\mathbf{u}_i$ aufgebracht wurde.
4. Summation des Piola-Kirchhoff-Spannungstensors über die Randpunkte nach der diskretisierten Form von Gl. (4.21) gemäß

$$\overline{\mathbf{P}} = \frac{1}{V_0}\sum \mathbf{f}_i \otimes \mathbf{x}_{0i}. \tag{5.30}$$

Dies kann als die Homogenisierung bezeichnet werden, da man von den lokalen Größen auf die effektive Größe wechselt.

**Listing 5.1:** Mathematica-Code für die Homogenisierung der Wabenstruktur mit Hilfe der Balkentheorie.

```
Remove["Global`*"]
(* Leere Nachgiebigkeitsmatrix anlegen *)
SS = Table[0, 3, 3] ;
(* Oft benötigte Abkürzungen *)
v[Fq_] = Fq L^3/12/EI;
h[Fl_] = L/EA Fl;
c = Sqrt[3]/2;
s = 1/2;
(* Sigma 11 *)
F = sigma11 3 L/2;
DH = FullSimplify[
    - c v[s F] (* Vertikale Verschiebung Balken 1 & 2 parallel in y-Richtung projiziert *)
    + s h[c F] (* Horiz. Versch. Balken 1 & 2 parallel in y Richtung projiziert *)     ];
DB = FullSimplify[
    + 2 s v[s F] (* Vert. Versch. Balken 1 & 2 in Reihe in x-Richtung projiziert *)
    + 2 c h[c F] (* Horiz. Versch. Balken 1 & 2 in Reihe in x-Richtung projiziert *)   ];
eps11 = FullSimplify[DB/(2 c L)];
eps22 = FullSimplify[DH/(L + s L)];
SS[[1, 1]] = eps11/sigma11;
SS[[1, 2]] = eps22/sigma11;
(* Sigma 22 *)
F = sigma22 Sqrt[3] L;
DH = FullSimplify[
    + h[F]        (* Verlängerung Balken 3 *)
    + c v[c F/2] (* Vert. Versch. Balken 1 & 2 parallel in y-Richtung projiziert *)
    + s h[s F/2] (* Horiz. Versch. Balken 1 & 2 parallel in y Richtung projiziert *)   ];
DB = FullSimplify[
    - 2 s v[c F/2] (* Vert. Versch. Balken 1 & 2 in Reihe in x-Richtung projiziert *)
    + 2 c h[s F/2] (* Horiz. Versch. Balken 1 & 2 in Reihe in x-Richtung projiziert *) ];
eps11 = FullSimplify[DB/(2 c L)];
eps22 = FullSimplify[DH/(L + s L)];
SS[[2, 1]] = eps11/sigma22;
SS[[2, 2]] = eps22/sigma22;
(* Nur Sigma12 *)
F1 = sigma12 2 c L;
F2 = sigma12 (L + s L);
u1 = { - s v[c F2 - s F1/2] + c h[s F2 + c F1/2],
       + c v[c F2 - s F1/2] + s h[s F2 + c F1/2]};
u2 = { - s v[c F2 - s F1/2] + c h[s F2 + c F1/2],
       - c v[c F2 - s F1/2] - s h[s F2 + c F1/2]};
u3 = { - v[F1], 0};
eps12 = FullSimplify[(u1[[2]] - u2[[2]])/(Sqrt[3] L) + (u1[[1]] - u3[[1]])/(L + s L)];
SS[[3, 3]] = eps12/sigma12;
SS // MatrixForm
EM0 = 1/SS[[1, 1]] // FullSimplify
nu = -SS[[1, 2]]/SS[[1, 1]] // FullSimplify
G = EM0/2/(1 + nu) // FullSimplify
```

Diese Verkettung von Operationen führt direkt auf ein effektives Materialgesetz der Form $\overline{\mathbf{P}}(\overline{\mathbf{F}})$. Durch Zurückziehen der Piola-Kirchhoff-Spannungen mit der Umrechnungsvorschrift für differenzielle Flächenelemente (Nansons[2] Formel) erhält man die Cauchy-Spannungen

$$\overline{\boldsymbol{\sigma}} = \overline{J}^{-1}\overline{\mathbf{P}}(\overline{\mathbf{F}})\,\overline{\mathbf{F}}^T, \quad \overline{J} = \det(\overline{\mathbf{F}}), \tag{5.31}$$

was mit $\overline{J} = V/V_0$ und $\mathbf{x}_i = \overline{\mathbf{F}}\mathbf{x}_{0i}$ auf

$$\overline{\boldsymbol{\sigma}} = \frac{1}{V}\sum \mathbf{f}_i \otimes \mathbf{x}_i, \tag{5.32}$$

führt.

**Beispiel**

Wir betrachten eine ebene Mikrostruktur aus linearen Zug-Druck-Federn, welche gleichseitige Dreiecke aufspannen, siehe Abb. 5.4. Die Federn haben die Steifigkeit $c$ und die Länge $l_0$. Bei diesem Beispiel haben wir im Inneren des RVE keinen Aufwand, da der Belastungszustand vollständig durch die Lage der Randpunkte bestimmt ist. Wir beginnen mit dem Aufbringen der Deformation, wobei wir das Koordinatensystem in den unteren linken Eckpunkt des RVE legen,

$$\mathbf{x}_i = \overline{\mathbf{F}}\mathbf{x}_{0i}, \quad \text{mit} \quad \mathbf{x}_{01} = \mathbf{o}, \quad \mathbf{x}_{02} = l_0\mathbf{e}_1, \quad \mathbf{x}_{03} = l_0(1/2\mathbf{e}_1 + \sqrt{3}/2\mathbf{e}_2). \tag{5.33}$$

Wir können nun die Längenänderungen der Federn angeben,

$$\Delta l_{12} = \|\mathbf{x}_2 - \mathbf{x}_1\| - l_0, \tag{5.34}$$

$$\Delta l_{23} = \|\mathbf{x}_3 - \mathbf{x}_2\| - l_0, \tag{5.35}$$

$$\Delta l_{31} = \|\mathbf{x}_1 - \mathbf{x}_3\| - l_0, \tag{5.36}$$

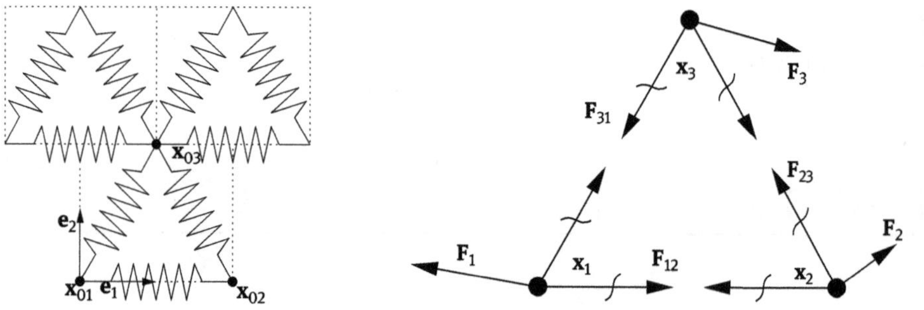


**Abb. 5.4:** Links: Aufbau einer Mikrostruktur aus Federn, welche gleichseitige Dreiecke aufspannen. Die Federn haben die Steifigkeit $c$ und die Länge $l_0$. Rechts: Schnittbild für die Kräfte $\mathbf{F}_{12}$, $\mathbf{F}_{23}$ und $\mathbf{F}_{31}$.

2 Edward J. Nanson, 1850–1936.

und damit auch die Federkräfte $\mathbf{f}_{ij}$, welche in Richtung der deformierten Federn wirken,

$$\mathbf{f}_{12} = c\Delta l_{12}\frac{\mathbf{x}_2 - \mathbf{x}_1}{\|\mathbf{x}_2 - \mathbf{x}_1\|}, \tag{5.37}$$

$$\mathbf{f}_{23} = c\Delta l_{23}\frac{\mathbf{x}_3 - \mathbf{x}_2}{\|\mathbf{x}_3 - \mathbf{x}_2\|}, \tag{5.38}$$

$$\mathbf{f}_{31} = c\Delta l_{31}\frac{\mathbf{x}_1 - \mathbf{x}_3}{\|\mathbf{x}_1 - \mathbf{x}_3\|}. \tag{5.39}$$

Wir wählen als positives Schnittufer jeweils den Punkt $i$, und $i + 1 \bmod 3$ als negatives Schnittufer, siehe Abb. 5.4. Die Kräfte zeigen bei Zugbelastung also immer zum nächsten Punkt. Die resultierenden Kräfte an den Punkten $\mathbf{x}_1, \mathbf{x}_2, \mathbf{x}_3$ sind damit

$$\mathbf{f}_1 = \mathbf{f}_{31} - \mathbf{f}_{12}, \tag{5.40}$$

$$\mathbf{f}_2 = \mathbf{f}_{12} - \mathbf{f}_{23}, \tag{5.41}$$

$$\mathbf{f}_3 = \mathbf{f}_{23} - \mathbf{f}_{31}. \tag{5.42}$$

Damit können wir die Piola-Kirchhoff-Spannungen angeben. Die kontinuierliche Mittelungsvorschrift ist

$$\overline{\mathbf{P}} = \frac{1}{V_0}\int_{\partial\Omega} \mathbf{t} \otimes \mathbf{x}_0 \, \mathrm{d}A_0, \tag{5.43}$$

woraus bei Diskretisierung

$$\overline{\mathbf{P}} = \frac{1}{V_0}\sum \mathbf{t}_i \otimes \mathbf{x}_{0i}\Delta A_{0i} \tag{5.44}$$

$$= \frac{1}{V_0}\sum \frac{1}{A_i}\mathbf{f}_i \otimes \mathbf{x}_{0i}A_{0i} \tag{5.45}$$

$$= \frac{1}{V_0}\sum \frac{A_{0i}}{A_i}\mathbf{f}_i \otimes \mathbf{x}_{0i} \tag{5.46}$$

wird, mit dem undeformierten RVE-Volumen $V_0$. Dieses entspricht in unserem 2D-Fall der Fläche $l_0^2\sqrt{3}/2$ der Einheitszelle. Das Zurückziehen des rechten Eingangs von $\overline{\mathbf{P}}$ mit $\overline{J}^{-1}\overline{\mathbf{F}}^T$ führt mit $\mathbf{x}_{0i} = \overline{\mathbf{F}}^{-1}\mathbf{x}_i$ auf die Cauchy-Spannungen,

$$\overline{\boldsymbol{\sigma}} = \overline{J}^{-1}\overline{\mathbf{P}}\,\overline{\mathbf{F}}^T = \frac{1}{V_0\overline{J}}(\mathbf{f}_1 \otimes \mathbf{x}_1\overline{\mathbf{F}}^{-T} + \mathbf{f}_2 \otimes \mathbf{x}_2\overline{\mathbf{F}}^{-T} + \mathbf{f}_3 \otimes \mathbf{x}_3\overline{\mathbf{F}}^{-T})\overline{\mathbf{F}}^T \tag{5.47}$$

$$= \frac{1}{V}(\mathbf{f}_1 \otimes \mathbf{x}_1 + \mathbf{f}_2 \otimes \mathbf{x}_2 + \mathbf{f}_3 \otimes \mathbf{x}_3). \tag{5.48}$$

Setzen wir die Kräfte und das Materialgesetz ein, erhalten wir

$$\overline{\boldsymbol{\sigma}} = \frac{1}{V}((\mathbf{f}_{31} - \mathbf{f}_{12}) \otimes \mathbf{x}_1 + (\mathbf{f}_{12} - \mathbf{f}_{23}) \otimes \mathbf{x}_2 + (\mathbf{f}_{23} - \mathbf{f}_{31}) \otimes \mathbf{x}_3) \tag{5.49}$$

$$= \frac{1}{V}((\mathbf{f}_{31} \otimes (\mathbf{x}_1 - \mathbf{x}_3) + \mathbf{f}_{12} \otimes (\mathbf{x}_2 - \mathbf{x}_1) + \mathbf{f}_{23} \otimes (\mathbf{x}_3 - \mathbf{x}_2)) \tag{5.50}$$

$$= \frac{1}{V}\left(\frac{c\Delta l_{31}}{\|\mathbf{x}_1 - \mathbf{x}_3\|}(\mathbf{x}_1 - \mathbf{x}_3) \otimes (\mathbf{x}_1 - \mathbf{x}_3)\right. \tag{5.51}$$
$$+ \frac{c\Delta l_{12}}{\|\mathbf{x}_2 - \mathbf{x}_1\|}(\mathbf{x}_2 - \mathbf{x}_1) \otimes (\mathbf{x}_2 - \mathbf{x}_1)$$
$$\left. + \frac{c\Delta l_{23}}{\|\mathbf{x}_3 - \mathbf{x}_2\|}(\mathbf{x}_3 - \mathbf{x}_2) \otimes (\mathbf{x}_3 - \mathbf{x}_2)\right),$$

was mit $\Delta\mathbf{x}_{ji} = \mathbf{x}_i - \mathbf{x}_j$ und $l_{ij} = \|\Delta\mathbf{x}_{ij}\|$ etwas kompakter geschrieben werden kann,

$$\overline{\boldsymbol{\sigma}} = \frac{c}{V}\left(\frac{l_{31} - l_0}{l_{31}}\Delta\mathbf{x}_{31} \otimes \Delta\mathbf{x}_{31} + \frac{l_{12} - l_0}{l_{12}}\Delta\mathbf{x}_{12} \otimes \Delta\mathbf{x}_{12} + \frac{l_{23} - l_0}{l_{23}}\Delta\mathbf{x}_{23} \otimes \Delta\mathbf{x}_{23}\right). \tag{5.52}$$

Die Brüche $(l_{ij} - l_0)/l_{ij}$ entsprechen der Längenänderung $\Delta l_{ij}$ bezogen auf die momentane Länge $l_{ij}$. Man erkennt, dass $\overline{\boldsymbol{\sigma}}$ symmetrisch ist. Wir können die $\mathbf{x}_i$ wieder durch $\overline{\mathbf{F}}\mathbf{x}_{0i}$ ersetzen,

$$\overline{\boldsymbol{\sigma}} = \frac{c}{V}\overline{\mathbf{F}}\left(\frac{l_{31} - l_0}{l_{31}}\Delta\mathbf{x}_{0,31} \otimes \Delta\mathbf{x}_{0,31} + \frac{l_{12} - l_0}{l_{12}}\Delta\mathbf{x}_{0,12} \otimes \Delta\mathbf{x}_{0,12} + \frac{l_{23} - l_0}{l_{23}}\Delta\mathbf{x}_{0,23} \otimes \Delta\mathbf{x}_{0,23}\right)\overline{\mathbf{F}}^T. \tag{5.53}$$

Es ist erkennbar, dass $\overline{\boldsymbol{\sigma}}(\overline{\mathbf{F}})$ der Forderung nach Invarianz bei überlagerten Rotationen genügt,

$$\overline{\boldsymbol{\sigma}}(\mathbf{Q}\overline{\mathbf{F}}) = \mathbf{Q}\overline{\boldsymbol{\sigma}}(\overline{\mathbf{F}})\mathbf{Q}^T \quad \forall\mathbf{Q} \in \mathrm{SO}(3), \tag{5.54}$$

siehe z. B. Glüge (2018), da die Längen $l_{ij}$ invariant gegenüber der Drehung $\mathbf{Q}$ sind. Der erhaltene Ausdruck ist eine nichtlineare, anisotrope Tensorfunktion mit den anisotropen Strukturtensoren $\Delta\mathbf{x}_{0,ij} \otimes \Delta\mathbf{x}_{0,ij}$. Die Anisotropie ist relativ schwach. Wenn man z. B. $\overline{\mathbf{F}} = 2\mathbf{e}_1 \otimes \mathbf{e}_1 + \mathbf{e}_2 \otimes \mathbf{e}_2$ und $\overline{\mathbf{F}} = \mathbf{e}_1 \otimes \mathbf{e}_1 + 2\mathbf{e}_2 \otimes \mathbf{e}_2$ vergleicht (also 100 % Nenndehnung ohne Querdehnung), findet man in den Cauchyspannungen in der Hauptdehnungsrichtung Differenzen von ca. 7.4 %. Dies steht im Gegensatz zum isotropen elastischen Gesetz, welches wir im Fall der Homogenisierung mit der geometrisch linearen Theorie erhielten, obwohl beide Mikrostrukturen die gleiche 60°-Symmetrie aufweisen. Der Grund dafür ist, dass der lineare Zusammenhang einen Tensor 4. Stufe enthält, welcher maximal 4-zählige Rotationen unterscheiden kann. Das nichtlineare Gesetz enthält, wenn man es als Reihenentwicklung schreibt, Tensoren beliebiger gerader Stufe $n$, womit auch $n$-zählige Symmetrien berücksichtigt werden können, siehe auch Abschnitt 13.3.

Ein Mathematica-Skript, welches die Berechnungen interaktiv ausführt und grafisch darstellt sowie dessen Ergebnis sind in Listing 5.2 und in Abb. 5.5 gegeben. In Listing 5.3 wird die Linearisierung des obigen Materialgesetzes mit Hilfe von Mathe-

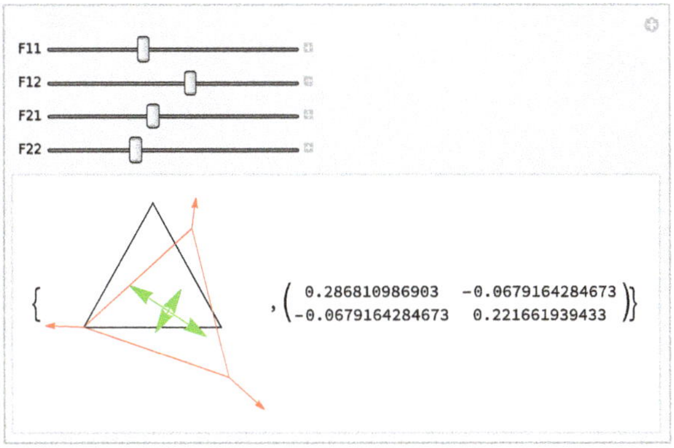


**Abb. 5.5:** Manipulate-Umgebung aus Listing 5.2 zur nichtlinearen Homogenisierung des Federmodells in Abb. 5.4.

matica durchgeführt, indem $\mathbf{F} = \mathbf{I} + \boldsymbol{\varepsilon}$ eingesetzt und $\boldsymbol{\sigma}$ an der Stelle $\boldsymbol{\varepsilon} = 0$ in $\boldsymbol{\varepsilon}$ linearisiert wird. Man erhält als Steifigkeitsmatrix

$$C_{ij} = \begin{bmatrix} 3^{3/2}c/4 & \sqrt{3}c/4 & 0 \\ & 3^{3/2}c/4 & 0 \\ \text{sym} & & \sqrt{3}c \end{bmatrix} \mathbf{E}_i \otimes \mathbf{E}_j \quad i,j \in \{1,2,4\}, \tag{5.55}$$

siehe Gl. (2.13) in Abschnitt 2.3 für die Definition der Basis $\mathbf{E}_i$. Man sieht an $C_{44} = 2(C_{11} - C_{12})$, dass das Ergebnis isotrop ist.

Außerdem fällt auf, dass die Längenskala $l_0$ letztlich nicht ins Ergebnis eingeht, und dass die Spannung die physikalische Einheit einer Linienlast (bzw. Federzahl) N/m hat, da wir ein 2D-Problem betrachten. Beides gilt auch für die nichtlineare Version. Man kann sich leicht davon überzeugen, dass der finale Ausdruck für $\overline{\boldsymbol{\sigma}}$ (Gl. 5.52 oder 5.55) skalierungsinvariant bzgl. $l_0$ ist.

**Listing 5.2:** Mathematica-Code zur nichtlinearen Homogenisierung des Federmodells in Abb. 5.4.

```
Remove["Global`*"]
c = 2; (* Federsteifigkeit in N/m *)
l0 = 1; (* Kantenlänge in m *)
x0 = {{0, 0}, {l0, 0}, { l0/2, Sqrt[3] l0/2}}; (* Koordinaten der Endpunkte, undeformiert *)
V0 = l0^2 Sqrt[3]/2;  (* RVE-Volumen = Fläche der Einheitszelle *)
Manipulate[
 F = {{F11, F12}, {F21, F22}}; (* Effektiver Deformationsgradient *)
 x = Table[F.x0[[i]], {i, 1, 3}]; (* Koordinaten der Endpunkte, deformiert *)
 Forces = {c (Norm[x[[1]] - x[[3]]] - l0) Normalize[x[[1]] - x[[3]]], (* Federkräfte *)
           c (Norm[x[[2]] - x[[1]]] - l0) Normalize[x[[2]] - x[[1]]],
           c (Norm[x[[3]] - x[[2]]] - l0) Normalize[x[[3]] - x[[2]]]};
 RForces = {Forces[[1]] - Forces[[2]], Forces[[2]] - Forces[[3]], Forces[[3]] - Forces[[1]]}; (*
      Schnittkräfte *)
 P = 1/V0 Sum[ Outer[Times, RForces[[i]], x0[[i]]], {i, 1, 3}]; (* Piola-Kirchhoff-Spannungen *)
 sigma = P.Transpose[F]/Det[F]; (* Cauchy-Spannungen *)
 es = Eigensystem[sigma]; (* Eigenwerte und Eigenvektoren der Cauchy-Spannungen *)
 center = (x[[1]] + x[[2]] + x[[3]])/3; (* Aufbau der grafischen Darstellung *)
```

```
{Graphics[{
   Line[{x0[[1]], x0[[2]], x0[[3]], x0[[1]]}], (* undeformierte Lage*)
   Red, Line[{x[[1]], x[[2]], x[[3]], x[[1]]}], (* deformierte Lage *)
   Arrow[{ (* Schnittkräfte *)
     {x[[1]], x[[1]] + RForces[[1]]},
     {x[[2]], x[[2]] + RForces[[2]]},
     {x[[3]], x[[3]] + RForces[[3]]}}],
   Arrowheads[{-.05, .05}], (* Spektraldarstellung der Cauchyspannungen *)
   Green,
   Arrow[{center - Normalize[es[[2, 1]]] es[[1, 1]], center + Normalize[es[[2, 1]]] es[[1,
     1]]}],
   Arrow[{center - Normalize[es[[2, 2]]] es[[1, 2]], center + Normalize[es[[2, 2]]] es[[1,
     2]]}]
   }], MatrixForm[sigma] // N}
 , {{F11, 1}, 0.5, 2}, {{F12, 0}, -2, 2}, {{F21, 0}, -2, 2}, {{F22, 1}, 0.5, 2}]
```

**Listing 5.3:** Mathematica-Code zur Linearisierung des nichtlinearen Federmodells in Abb. 5.4.

```
Remove["Global`*"]
$Assumptions = {Element[{eps11, eps12, eps22, l0, c}, Reals], l0 > 0, c > 0};
x0 = {{0, 0}, {l0, 0}, { l0/2, Sqrt[3] l0/2}}; (* Koordinaten der Endpunkte, undeformiert *)
V0 = l0 l0 Sqrt[3]/ 2;  (* RVE-Volumen = Fläche der Einheitszelle *)
F = {{1 + eps11, eps12}, {eps12, 1 + eps22}}; (* Effektiver Deformationsgradient *)
x = Table[F.x0[[i]], {i, 1, 3}]; (* Koordinaten der Endpunkte, deformiert *)
Forces = {c (Norm[x[[1]] - x[[3]]] - l0) Normalize[x[[1]] - x[[3]]], (* Federkräfte *)
          c (Norm[x[[2]] - x[[1]]] - l0) Normalize[x[[2]] - x[[1]]],
          c (Norm[x[[3]] - x[[2]]] - l0) Normalize[x[[3]] - x[[2]]]};
RForces = {Forces[[1]] - Forces[[2]], Forces[[2]] - Forces[[3]], Forces[[3]] - Forces[[1]]}; (*
     Schnittkräfte *)
P = 1/V0 Sum[Outer[Times, RForces[[i]], x0[[i]]], {i, 1, 3}]; (* Piola-Kirchhoff-Spannungen *)
sigma = P.Transpose[F]/Det[F];
epszero = {eps11 -> 0, eps12 -> 0, eps22 -> 0}
C1111 = D[sigma[[1, 1]], eps11] /. epszero // FullSimplify
C1122 = D[sigma[[1, 1]], eps22] /. epszero // FullSimplify
C1112 = D[sigma[[1, 1]], eps12] /. epszero // FullSimplify
C2222 = D[sigma[[2, 2]], eps22] /. epszero // FullSimplify
C2212 = D[sigma[[2, 2]], eps12] /. epszero // FullSimplify
C1212 = 2 D[sigma[[1, 2]], eps12] /. epszero // FullSimplify
```

# 6 Abschätzungen anhand der Volumenanteile

Bei linearen Differenzialgleichungen werden die effektiven Eigenschaften direkt über die Volumenmittel definiert. Sei $\boldsymbol{\varepsilon}(\mathbf{x})$ ein Dehnungsfeld in einer Materialprobe, und es gelte das Hookesche Gesetz $\boldsymbol{\sigma}(\mathbf{x}_0) = \mathbb{C}(\mathbf{x}_0) : \boldsymbol{\varepsilon}(\mathbf{x}_0)$. Dann wird die effektive Steifigkeit $\mathbb{C}^*$ implizit definiert als

$$\overline{\boldsymbol{\sigma}} = \mathbb{C}^* : \overline{\boldsymbol{\varepsilon}}. \tag{6.1}$$

Dabei kann sich nicht jedes beliebige Dehnungsfeld einstellen, sondern nur kinematisch zulässige Felder, welche über das Materialgesetz Spannungen erzeugen, die die Impulsbilanz ohne Massen- und Trägheitskräfte erfüllen, siehe Abschnitt 4.1.

## 6.1 Voigt-Reuss-Schranken

Anstatt spezifische RVE-Randwertprobleme zu lösen, versuchen wir erstmal, das Problem durch Annahmen zu vereinfachen und so analytische Abschätzungen zu erhalten.

**Voigt**

Wir nehmen an, dass die gesamte Probe homogen deformiert wird, dass also $\boldsymbol{\varepsilon}(\mathbf{x}_0) = \overline{\boldsymbol{\varepsilon}}$ ist (Voigt, 1889, 1928). Dann ist

$$\overline{\boldsymbol{\sigma}} = \frac{1}{V} \int_{\Omega} \mathbb{C}(\mathbf{x}_0) : \overline{\boldsymbol{\varepsilon}} \, d\mathbf{x}_0 \tag{6.2}$$

$$= \frac{1}{V} \int_{\Omega} \mathbb{C}(\mathbf{x}_0) \, d\mathbf{x}_0 : \overline{\boldsymbol{\varepsilon}} \tag{6.3}$$

$$= \overline{\mathbb{C}} : \overline{\boldsymbol{\varepsilon}}, \tag{6.4}$$

womit wir durch Vergleich mit der impliziten Definition von $\mathbb{C}^*$ in Gl. (6.1)

$$\mathbb{C}^* \approx \overline{\mathbb{C}} =: \mathbb{C}_{\text{Voigt}} \tag{6.5}$$

identifizieren. Selbstverständlich ist diese Probe lokal nicht im Gleichgewicht, sofern das Material nicht homogen ist. Das Dehnungsfeld ist aber kinematisch zulässig.

https://doi.org/10.1515/9783110719499-006

**Reuss**

Wir nehmen an, dass die gesamte Probe homogen belastet ist, also $\boldsymbol{\sigma}(\mathbf{x}_0) = \overline{\boldsymbol{\sigma}}$ ist (Reuss (1929),[1] Abschnitt 5). Dann ist

$$\overline{\boldsymbol{\varepsilon}} = \frac{1}{V}\int_{\Omega} \mathbb{C}^{-1}(\mathbf{x}_0) : \overline{\boldsymbol{\sigma}}\,\mathrm{d}\mathbf{x}_0 \tag{6.6}$$

$$= \frac{1}{V}\int_{\Omega} \mathbb{C}^{-1}(\mathbf{x}_0)\,\mathrm{d}\mathbf{x}_0 : \overline{\boldsymbol{\sigma}} \tag{6.7}$$

$$= \overline{\mathbb{C}^{-1}} : \overline{\boldsymbol{\sigma}}, \tag{6.8}$$

womit wir durch Vergleich mit der impliziten Definition von $\mathbb{C}^*$ in Gl. (6.1)

$$\mathbb{C}^* \approx \langle \mathbb{C}^{-1} \rangle^{-1} =: \mathbb{C}_{\text{Reuss}} \tag{6.9}$$

identifizieren. Das Spannungsfeld ist aufgrund der Homogenität im Gleichgewicht, allerdings ist das entsprechende Dehnungsfeld kinematisch inkompatibel, sofern das Material nicht homogen ist.

### 6.1.1 Interpretation der Voigt-Reuss-Mittelung

Im einachsigen Fall entspricht die Voigt-Mittelung der Parallelschaltung zweier Federn und die Reuss-Mittelung der Reihenschaltung zweier Federn (Abb. 6.1). Man findet dies zum Beispiel in der Laminattheorie wieder: Je nach Schubrichtung ergibt sich der Schubmodul aus der Reihen- oder Parallelschaltung der Einzelmoduli. Bei Schub

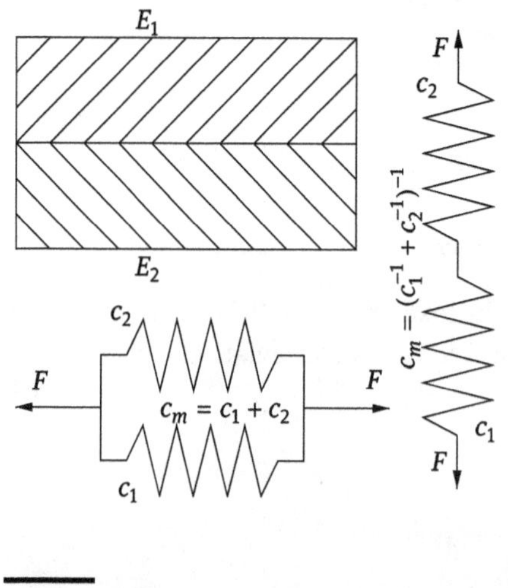


**Abb. 6.1:** Die Parallel- und Reihenschaltung von Federn führen im einachsigen Fall auf die gleiche Mittelungsvorschrift wie die Voigt-Reuss-Annahmen.

1 András Reuss, 1900–1968.

parallel zur Laminatebene ist in beiden Phasen die gleiche Schubspannung anzutreffen (Reuss-Annahme). Bei Schub in der Laminatebene erfahren beide Phasen die gleiche Scherdeformation (Voigt-Annahme). Ausführlich ist dies in Abschnitt 7.1 gezeigt. Für den Elastizitätsmodul gilt dies bei Laminaten wegen der Querdehnungskopplung bei Zug senkrecht zur Laminatebene nicht.

### 6.1.2 Schrankencharakter der Voigt-Reuss-Abschätzungen in der linearen Elastizität

#### Voigt-Schranke

Das Prinzip vom Minimum des elastischen Potenzials besagt, dass das Potenzial

$$\Pi(\boldsymbol{\varepsilon}(\mathbf{x}_0)) = \int_\Omega \frac{1}{2}\boldsymbol{\varepsilon} : \mathbb{C} : \boldsymbol{\varepsilon} - \mathbf{b} \cdot \mathbf{u} \, \mathrm{d}\mathbf{x}_0 - \int_{\partial\Omega_{\mathrm{dyn}}} \mathbf{t} \cdot \mathbf{u} \, \mathrm{d}\mathbf{x}_0 \tag{6.10}$$

unter allen kinematisch zulässigen Dehnungsfeldern $\boldsymbol{\varepsilon}$ an der Stelle der Lösung ein Minimum annimmt. Alle involvierten Größen sind Felder, also von $\mathbf{x}_0$ abhängig. Das zweite Integral wird nur über den Randteil $\partial\Omega_{\mathrm{dyn}}$ mit vorgeschriebenen Spannungsrandbedingungen $\mathbf{t}$ ausgeführt.

Bei Homogenisierungsaufgaben fällt die Volumenkraftdichte $\mathbf{b}$ grundsätzlich weg. Wir nehmen auf dem gesamten Rand lineare Verschiebungsrandbedingungen bzw. homogene Dehnungsrandbedingungen $\mathbf{u} = \bar{\boldsymbol{\varepsilon}} \cdot \mathbf{x}_0$ an, womit $\partial\Omega_{\mathrm{dyn}} = \varnothing$ ist, weswegen auch das Oberflächenintegral wegfällt. Also ist

$$\int_\Omega \frac{1}{2} \underbrace{\boldsymbol{\varepsilon}_{\text{Lös}}(\mathbf{x}_0) : \mathbb{C}(\mathbf{x}_0)}_{\boldsymbol{\sigma}_{\text{Lös}}(\mathbf{x}_0)} : \boldsymbol{\varepsilon}_{\text{Lös}}(\mathbf{x}_0) \, \mathrm{d}\mathbf{x}_0 \le \int_\Omega \frac{1}{2}\boldsymbol{\varepsilon}(\mathbf{x}_0) : \mathbb{C}(\mathbf{x}_0) : \boldsymbol{\varepsilon}(\mathbf{x}_0) \, \mathrm{d}\mathbf{x}_0 \tag{6.11}$$

für die Lösung des Randwertproblems $\boldsymbol{\varepsilon}_{\text{Lös}}(\mathbf{x}_0)$ und jedes andere kinematisch zulässige Feld $\boldsymbol{\varepsilon}(\mathbf{x}_0)$. Für Letzteres setzen wir $\bar{\boldsymbol{\varepsilon}}$ ein und erweitern mit $2/V$,

$$\frac{1}{V}\int_\Omega \boldsymbol{\sigma}_{\text{Lös}}(\mathbf{x}_0) : \boldsymbol{\varepsilon}_{\text{Lös}}(\mathbf{x}_0) \, \mathrm{d}\mathbf{x}_0 \le \frac{1}{V}\int_\Omega \bar{\boldsymbol{\varepsilon}} : \mathbb{C}(\mathbf{x}_0) : \bar{\boldsymbol{\varepsilon}} \, \mathrm{d}\mathbf{x}_0. \tag{6.12}$$

Mit der Energieerhaltung bzw. der Hill-Mandel-Bedingung (Abschnitt 4.3.3), welche für homogene Dehnungsrandbedingungen erfüllt ist, können wir die linke Seite umformen, rechts können wir $\bar{\boldsymbol{\varepsilon}}$ aus dem Integral ziehen

$$\bar{\boldsymbol{\sigma}} : \bar{\boldsymbol{\varepsilon}} \le \bar{\boldsymbol{\varepsilon}} : \frac{1}{V}\int_\Omega \mathbb{C}(\mathbf{x}_0) \, \mathrm{d}\mathbf{x}_0 : \bar{\boldsymbol{\varepsilon}}. \tag{6.13}$$

Auf der linken Seite können wir $\bar{\boldsymbol{\sigma}} = \mathbb{C}^* : \bar{\boldsymbol{\varepsilon}}$ einsetzen, rechts erkennen wir die Voigt-Steifigkeit wieder (Gl. 6.5),

$$\bar{\boldsymbol{\varepsilon}} : \mathbb{C}^* : \bar{\boldsymbol{\varepsilon}} \le \bar{\boldsymbol{\varepsilon}} : \mathbb{C}_{\text{Voigt}} : \bar{\boldsymbol{\varepsilon}}, \tag{6.14}$$

oder als Differenz,

$$0 \leq \overline{\boldsymbol{\varepsilon}} : (\mathbb{C}_{\text{Voigt}} - \mathbb{C}^*) : \overline{\boldsymbol{\varepsilon}}. \tag{6.15}$$

Da $\overline{\boldsymbol{\varepsilon}}$ beliebige Werte annehmen darf, muss $\mathbb{C}_{\text{Voigt}} - \mathbb{C}^*$ positiv definit sein. Das arithmetische Mittel der lokalen Steifigkeit $\overline{\mathbb{C}}$ ist im Sinne der Definitheit eine obere Schranke für die reale effektive Steifgkeit $\mathbb{C}^*$.

**Reuss-Schranke**

Das Prinzip vom Minimum des Ergänzungspotenzials besagt, dass das Potenzial

$$\Pi^\dagger(\boldsymbol{\sigma}(\mathbf{x}_0)) = \int_\Omega \frac{1}{2}\boldsymbol{\sigma} : \mathbb{C}^{-1}\boldsymbol{\sigma} \; \mathrm{d}\mathbf{x}_0 - \int_{\partial\Omega_{\text{kin}}} \mathbf{t} \cdot \mathbf{u} \, \mathrm{d}\mathbf{x}_0 \tag{6.16}$$

unter allen Spannungsfeldern, welche $\boldsymbol{\sigma} \cdot \nabla + \rho\mathbf{b} = \mathbf{o}$ erfüllen, an der Stelle der Lösung ein Minimum annimmt. Alle involvierten Größen sind Felder, also von $\mathbf{x}_0$ abhängig. Das zweite Integral wird nur über den Randteil $\partial\Omega_{\text{kin}}$ mit vorgeschriebenen Verschiebungsrandbedingungen $\mathbf{u}$ ausgeführt.

Mit $\mathbf{b} = \mathbf{o}$ und reinen Spannungsrandbedingungen $\mathbf{t} = \overline{\boldsymbol{\sigma}} \cdot \mathbf{n}_0$ können wir

$$\int_\Omega \frac{1}{2} \underbrace{\boldsymbol{\sigma}_{\text{Lös}}(\mathbf{x}_0) : \mathbb{C}^{-1}(\mathbf{x}_0)}_{\boldsymbol{\varepsilon}_{\text{Lös}}(\mathbf{x}_0)} : \boldsymbol{\sigma}_{\text{Lös}}(\mathbf{x}_0) \, \mathrm{d}\mathbf{x}_0 \leq \int_\Omega \frac{1}{2}\boldsymbol{\sigma}(\mathbf{x}_0) : \mathbb{S}(\mathbf{x}_0) : \boldsymbol{\sigma}(\mathbf{x}_0) \, \mathrm{d}\mathbf{x}_0 \tag{6.17}$$

schreiben. Wir setzen ein homogenes Spannungsfeld $\boldsymbol{\sigma}(\mathbf{x}_0) = \overline{\boldsymbol{\sigma}}$ ein und erweitern mit $2/V$,

$$\frac{1}{V}\int_\Omega \boldsymbol{\sigma}_{\text{Lös}}(\mathbf{x}_0) : \boldsymbol{\varepsilon}_{\text{Lös}}(\mathbf{x}_0) \, \mathrm{d}\mathbf{x}_0 \leq \frac{1}{V}\int_\Omega \overline{\boldsymbol{\sigma}} : \mathbb{C}^{-1}(\mathbf{x}_0) : \overline{\boldsymbol{\sigma}} \, \mathrm{d}\mathbf{x}_0. \tag{6.18}$$

Mit der Energieerhaltung bzw. der Hill-Mandel-Bedingung (Abschnitt 4.3.3), welche für homogene Spannungsrandbedingungen erfüllt ist, können wir die linke Seite umformen, rechts können wir $\overline{\boldsymbol{\sigma}}$ aus dem Integral ziehen,

$$\overline{\boldsymbol{\sigma}} : \overline{\boldsymbol{\varepsilon}} \leq \overline{\boldsymbol{\sigma}} : \frac{1}{V}\int_\Omega \mathbb{C}^{-1}(\mathbf{x}_0) \, \mathrm{d}\mathbf{x}_0 : \overline{\boldsymbol{\sigma}}. \tag{6.19}$$

Auf der linken Seite können wir $\overline{\boldsymbol{\varepsilon}} = \mathbb{C}^{*-1} : \overline{\boldsymbol{\sigma}}$ einsetzen, rechts erkennen wir die Reuss-Steifigkeit (Gl. 6.9) wieder,

$$\overline{\boldsymbol{\sigma}} : \mathbb{C}^{*-1} : \overline{\boldsymbol{\sigma}} \leq \overline{\boldsymbol{\sigma}} : \mathbb{C}^{-1}_{\text{Reuss}} : \overline{\boldsymbol{\sigma}}, \tag{6.20}$$

oder als Differenz,

$$0 \leq \overline{\boldsymbol{\sigma}} : \left(\mathbb{C}^{-1}_{\text{Reuss}} - \mathbb{C}^{*-1}\right) : \overline{\boldsymbol{\sigma}}. \tag{6.21}$$

Da $\overline{\boldsymbol{\sigma}}$ beliebige Werte annehmen darf, ist die Klammer positiv definit. Man kann sich überlegen, dass die Inversion der beiden Tensoren in der Klammer das Relationszeichen umdreht,

$$0 \geq \overline{\boldsymbol{\sigma}} : \left(\mathbb{C}_{\text{Reuss}} - \mathbb{C}^*\right) : \overline{\boldsymbol{\sigma}}. \tag{6.22}$$

Man hat also die Reihung

$$\mathbb{C}_{\text{Reuss}} \leq \mathbb{C}^* \leq \mathbb{C}_{\text{Voigt}}, \tag{6.23}$$

wobei die Relationszeichen wie in Gl. (6.15) und (6.22) im Sinne der positiven Definitheit zu lesen sind. Daher liegt die reale effektive Elastizität in dem vom Voigt- und Reuss-Mittel aufgespannten Intervall. Leider ist dieses Gebiet bei großen Steifigkeitsunterschieden sehr weit, so dass die Voigt- und Reuss-Approximationen meist eine schlechte Näherung darstellen, siehe z. B. Abb. 6.3.

Es wäre sehr angenehm, wenn man die obige, im Sinne der Definitheit geltende Ungleichung auf die Komponenten von $\mathbb{C}^*$ übertragen könnte und umgekehrt. Leider ist dies nicht möglich. Man kann aus der positiven Definitheit lediglich die Reihung der Hauptdiagonalkomponenten folgern, gemäß

$$C_{\text{Reuss}ii} < C^*_{ii} < C_{\text{Voigt}ii}, \quad i = 1 \ldots 6 \text{ (keine Summe)} \tag{6.24}$$

bezüglich der Basis $\mathbf{E}_i \otimes \mathbf{E}_j$.

## 6.2 Mittelungen zwischen den Voigt-Reuss-Schranken

Wir verallgemeinern nun auf beliebige Mittelungsarten. Sei unsere Mittelwertsbildung durch

$$\mathbb{C}^*_m = \left(\sum_{i=1\ldots n} v_i \mathbb{C}_i^m\right)^{\frac{1}{m}} \tag{6.25}$$

definiert, mit den Volumenanteilen $\sum v_i = 1$ für $n$ Phasen. Wegen der physikalischen Einheit von $\mathbb{C}$ muss die Funktion in der Summe außerhalb der Summe invertiert werden, allgemeiner würde man

$$\mathbb{C}^* = g^{-1}\left(\sum_{i=1\ldots n} v_i g(\mathbb{C}_i)\right) \tag{6.26}$$

schreiben. Wir erhalten

- die Funktion $\mathbb{C}^*_\infty = \max(\mathbb{C}_1, \mathbb{C}_2 \ldots \mathbb{C}_n)$ für $m \to \infty$ im Sinne der Eigenwerte von $\mathbb{C}_i$,
- die Funktion $\mathbb{C}^*_{-\infty} = \min(\mathbb{C}_1, \mathbb{C}_2 \ldots \mathbb{C}_n)$ für $m \to -\infty$ im Sinne der Eigenwerte von $\mathbb{C}_i$,

- das arithmetische (Voigt) Mittel für $m = 1$, und
- das harmonische (Reuss) Mittel für $m = -1$.

Bei den Fällen $m \to \pm\infty$ gehen die Volumenanteile nicht mehr ein. Dies sind die Schranken, welche sich bei Unkenntnis der Volumenanteile ergeben. Bei Kenntnis der Volumenanteile ist die Wahl $-1 \leq m \leq 1$ sinnvoll, wir haben ja bereits gesehen, dass die Werte $m = \pm 1$ Schranken für die reale Steifigkeit liefern. Man erkennt, dass das arithmetische Mittel der Steifigkeiten dem harmonischen Mittel der Nachgiebigkeiten entspricht, und umgekehrt. Es liegt nahe, den Fall $m = 0$ genauer zu untersuchen. Hierfür ist die Betrachtung des Grenzwertes

$$\lim_{m\to 0}(\ln \mathbb{C}^*_m) = \lim_{m\to 0}\left(\frac{1}{m}\ln \sum_{i=1\ldots n} v_i \mathbb{C}_i^m\right) = \lim_{m\to 0}(m^{-1}\ln \mathbf{I}) \tag{6.27}$$

hilfreich, was auf den nicht definierten Quotienten $\mathbf{O}/0$ führt. Der Logarithmus sowie die Potenz $m$ werden am einfachsten in der Spektraldarstellung ausgewertet. Dann können wir die Rechnung auf die Eigenwerte $C_i$ (bzw. Komponenten bezüglich der Eigenprojektoren) beschränken. Nach der Regel von Bernoulli[2] für Grenzwerte erhalten wir die Lösung durch separates Ableiten von Zähler und Nenner nach $m$, was auf

$$\lim_{m\to 0}(\ln C^*_m) = \lim_{m\to 0}\frac{\sum_{i=1\ldots n} v_i \mathbb{C}_i^m \ln C_i}{\sum_{i=1\ldots n} v_i \mathbb{C}_i^m} \tag{6.28}$$

führt. Für $m = 0$ ausgewertet liefert dies

$$\ln C^*_0 = \sum_{i=1\ldots n} v_i \ln C_i. \tag{6.29}$$

Wir erhalten also das geometrische Mittel (Aleksandrov und Aisenberg, 1966; Matthies und Humbert, 1995)

$$\mathbb{C}^*_0 = \exp\left(\sum_{i=1\ldots n} v_i \ln \mathbb{C}_i\right), \tag{6.30}$$

mit den zueinander inversen Funktionen ln und exp. Es hat die schöne Eigenschaft, dass es das gleiche Ergebnis liefert, wenn man es auf $\mathbb{C}$ oder $\mathbb{S} = \mathbb{C}^{-1}$ anwendet.

$$\mathbb{S}^*_0 = \exp\sum v_i \ln \mathbb{S}_i = \exp\sum v_i \ln \mathbb{C}_i^{-1} \tag{6.31}$$

$$= \exp(-\sum v_i \ln \mathbb{C}_i) = (\exp\sum v_i \ln \mathbb{C}_i)^{-1} = \mathbb{C}_0^{*-1} \tag{6.32}$$

Wir können also sagen:
- Das arithmetische Mittel der Steifigkeit entspricht dem inversen harmonischen Mittel der Nachgiebigkeit entspricht der Voigt-Mittelung.

2 Johann I Bernoulli, 1667–1748.

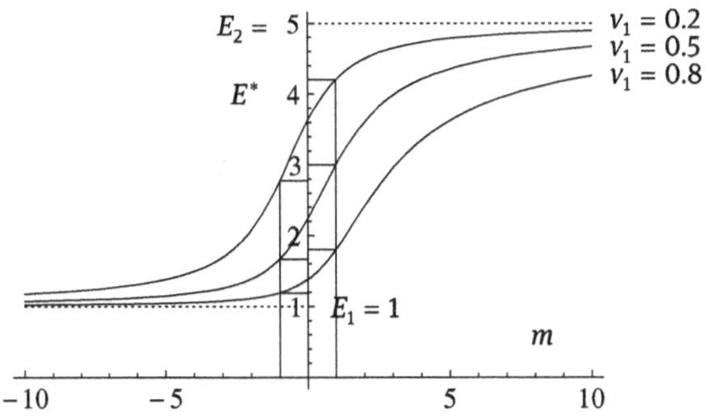


**Abb. 6.2:** Verallgemeinerte Mittelung $E^*$ zweier Elastizitätsmoduli $E_1 = 1$, $E_2 = 5$ über dem Exponenten $m$. Für $m \to \pm\infty$ erhält man jeweils $\max(E_1, E_2)$ und $\min(E_1, E_2)$ (gestrichelte Linien), unabhängig von den Volumenanteilen. Für $m = \pm 1$ erhält man die Voigt- und Reuss-Mittelung. Für $m = 0$ ergibt sich als Grenzwert das geometrische Mittel.

- Das arithmetische Mittel der Nachgiebigkeit entspricht dem inversen harmonischen Mittel der Steifigkeit entspricht der Reuss-Mittelung.
- Das geometrische Mittel der Nachgiebigkeit entspricht dem Inversen des geometrischen Mittels der Steifigkeit.

### Hill-Mittel

Allerdings ist das geometrische Mittel nicht das Einzige, welches identische Ergebnisse liefert, wenn man es auf die Steifigkeit oder die Nachgiebigkeit bezieht. Das Hill-Mittel ist einfach der Mittelwert zwischen zwei Steifigkeiten oder Nachgiebigkeiten,

$$\mathbb{C}_{\mathrm{Hill}k} = (\mathbb{C}_{\mathrm{Hill}k-1} + \mathbb{S}^{-1}_{\mathrm{Hill}k-1})/2 \tag{6.33}$$

$$\mathbb{S}_{\mathrm{Hill}k} = (\mathbb{C}^{-1}_{\mathrm{Hill}k-1} + \mathbb{S}_{\mathrm{Hill}k-1})/2. \tag{6.34}$$

Dabei ist $\mathbb{C}_{\mathrm{Hill}k} \neq \mathbb{S}^{-1}_{\mathrm{Hill}k}$. Die Startwerte für diese Rekursionsvorschrift sind die Voigt- und Reussmittelungen,

$$\mathbb{C}_{\mathrm{Hill}0} = \sum v_i \mathbb{C}_i \tag{6.35}$$

$$\mathbb{S}_{\mathrm{Hill}0} = \sum v_i \mathbb{S}_i. \tag{6.36}$$

Da die $k$-ten Hill-Mittel $\mathbb{C}_{\mathrm{Hill}k}$ und $\mathbb{S}_{\mathrm{Hill}k}$ immer zwischen den $k-1$-ten Hill-Mitteln liegen, konvergieren sie gegen einen gemeinsamen Wert

$$\mathbb{C}_{\mathrm{Hill}\infty} = \mathbb{S}^{-1}_{\mathrm{Hill}\infty}. \tag{6.37}$$

Interessanterweise liegen das geometrische Mittel und der Grenzwert der Hill-Mittel immer noch ziemlich weit auseinander, wenn die Phasenkontraste groß sind, obwohl beide Mittel invariant gegenüber der Verwendung von Steifigkeiten oder Nachgiebigkeiten sind. In Abb. 6.3 sind die besprochenen Mittelungen für einen Phasenkontrast $G_2/G_1 = 20$ aufgetragen. Man kann dort mehrere Dinge sehr schön ablesen:

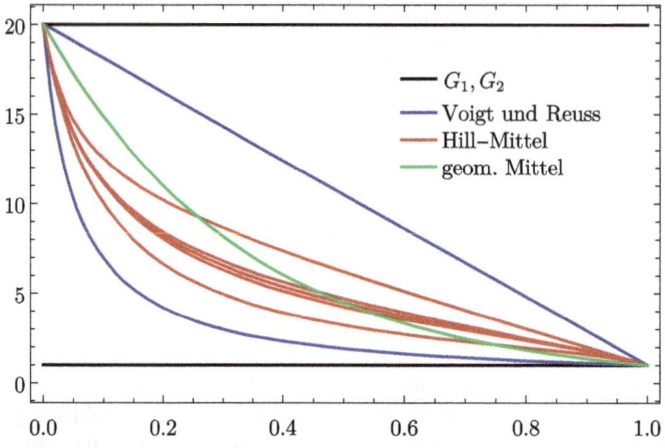


**Abb. 6.3:** Verschiedene Mittelwertberechnungen in einem Diagramm. Der zugehörige Mathematica-Quelltext ist in Listing 6.1 gegeben.

- Das Intervall möglicher Steifigkeiten, welches von den Voigt-Reuss-Schranken aufgespannt wird, ist bei einem Phasenkontrast von Faktor 20 recht groß und beträgt bei $v_1 \approx 0.2$ in etwa die Hälfte des Phasenkontrastes.
- Das Hill-Mittel (dunkelrot) konvergiert gegen einen gemeinsamen Wert, der allerdings recht weit entfernt vom geometrischen Mittel (dunkelgrün) liegt.

**Listing 6.1:** Mathematica-Code für einfache Mittelungen zweier unterschiedlich steifer Materialien mit den dimensionslosen Schubmoduli 1 und 20 (siehe Abb. 6.3).

```
Remove["Global`*"];
G1 = 1;
G2 = 20;
GV = v1 G1 + (1 - v1) G2;  (* VOIGT *)
GR = (v1 G1^(-1) + (1 - v1) G2^(-1))^(-1);  (* REUSS *)
GG = Exp[v1 Log[G1] + (1 - v1) Log[G2]];  (* GEOM *)
tbl = RecurrenceTable[{   (* Hill-Iterationen *)
   GOBEN[n + 1] == (GOBEN[n] + GUNTEN[n])/2,
   GUNTEN[n + 1] == 2/(1/GOBEN[n] + 1/GUNTEN[n]), GOBEN[1] == GV,
   GUNTEN [1] == GR}, {GOBEN, GUNTEN}, {n, 1, 5}];
Plot[ {G1, G2, GV, GR, tbl[[2, 1]], tbl[[2, 2]], tbl[[3, 1]],
  tbl[[3, 2]], tbl[[4, 1]], tbl[[4, 2]], tbl[[-1, 1]], GG}, {v1,
  0, 1}, PlotStyle -> {Black, Black, Darker[Blue], Darker[Blue],
   Darker[Red], Darker[Red], Darker[Red], Darker[Red], Darker[Red],
   Darker[Red], Darker[Red], Darker[Green], Darker[Green]}, BaseStyle -> Large]
```

## Zusammenfassung

Abschließend kann man sagen, dass die einfachen Mittelungen als erste Abschätzung und aufgrund des Schrankencharakters ihre Berechtigung haben, aber darüber hinaus recht ungenau sind, insbesondere bei großen Phasenkonstrasten. Strengere Schranken lassen sich nur unter Zuhilfenahme komplexerer Methoden angeben (Abschnitt 11).

Außerdem erkennt man, dass z. B. isotrope Phasen immer nur isotrope Mittelwerte liefern, auch wenn die räumliche Anordnung der Phasen anisotrop ist. Möchte man diese Anisotropie berücksichtigen, kommt man nicht um kompliziertere Methoden herum, welche über Volumenanteile hinaus gehen, indem sie die geometrische Anordnung der Phasen berücksichtigen.

# 7 Grundlösungen

Grundlösungen sind einfache, geschlossen gelöste Randwertprobleme. Bekannte Beispiele sind die Spannungsfelder um Rissspitzen aus der Bruchmechanik (siehe z. B. Gross und Seelig (2015)), Spannungen und Dehnungen aufgrund einer Einzelkraft auf einem elastischen Halbraum (Boussinesq (1885)[1]-Lösung), die Kerbspannungen um ein Loch in einer Platte unter einachsiger Belastung (Kirsch (1898)[2]-Lösung), Eshelbys Lösung für ein ellipsoides Eigendehnungsgebiet (Eshelby (1957)[3]), und viele andere. Ein erster Ansatz, die Mikrostrukturanordnung in die Homogenisierung einzubeziehen, ist die Überlagerung von Grundlösungen. Häufig werden dabei die Eshelby-Lösung (siehe Abschnitt 9) und die folgende Laminatlösung verwendet. Eine ausführliche Darstellung ist in Kapitel 9 in Milton (2002) zu finden.

Hier können nicht alle Grundlösungen besprochen werden. Wir werden jedoch die Laminatgrundlösung als einfachsten Vertreter reproduzieren, an dem sich auch sehr schön das Konzept der Konzentrationstensoren erklären lässt.

## 7.1 Die Laminatgrundlösung für linear elastisches Materialverhalten

Laminate sind sehr einfach, da aus der Homogenität der Grenzflächenorientierung die Homogenität der Felder in den Phasen folgt. Mit den Sprungbedingungen können dann geschlossene Ausdrücke für die effektiven Eigenschaften gewonnen werden, selbst für nichtlineare Elastizität bei großen Deformationen (deBotton, 2005) und für Plastizität (Glüge, 2016).

Sei ein Laminat mit den Volumenanteilen $v^{\pm}$ und den Steifigkeiten $\mathbb{C}^{\pm}$ gegeben, mit dem Laminatnormalenvektor $\mathbf{n}$ (Abb. 7.1).

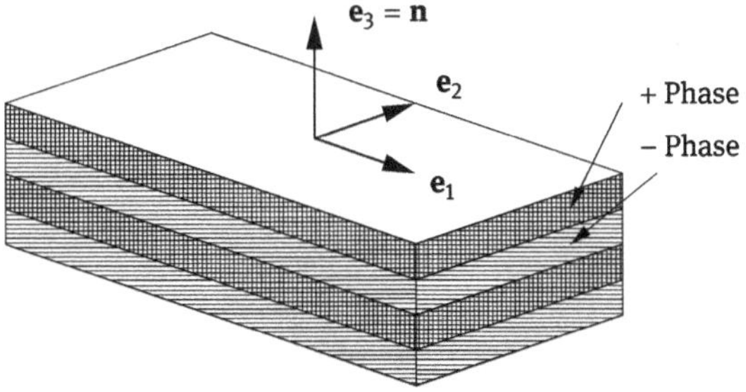


**Abb. 7.1:** Laminataufbau.

1 Joseph Boussinesq, 1842–1929.
2 Ernst Gustav Kirsch, 1841–1901.
3 John Douglas Eshelby, 1916–1981.

https://doi.org/10.1515/9783110719499-007

### 7.1.1 Sprungbedingungen an der Grenzfläche

Die kinematische und dynamische Kompatibilität an der Grenzfläche verlangt, dass

$$\boldsymbol{\varepsilon}^+ - \boldsymbol{\varepsilon}^- = \operatorname{sym}(\mathbf{n} \otimes \mathbf{a}), \tag{7.1}$$

$$(\boldsymbol{\sigma}^+ - \boldsymbol{\sigma}^-) \cdot \mathbf{n} = \mathbf{o} \quad \mathbf{t}^+ = -\mathbf{t}^-, \tag{7.2}$$

gilt. Das Spannungs- und Dehnungsfeld darf also einen Sprung aufweisen, allerdings muss dieser so sein, dass die Schichten problemlos zusammengefügt werden können. Daher muss der Sprung in $\boldsymbol{\sigma}$ senkrecht zu $\mathbf{n}$ sein, und $\boldsymbol{\varepsilon}$ darf nur einen Sprung in Normalenrichtung haben. Während $\mathbf{t}$ als Vektor leicht zerlegt werden kann, ist es sinnvoll, den Sprung von $\boldsymbol{\varepsilon}$ mit der unbekannten Größe $\mathbf{a}$ in $\operatorname{sym}(\mathbf{n} \otimes \mathbf{a})$ zu notieren. Wir wählen hier $\mathbf{n} = \mathbf{e}_3$. Man kann $\boldsymbol{\sigma}$ und $\boldsymbol{\varepsilon}$ in die springenden und kontinuierlichen Anteile zerlegen,

$$\boldsymbol{\varepsilon}^\pm = \underbrace{\varepsilon_1 \mathbf{E}_1 + \varepsilon_2 \mathbf{E}_2 + \varepsilon_4 \mathbf{E}_4}_{\boldsymbol{\varepsilon}_{\text{kont}}} + \underbrace{\varepsilon_3^\pm \mathbf{E}_3 + \varepsilon_5^\pm \mathbf{E}_5 + \varepsilon_6^\pm \mathbf{E}_6}_{\boldsymbol{\varepsilon}^\pm_{\text{diskont}}}, \tag{7.3}$$

$$\boldsymbol{\sigma}^\pm = \underbrace{\sigma_1^\pm \mathbf{E}_1 + \sigma_2^\pm \mathbf{E}_2 + \sigma_4^\pm \mathbf{E}_4}_{\boldsymbol{\sigma}^\pm_{\text{diskont}}} + \underbrace{\sigma_3 \mathbf{E}_3 + \sigma_5 \mathbf{E}_5 + \sigma_6 \mathbf{E}_6}_{\boldsymbol{\sigma}_{\text{kont}}}. \tag{7.4}$$

In Block-Matritzen haben wir

$$\boldsymbol{\varepsilon}^\pm = \left[\begin{array}{cc|c} \varepsilon_{11} & \varepsilon_{12} & \varepsilon_{13}^\pm \\ \varepsilon_{12} & \varepsilon_{22} & \varepsilon_{23}^\pm \\ \hline \varepsilon_{13}^\pm & \varepsilon_{23}^\pm & \varepsilon_{33}^\pm \end{array}\right] \mathbf{e}_i \otimes \mathbf{e}_j, \quad \boldsymbol{\sigma}^\pm = \left[\begin{array}{cc|c} \sigma_{11}^\pm & \sigma_{12}^\pm & \sigma_{13} \\ \sigma_{12}^\pm & \sigma_{22}^\pm & \sigma_{23} \\ \hline \sigma_{13} & \sigma_{23} & \sigma_{33} \end{array}\right] \mathbf{e}_i \otimes \mathbf{e}_j, \tag{7.5}$$

wobei die grau unterlegten Komponenten keinen Sprung erfahren. Die springenden und kontinuierlichen Anteile bilden orthogonale Unterräume der symmetrischen Tensoren 2. Stufe bezüglich des Skalarproduktes (Laws, 1975),

$$\boldsymbol{\sigma}^\pm_{\text{diskont}} : \boldsymbol{\varepsilon}^\pm_{\text{diskont}} = 0, \tag{7.6}$$

$$\boldsymbol{\sigma}_{\text{kont}} : \boldsymbol{\varepsilon}_{\text{kont}} = 0. \tag{7.7}$$

Man kann leicht Projektoren 4. Stufe definieren, welche aus $\boldsymbol{\varepsilon}$ und $\boldsymbol{\sigma}$ jeweils den kontinuierlichen und springenden Anteil herausfiltern, siehe z. B. Hill (1983), He und Feng (2012).

### 7.1.2 Mischungsregeln

Wir nehmen an, dass die Felder jeweils homogen in den Schichten sind. Die stückweise Homogenität erfüllt die Gleichgewichtsbedingung $\boldsymbol{\sigma} \cdot \nabla = \mathbf{o}$ auf triviale Weise. Für die effektiven Größen gilt somit

$$\overline{\boldsymbol{\sigma}} = v^- \boldsymbol{\sigma}^- + v^+ \boldsymbol{\sigma}^+, \tag{7.8}$$

$$\overline{\boldsymbol{\varepsilon}} = v^- \boldsymbol{\varepsilon}^- + v^+ \boldsymbol{\varepsilon}^+, \tag{7.9}$$

mit $v^+ + v^- = 1$. Die Homogenität gilt natürlich nur bei Abwesenheit von Dehnungslokalisierungen. Grob vereinfacht kann man sagen, dass dies der Fall ist, solange ein hinreichend großer Lastzuwachs mit einem Dehnungszuwachs erfolgt. Bei Elastizität mit positiven Moduli und Plastizität mit hinreichender Verfestigung ist dies erfüllt. Damit sind wir bei den Materialgesetzen.

### 7.1.3 Materialgesetze

Wir verwenden anisotropes, lineares elastisches Materialverhalten,

$$\boldsymbol{\sigma}^{\pm} = \mathbb{C}^{\pm} : \boldsymbol{\varepsilon}^{\pm}. \tag{7.10}$$

### 7.1.4 Die effektive Laminatsteifigkeit

Als unabhängige Variablen haben wir die 12 Dehnungen $\boldsymbol{\varepsilon}^{\pm}$, aus welchen sich mit dem Hookeschen Gesetz die Spannungen $\boldsymbol{\sigma}^{\pm}$ ergeben. Die beiden Sprungbedingungen mit jeweils 3 unabhängigen Gleichungen erlauben es, die Anzahl der unabhängigen Variablen auf 6 zu reduzieren. Aufgrund der Linearität aller involvierten Gleichungen führt dies auf ein lineares System der Größe 6, welches auf die Form

$$\overline{\boldsymbol{\sigma}} = \mathbb{C}^{*} : \overline{\boldsymbol{\varepsilon}} \tag{7.11}$$

gebracht werden kann. Darin kann $\mathbb{C}^{*}$ identifiziert werden. Bei der Herleitung müssen alle algebraischen Umformungen symmetrisch mit den $\pm$-Größen erfolgen, da beide Größen gleichberechtigt sind und prinzipiell die $\pm$-Indizierung vertauschbar ist.

Wir starten damit, die Materialgesetze für die Spannungen einzusetzen,

$$(\boldsymbol{\sigma}^{+} - \boldsymbol{\sigma}^{-}) \cdot \mathbf{n} = (\mathbb{C}^{+} : \boldsymbol{\varepsilon}^{+} - \mathbb{C}^{-} : \boldsymbol{\varepsilon}^{-}) \cdot \mathbf{n}. \tag{7.12}$$

Wir können nun mit Hilfe der Sprungbedingung (Gl. 7.1) jeweils $\boldsymbol{\varepsilon}^{+}$ und $\boldsymbol{\varepsilon}^{-}$ eliminieren,

$$(\mathbb{C}^{+} : \mathrm{sym}(\mathbf{n} \otimes \mathbf{a}) + \Delta\mathbb{C} : \boldsymbol{\varepsilon}^{-}) \cdot \mathbf{n} = \mathbf{o}, \tag{7.13}$$

$$(\mathbb{C}^{-} : \mathrm{sym}(\mathbf{n} \otimes \mathbf{a}) + \Delta\mathbb{C} : \boldsymbol{\varepsilon}^{+}) \cdot \mathbf{n} = \mathbf{o}, \tag{7.14}$$

mit $\Delta\mathbb{C} = \mathbb{C}^{+} - \mathbb{C}^{-}$. Wegen der symmetrisierenden Wirkung von $\mathbb{C}$ können wir die sym-Funktion weglassen. Dann kann wie folgt umgeformt werden:

$$\mathbf{A}^{+} \cdot \mathbf{a} = -(\Delta\mathbb{C} : \boldsymbol{\varepsilon}^{-}) \cdot \mathbf{n}, \tag{7.15}$$

$$\mathbf{A}^{-} \cdot \mathbf{a} = -(\Delta\mathbb{C} : \boldsymbol{\varepsilon}^{+}) \cdot \mathbf{n}. \tag{7.16}$$

Dabei wird die Abkürzung $\mathbf{A}^{\pm} = \mathbf{n} \cdot \mathbb{C}^{\pm} \cdot \mathbf{n}$ als Akustiktensor bezeichnet. Wir können diese Gleichungen mit $v^{\pm}$ multiplizieren und addieren, so dass wir mit $v^{+}\boldsymbol{\varepsilon}^{+} + v^{-}\boldsymbol{\varepsilon}^{-} = \overline{\boldsymbol{\varepsilon}}$ die lokalen Dehnungen eliminieren,

$$(v^{-}\mathbf{A}^{+} + v^{+}\mathbf{A}^{-}) \cdot \mathbf{a} = -(\Delta\mathbb{C} : \overline{\boldsymbol{\varepsilon}}) \cdot \mathbf{n}. \tag{7.17}$$

Mit den Abkürzungen

$$\mathbf{Z} = (v^-\mathbf{A}^+ + v^+\mathbf{A}^-)^{-1}, \tag{7.18}$$

$$\mathbb{Z} = \mathbf{n} \otimes \mathbf{Z} \otimes \mathbf{n} \tag{7.19}$$

können wir $\mathbf{n} \otimes \mathbf{a}$ elegant hinschreiben,

$$\mathbf{n} \otimes \mathbf{a} = -\mathbb{Z} : \Delta\mathbb{C} : \bar{\boldsymbol{\varepsilon}}. \tag{7.20}$$

Als Nächstes erzeugen wir die effektiven Spannungen durch die Mischungsregel für die Spannungen,

$$\bar{\boldsymbol{\sigma}} = v^+\boldsymbol{\sigma}^+ + v^-\boldsymbol{\sigma}^- \tag{7.21}$$

$$= v^+\mathbb{C}^+ : \boldsymbol{\varepsilon}^+ + v^-\mathbb{C}^- : \boldsymbol{\varepsilon}^-. \tag{7.22}$$

Wir können wieder mit der Sprungbedingung die Dehnungen $\boldsymbol{\varepsilon}^+$ oder $\boldsymbol{\varepsilon}^-$ ersetzen,

$$\bar{\boldsymbol{\sigma}} = (v^+\mathbb{C}^+ + v^-\mathbb{C}^-) : \boldsymbol{\varepsilon}^+ - v^-\mathbb{C}^- : \mathrm{sym}(\mathbf{n} \otimes \mathbf{a}), \tag{7.23}$$

$$\bar{\boldsymbol{\sigma}} = \underbrace{(v^+\mathbb{C}^+ + v^-\mathbb{C}^-)}_{\bar{\mathbb{C}}} : \boldsymbol{\varepsilon}^- + v^+\mathbb{C}^+ : \mathrm{sym}(\mathbf{n} \otimes \mathbf{a}). \tag{7.24}$$

Kombiniert man $\boldsymbol{\varepsilon}^\pm$ linear mit $v^\pm$ zu $\bar{\boldsymbol{\varepsilon}}$, benutzt $v^+ + v^- = 1$ und ersetzt $\mathbf{n} \otimes \mathbf{a}$ durch Gl. (7.20), findet man schließlich

$$\bar{\boldsymbol{\sigma}} = \mathbb{C}^* : \bar{\boldsymbol{\varepsilon}} \quad \text{mit} \quad \mathbb{C}^* = \bar{\mathbb{C}} - v^+v^-\Delta\mathbb{C} : \mathbb{Z} : \Delta\mathbb{C}. \tag{7.25}$$

Damit ist die effektive Steifigkeit des Laminates identifiziert. Sie besteht jeden Plausibilitätstest: Sie ist invariant gegenüber der Vertauschung der Indizierung, hat alle erwarteten Symmetrien und liefert für die Grenzwerte $v^\pm \to 1$, sowie bei $\Delta\mathbb{C} = \mathbb{O}$ die Steifigkeiten $\mathbb{C}^\pm$ der reinen Phasen. Außerdem sind die Eigenwerte von $\mathbb{C}^*$ kleiner oder gleich den Eigenwerten der Voigt-Steifigkeit $\bar{\mathbb{C}}$. Dies folgt aus der Positivität der Volumenanteile, dem quadratischen Auftauchen von $\Delta\mathbb{C}$ und der positiven Definitheit von $\mathbb{C}^\pm$, weswegen auch $\mathbf{A}^\pm$ und das symmetrisierte $\mathbb{Z}$ positiv definit sind. Im Folgenden ist dies am Beispiel isotroper Phasen gezeigt.

#### Isotrope Phasen

Für isotrope Phasen gemäß Gl. (2.22) mit den Lamé-Konstanten $\lambda^\pm$ und $\mu^\pm$ (Gl. 2.39) ergeben sich die $C^*_{ij}$-Komponenten bezüglich der normierten Voigt-Mandel-Notation zu

$$
\begin{bmatrix}
\overline{C} - \frac{v^- v^+ (\lambda^- - \lambda^+)^2}{C^+ v^- + C^- v^+} & \overline{\lambda} - \frac{v^- v^+ (\lambda^- - \lambda^+)^2}{C^+ v^- + C^- v^+} & \frac{\lambda^- \lambda^+ - 2\lambda^- \mu^+ v^- + 2\lambda^+ \mu^- v^+}{C^+ v^- + C^- v^+} & 0 & 0 & 0 \\
 & \overline{C} - \frac{v^- v^+ (\lambda^- - \lambda^+)^2}{C^+ v^- + C^- v^+} & \frac{\lambda^- (\lambda^+ - 2\mu^+ v^-) + 2\lambda^+ \mu^- v^+}{C^+ v^- + C^- v^+} & 0 & 0 & 0 \\
 & & \frac{C^- C^+}{C^+ v^- + C^- v^+} & 0 & 0 & 0 \\
 & & & 2\overline{\mu} & 0 & 0 \\
 & & & & \frac{2\mu^- \mu^+}{\mu^+ v^- + \mu^- v^+} & 0 \\
 \text{sym} & & & & & \frac{2\mu^- \mu^+}{\mu^+ v^- + \mu^- v^+}
\end{bmatrix}
\tag{7.26}
$$

mit den Abkürzungen

$$
C^{\pm} = \lambda^{\pm} + 2\mu^{\pm} \quad \text{und} \quad \overline{X} = v^+ X^+ + v^- X^- . \tag{7.27}
$$

Es ergeben sich in Richtung der Laminatnormalen die Reuss-Mittelung ($C^*_{55}$ und $C^*_{66}$) und in der Laminatebene die Voigt-Mittelung ($C^*_{44}$) des Schubmoduls $\mu$. Dies ist anschaulich klar. Das Ergebnis wurde mit Hilfe des Mathematica-Notebooks in Listing 7.1 zusammengefasst, indem die explizite Lösung für $\mathbb{C}^*$ (Gl. 7.25) eingegeben wurde. Da es sich allerdings um ein lineares System handelt, kann man auch relativ einfach die Ausgangsgleichungen eingeben und nach $\mathbb{C}^*$ lösen lassen (Listing 7.2).

**Listing 7.1:** Explizite Berechnung der Laminatsteifigkeit (Gl. 7.25) mit Auswertung für isotrope Phasen.

```
Remove["Global`*"]
(* Steifigkeit eines isotropen Laminates mit e3 als Normalenrichtung, p=plus, m=minus*)
id = IdentityMatrix[3]; (* Einsmatrix *)
n = {0, 0, 1}; (* ez ist der Normalenvektor *)
id4sym = 1/2 Table[id[[i, k]] id[[j, l]]+id[[i, l]] id[[j, k]],{i,1,3},{j,1,3},{k,1,3},{l,1,3}];
           (* Identität auf sym. Mat. *)
Cp = lambdap Outer[Times, id, id] + 2 mup id4sym; (* Isotrope Steifigkeiten anlegen *)
Cm = lambdam Outer[Times, id, id] + 2 mum id4sym;
Ap = n.Cp.n; (* Akustiktensor ausrechnen *)
Am = n.Cm.n;
Z = Inverse[vm Ap + vp Am]; (* Zwischengrößen ausrechnen*)
Z4 = Outer[Times, n, Z, n];
DC = Cp - Cm;
CV = vp Cp + vm Cm;
Ceff = FullSimplify[(CV - vp vm TensorContract[TensorProduct[DC, Z4, DC], {{3, 5}, {4, 6}, {7,
     9}, {8, 10}}]), vm + vp == 1];
(* Funktion zur Umindizierung zu 66-Matrix bzgl. normierter Basis *)
to66[arg_] := (  normierung = Table[If[i <= 3 && j <= 3, 1, If[(i > 3 && j > 3 ), 2, Sqrt[2]]],
          {i, 1, 6}, {j, 1, 6}];
                   ivek1 = {1, 2, 3, 1, 1, 2};
                   ivek2 = {1, 2, 3, 2, 3, 3};
                   Table[normierung[[i, j]] arg[[ivek1[[i]], ivek2[[i]], ivek1[[j]], ivek2[[j]]]],
           {i, 1, 6}, {j, 1, 6}])
ceff = to66[Ceff];
(* Ergebnis ausgeben *)
MatrixForm[ceff]
```

**Listing 7.2:** Berechnung der Laminatsteifigkeit mit Auswertung für isotrope Phasen aus den Ausgangsgleichungen.

```
Remove["Global`*"]
(* Steifigkeit eines isotropen Laminates mit e3 als Normalenrichtung, p=plus, m=minus*)
id = IdentityMatrix[3]; (* Einsmatrix  und Identität auf sym. Matritzen *)
id4sym = 1/2 Table[id[[i,k]]id[[j,l]]+id[[i,l]]id[[j,k]],{i,1,3},{j,1,3},{k,1,3},{l,1,3}];
n = {0, 0, 1}; (* ez ist der Normalenvektor *)
Cp = lambdap Outer[Times, id, id] + 2 mup id4sym; (* Isotrope Steifigkeiten anlegen *)
Cm = lambdam Outer[Times, id, id] + 2 mum id4sym;
(* Unbekannten Rank-1-Sprung des Dehnungstensors anlegen *)
a = {a1, a2, a3};
jump = 1/2 (Outer[Times, a, n] + Outer[Times, n, a]);
(* Plus-Dehnung als unabhängige Variable anlegen, Minus-Dehnung ergibt sich via Dehnungssprung
     *)
epsp = {{epsp11, epsp12, epsp13}, {epsp12, epsp22, epsp23}, {epsp13, epsp23, epsp33}};
epsm = epsp - jump;
(* Materialgesetze anwenden *)
sigmap = Table[Sum[Cp[[i, j, k, l]] epsp[[k, l]], {k, 1, 3}, {l, 1, 3}], {i, 1, 3}, {j, 1, 3}];
sigmam = Table[Sum[Cm[[i, j, k, l]] epsm[[k, l]], {k, 1, 3}, {l, 1, 3}], {i, 1, 3}, {j, 1, 3}];
(* Sprungbilanz des Spannungstensors nach dem Rank-1-Sprungvektor a auflösen und Ergebnisse
     zuweisen *)
eqs = Thread[Flatten /@ ({0, 0, 0} == sigmap.n - sigmam.n)];
erg = Solve[eqs, a];
Set @@@ erg[[1]];
(* Die Dehnungen in Schicht 1 durch die Gesamtdehnungen ersetzen *)
eqs = DeleteDuplicates[Thread[Flatten /@
  ({{eps11, eps12, eps13}, {eps12, eps22, eps23}, {eps13, eps23, eps33}} == vp epsp + vm  epsm)
     ]];
erg = Solve[eqs, DeleteDuplicates[Flatten[epsp]]];
Set @@@ erg[[1]];
(* Jetzt die eff. Spannungen als Funktion der eff. Dehnungen einsetzen *)
sigma = FullSimplify[vp sigmap + vm sigmam, vm + vp == 1];
(* Einzelne Komponenten der Steifigkeitsmatrix lassen sich durch partielle Ableitungen
     extrahieren, z. B. C1212 *)
FullSimplify[D[sigma[[1, 2]], eps12]]
```

### 7.1.5 Konzentrationstensoren

Aus der letzten Rechnung lassen sich ebenfalls Konzentrationstensoren angeben, welche die mittlere Spannung oder Dehnung auf die lokale Spannung oder Dehnung abbilden. Wir stellen die Mischungsregel (Gl. 7.9) nach $v^+\boldsymbol{\varepsilon}^+$ um,

$$v^+\boldsymbol{\varepsilon}^+ = \bar{\boldsymbol{\varepsilon}} - v^-\boldsymbol{\varepsilon}^-, \tag{7.28}$$

ersetzen $\boldsymbol{\varepsilon}^-$ durch die Sprungbedingung (Gl. 7.1),

$$v^+\boldsymbol{\varepsilon}^+ = \bar{\boldsymbol{\varepsilon}} - v^-(\boldsymbol{\varepsilon}^+ - \operatorname{sym}(\mathbf{n} \otimes \mathbf{a})), \tag{7.29}$$

und isolieren nun $\boldsymbol{\varepsilon}^+$ (mit $v^+ + v^- = 1$),

$$\boldsymbol{\varepsilon}^+ = \bar{\boldsymbol{\varepsilon}} + v^-\operatorname{sym}(\mathbf{n} \otimes \mathbf{a}). \tag{7.30}$$

Dies können wir mit der Zwischengröße $\mathbf{n} \otimes \mathbf{a}$ aus Gl. (7.20) weiter zusammenfassen,

$$\boldsymbol{\varepsilon}^{+} = \underbrace{(\mathbb{I} - v^{-}\mathbb{I} : \mathbb{Z} : \Delta\mathbb{C})}_{\mathbb{K}^{+}} : \overline{\boldsymbol{\varepsilon}}, \tag{7.31}$$

wobei die Identität auf symmetrischen Tensoren $\mathbb{I}$ die Symmetrisierung bewirkt. Dabei ist $\mathbb{K}^{+}$ der Konzentrationstensor, welcher die effektive Dehnung $\overline{\boldsymbol{\varepsilon}}$ auf die lokale Dehnung $\boldsymbol{\varepsilon}^{+}$ abbildet. Analog ist $\mathbb{K}^{-} = \mathbb{I} + v^{+}\mathbb{I} : \mathbb{Z} : \Delta\mathbb{C}$. Die Konzentrationstensoren für die Spannungen $\boldsymbol{\sigma}^{\pm} = \mathbb{L}^{\pm} : \overline{\boldsymbol{\sigma}}$ ergeben sich durch Erweiterung mit den Steifigkeiten,

$$\mathbb{L}^{\pm} = \mathbb{C}^{\pm} : \mathbb{K}^{\pm} : \mathbb{C}^{*\,-1}. \tag{7.32}$$

Die Konzentrationstensoren werden auch als Polarisationstensoren bezeichnet. Sie stellen ein wichtiges Hilfsmittel dar. Sie sind nicht hauptsymmetrisch.

### 7.1.6 Die Laminatlösung mit Eigendehnungen

Man kann die Herleitung in Abschnitt 7.1 mit Eigendehnungen in den Konstitutivgesetzen der Einzelphasen gemäß

$$\boldsymbol{\sigma}^{\pm} = \mathbb{C}^{\pm} : (\boldsymbol{\varepsilon}^{\pm} - \boldsymbol{\varepsilon}^{\pm}_{\text{eig}}) \tag{7.33}$$

wiederholen. Die Berechnung ist analog zu der angegebenen Vorgehensweise. Es müssen lediglich die Zusatzterme mit den Eigendehnungen durchgeschliffen werden. Das Ergebnis ist

$$\overline{\boldsymbol{\sigma}} = \mathbb{C}^{*} \cdot\cdot \overline{\boldsymbol{\varepsilon}} - \overline{\boldsymbol{\sigma}}_{\text{eig}} + v^{+}v^{-}\Delta\mathbb{C} \cdot\cdot \mathbb{Z} \cdot\cdot \Delta\boldsymbol{\sigma}_{\text{eig}}, \tag{7.34}$$

mit

$$\boldsymbol{\sigma}^{\pm}_{\text{eig}} = \mathbb{C}^{\pm} \cdot\cdot \boldsymbol{\varepsilon}^{\pm}_{\text{eig}}, \tag{7.35}$$

$$\overline{\boldsymbol{\sigma}}_{\text{eig}} = v^{+}\boldsymbol{\sigma}^{+}_{\text{eig}} + v^{-}\boldsymbol{\sigma}^{-}_{\text{eig}}, \tag{7.36}$$

$$\Delta\boldsymbol{\sigma}_{\text{eig}} = \boldsymbol{\sigma}^{+}_{\text{eig}} - \boldsymbol{\sigma}^{-}_{\text{eig}}. \tag{7.37}$$

Das Ergebnis ist z. B. nützlich, um innere Spannungen aufgrund von Temperaturdehnungsdifferenzen oder kleine Gitterinkompatibilitäten beim Aufdampfen von Kristallschichten zu berücksichtigen.

## 7.2 Anmerkungen zur Laminatlösung

An dieser Stelle bietet sich eine Betrachtung der Homogenisierung für beliebige Dimensionen $D$ an. Francfort und Murat (1986) haben die Lösung für isotrope Phasen für beliebige $D$ angegeben. Allgemeiner wurde von Torquato (1997) gezeigt, dass sich bei Homogenisierung mit variabler Dimension $D$ im Grenzwert $D \to \infty$ für den Schubmodul das Voigt-Mittel als exakte Lösung ergibt. Dies ist an den Sprungbedingungen erkennbar, da sich bei Schub nur in der Ebene parallel zur Grenzfläche eine Reihenschaltung (Reuss-Mittel) der Schubmoduli ergibt, während sich in $D - 1$ Dimensionen senkrecht dazu eine Parallelschaltung der Schubmoduli ergibt (Voigt-Mittel). Mit dieser Beobachtung werden andere Exponenten als $m = -1$ (Reuss), $m = 0$ (geometrisches Mittel) und $m = 1$ (Voigt) im verallgemeinerten Mittel (Gl. 6.25) interessant. Es wäre z. B. denkbar $m = 1/3$ als äquidistante 1/3–2/3-Aufteilung des Intervalls $m = -1 \ldots 1$ zu verwenden, da wir mit $D = 3$ in zwei Dimensionen das Voigt-Mittel und in einer Dimension das Reuss-Mittel verwenden, siehe die untere rechte $3 \times 3$-Matrix in Gl. (7.26). Dies gilt allerdings nicht für den Kompressionsmodul, da dieser im isotropen Fall $DK$ ist, also mit $D$ wächst.

# 8 Reformulierungen des Homogenisierungsproblems: Eigendehnungsproblem, Polarisationsproblem und Einflusstensoren

## 8.1 Das Differenzproblem

Das Ziel der folgenden Umformung ist das Erzeugen einer Dgl. mit konstanten Koeffizienten, für welche mehr Lösungsmethoden zur Verfügung stehen als für Dgl. mit variablen Koeffizienten. Dies erfolgt durch Betrachten eines homogenen Vergleichsproblems. Die Ortsabhängigkeit der Steifigkeit $\mathbb{C}(\mathbf{x})$ wird so auf die rechte Seite gebracht. Wir betrachten das Problem eines RVE mit linearen Verschiebungsrandbedingungen und ortsabhängiger Steifigkeit $\mathbb{C}(\mathbf{x})$,

$$\boldsymbol{\sigma}(\mathbf{x}) \cdot \nabla = \mathbf{o}, \quad \boldsymbol{\sigma}(\mathbf{x}) = \mathbb{C}(\mathbf{x}) : \boldsymbol{\varepsilon}(\mathbf{x}), \quad \boldsymbol{\varepsilon}(\mathbf{x}) = \operatorname{sym}(\mathbf{u}(\mathbf{x}) \otimes \nabla), \quad \mathbf{u}(\mathbf{x})|_{\partial\Omega} = \bar{\boldsymbol{\varepsilon}} \cdot \mathbf{x}. \tag{8.1}$$

Der vollständige Ableitungsoperator auf $\mathbf{u}(\mathbf{x})$ ist $(\mathbb{C}(\mathbf{x}) : (\mathbf{u} \otimes \nabla)) \cdot \nabla$, wobei die Symmetrisierung in $\mathbb{C}(\mathbf{x})$ enthalten ist. Die rechte Seite ist Null. Wir betrachten ein Vergleichsproblem mit gleichen Randbedingungen und homogener Steifigkeit $\mathbb{C}^0$,

$$\boldsymbol{\sigma}^0 \cdot \nabla = \mathbf{o}, \quad \boldsymbol{\sigma}^0 = \mathbb{C}^0 : \boldsymbol{\varepsilon}^0, \quad \boldsymbol{\varepsilon}^0 = (\mathbf{u}^0 \otimes \nabla + \nabla \otimes \mathbf{u}^0)/2, \quad \mathbf{u}^0(\mathbf{x})|_{\partial\Omega} = \bar{\boldsymbol{\varepsilon}} \cdot \mathbf{x}. \tag{8.2}$$

Aufgrund der Homogenität der Randbedingungen und der Steifigkeit $\mathbb{C}^0$ entspricht das Dehnungsfeld $\boldsymbol{\varepsilon}^0$ den mittleren Dehnungen und ist homogen,

$$\boldsymbol{\varepsilon}^0 = \bar{\boldsymbol{\varepsilon}}. \tag{8.3}$$

Damit sind alle mit 0 indizierten Felder ortsunabhängig. Nun bilden wir die Differenz $\Delta\boldsymbol{\sigma} = \boldsymbol{\sigma} - \boldsymbol{\sigma}^0$. Da alle Gleichungen linear sind haben wir nun das Differenzproblem mit Null-Verschiebungsrandbedingungen:

$$\Delta\boldsymbol{\sigma}(\mathbf{x}) \cdot \nabla = \mathbf{o}, \quad \Delta\boldsymbol{\sigma}(\mathbf{x}) = \mathbb{C}(\mathbf{x}) : \boldsymbol{\varepsilon}(\mathbf{x}) - \mathbb{C}^0 : \bar{\boldsymbol{\varepsilon}}, \quad \tilde{\boldsymbol{\varepsilon}}(\mathbf{x}) = \operatorname{sym}(\tilde{\mathbf{u}}(\mathbf{x}) \otimes \nabla) \tag{8.4}$$

mit den Randbedingungen

$$\tilde{\mathbf{u}}(\mathbf{x})|_{\partial\Omega} = \mathbf{o}. \tag{8.5}$$

Unser Ziel ist, das zu bestimmende Feld $\tilde{\boldsymbol{\varepsilon}}(\mathbf{x})$ mit der homogenen Steifigkeit $\mathbb{C}^0$ zusammenzubringen. Wir ersetzen also in Gl. (8.4) $\bar{\boldsymbol{\varepsilon}} = \boldsymbol{\varepsilon}(\mathbf{x}) - \tilde{\boldsymbol{\varepsilon}}(\mathbf{x})$,

$$\Delta\boldsymbol{\sigma}(\mathbf{x}) = \mathbb{C}(\mathbf{x}) : \boldsymbol{\varepsilon}(\mathbf{x}) - \mathbb{C}^0 : (\boldsymbol{\varepsilon}(\mathbf{x}) - \tilde{\boldsymbol{\varepsilon}}(\mathbf{x})) \tag{8.6}$$

$$= \mathbb{C}^0 : \tilde{\boldsymbol{\varepsilon}}(\mathbf{x}) + \underbrace{(\mathbb{C}(\mathbf{x}) - \mathbb{C}^0) : \boldsymbol{\varepsilon}(\mathbf{x})}_{\boldsymbol{\tau}(\mathbf{x})}. \tag{8.7}$$

https://doi.org/10.1515/9783110719499-008

Dabei wird für den Störterm $\boldsymbol{\tau}(\mathbf{x})$ der Begriff der Polarisationsspannung verwendet. Wenn wir diese von links mit $\mathbb{C}^0 : \mathbb{C}^{0^{-1}} :$ erweitern und $\mathbb{C}^0$ ausklammern, erhalten wir

$$\Delta\boldsymbol{\sigma}(\mathbf{x}) = \mathbb{C}^0 : [\tilde{\boldsymbol{\varepsilon}}(\mathbf{x}) + \underbrace{\mathbb{C}^{0^{-1}} : (\mathbb{C}(\mathbf{x}) - \mathbb{C}^0) : \boldsymbol{\varepsilon}(\mathbf{x})}_{-\boldsymbol{\varepsilon}_{\mathrm{eig}}(\mathbf{x})}]. \tag{8.8}$$

Wir fassen Gl. (8.4) als Dgl. für $\tilde{\mathbf{u}}(\mathbf{x})$ auf und schieben den Polarisations- oder Eigendehnungsterm auf die rechte Seite. Damit haben wir die homogene Dgl. (8.1) mit nichtkonstanten Koeffizienten (ortsabhängigem Ableitungsoperator) in eine inhomogene Dgl. mit konstanten Koeffizienten (ortsunabhängigem Ableitungsoperator) überführt. Damit sind andere, spezialisiertere Lösungsmethoden anwendbar. Insbesondere die Methode der Green-Funktion kann nur bei Dgl. mit konstanten Koeffizienten angewendet werden, siehe Abschnitt 12.8.1. Problematisch ist nur, dass die unbekannte Funktion immer noch in der rechten Seite enthalten ist. Trotzdem kann man mit dieser Reformulierung weiterarbeiten: Man kann sie als Fixpunktiterationsvorschrift für die unbekannte Funktion auffassen, siehe Abschnitt 12.7, oder durch weitere Annahmen wie die Homogenität der Eigendehnungen vereinfachen.

## 8.2 Das Eigendehnungsproblem mit homogenen Eigendehnungen

Beim Eigendehnungsproblem ist die Annahme homogener Eigendehnungen hilfreich,

$$\Delta\boldsymbol{\sigma}(\mathbf{x}) = \mathbb{C}^0 : (\tilde{\boldsymbol{\varepsilon}}(\mathbf{x}) - \boldsymbol{\varepsilon}_{\mathrm{eig}}). \tag{8.9}$$

Damit verschwindet $\tilde{\boldsymbol{\varepsilon}}(\mathbf{x})$ in der rechten Seite, und wir haben tatsächlich eine inhomogene partielle Dgl. mit konstanten Koeffizienten für die Abweichung $\tilde{\mathbf{u}}(\mathbf{x})$ vom linearen Verschiebungsfeld (homogenen Dehnungsfeld). Wir gehen im Folgenden von einem zweiphasigen Matrix-Einschluss-Material mit den Steifigkeiten $\mathbb{C}^{\mathrm{M}}$ und $\mathbb{C}^{\mathrm{I}}$ aus. In Antizipation der Verwendung mit Matrix-Einschluss-Strukturen (siehe Abschnitt 9.1) indizieren wir mit I für „Inklusion" und M für „Matrix". Wir wählen $\mathbb{C}^0 = \mathbb{C}^{\mathrm{M}}$, so dass $\boldsymbol{\varepsilon}_{\mathrm{eig}}$ in der Matrix Null ist, aber im Einschluss von Null abweicht. Man denke beispielsweise an lokal begrenzte homogene Temperaturdehnungen. Für elliptoide Eigendehnungsgebiete kann dann eine geschlossene Lösung angegeben werden. Es stellt sich überraschenderweise heraus, dass das $\tilde{\boldsymbol{\varepsilon}}(\mathbf{x})$-Feld im Einschluss ebenfalls homogen ist. Damit erfüllt die Lösung bei elliptoiden Eigendehnungsgebieten interessanterweise die erst getätigte Annahme homogener Eigendehnungen. Wir werden uns später dieser Eshelby-Grundlösung bedienen, um Abschätzungen für $\mathbb{C}^*$ für Matrix-Einschluss-Strukturen zu konstruieren.

## 8.3 Das Polarisationsproblem

Eine andere Möglichkeit, das Eigendehnungsproblem umzuformen, ist, $\boldsymbol{\varepsilon}$ auf der rechten Seite zu isolieren. Wir bringen $\mathbb{C}^0 : \tilde{\boldsymbol{\varepsilon}}$ auf die linke Seite,

$$\underbrace{\Delta\boldsymbol{\sigma} + \mathbb{C}^0 : \tilde{\boldsymbol{\varepsilon}}}_{\mathbf{P}} = \underbrace{(\mathbb{C} - \mathbb{C}^0)}_{\Delta\mathbb{C}} : \boldsymbol{\varepsilon} = \boldsymbol{\sigma} - \mathbb{C}^0 : \boldsymbol{\varepsilon}. \tag{8.10}$$

Die linke Seite $\mathbf{P}$ wird als „Polarisation" bezeichnet, vermutlich weil dies erstmalig für elektrischen Ladungstransport gemacht wurde. $\mathbf{P}$ ist weder divergenzfrei (so wie $\boldsymbol{\sigma}$) noch rotationsfrei (so wie $\boldsymbol{\varepsilon}$). Außerdem ist $\mathbf{P}$ nicht direkt physikalisch interpretierbar. Dies zeigt, dass das Polarisationsproblem nicht direkt gelöst wird, vielmehr ist es ein Hilfsproblem, aus dem geschlossene Ausdrücke für die effektive Steifigkeit abgeleitet werden können. Man kann z. B. das Volumenmittel auf beiden Seiten der Gleichung nehmen und nach $\overline{\boldsymbol{\sigma}}$ umstellen,

$$\overline{\boldsymbol{\sigma}} = \overline{\mathbf{P}} + \mathbb{C}^0 : \overline{\boldsymbol{\varepsilon}}. \tag{8.11}$$

Wenn man nun eine Lösung für $\overline{\mathbf{P}}$ als Funktion von $\overline{\boldsymbol{\varepsilon}}$ angibt, kann man die effektive Steifigkeit $\mathbb{C}^*$ identifizieren, siehe Abschnitt 12.6.1.

## 8.4 Einflusstensoren, Konzentrationstensoren, Polarisationstensoren, Lokalisierungstensoren

Wir haben bei der Laminatlösung bereits die Konzentrationstensoren kennengelernt, welche die effektiven Größen auf die lokalen Größen abbilden:

$$\boldsymbol{\varepsilon}(\mathbf{x}) = \mathbb{K}(\mathbf{x}) : \overline{\boldsymbol{\varepsilon}}. \tag{8.12}$$

Daher werden auch die Begriffe Lokalisierungstensor, Einflusstensor oder Polarisationstensor verwendet. Es handelt sich um die Umkehrung des Eigendehnungskonzeptes: wir stecken die Ortsabhängigkeit der Dehnung in den Tensor $\mathbb{K}$. Sei $\boldsymbol{\varepsilon}(\mathbf{x})$ das Dehnungsfeld eines RVE-Problems mit Verschiebungsrandbedingungen, welche sich aus einer vorgeschriebenen mittleren Dehnung $\langle\boldsymbol{\varepsilon}\rangle = \overline{\boldsymbol{\varepsilon}}$ ergeben. Wir können dann die inhomogenen Spannungen mit den inhomogenen Steifigkeiten angeben,

$$\boldsymbol{\sigma}(\mathbf{x}) = \mathbb{C}(\mathbf{x}) : \boldsymbol{\varepsilon}(\mathbf{x}), \tag{8.13}$$

$$\overline{\boldsymbol{\sigma}} = \langle\mathbb{C}(\mathbf{x}) : \boldsymbol{\varepsilon}(\mathbf{x})\rangle. \tag{8.14}$$

Unter Verwendung des Konzentrationstensors $\mathbb{K}$ können wir

$$\overline{\boldsymbol{\sigma}} = \langle\mathbb{C}(\mathbf{x}) : \mathbb{K}(\mathbf{x}) : \overline{\boldsymbol{\varepsilon}}\rangle \tag{8.15}$$

$$\overline{\boldsymbol{\sigma}} = \underbrace{\langle\mathbb{C}(\mathbf{x}) : \mathbb{K}(\mathbf{x})\rangle}_{\mathbb{C}^*} : \overline{\boldsymbol{\varepsilon}} \tag{8.16}$$

schreiben. Die Konzentrationstensoren sind also Wichtungsfaktoren bei der Mittelung der Steifigkeit. Wir können die naiven Voigt/Reuss-Mittel nun verbessern, indem wir gut gewählte Konzentrationstensoren verwenden. Man erkennt, dass das $\mathbb{K}(\mathbf{x})$-Feld die Eigenschaft

$$\langle \mathbb{K}(\mathbf{x}) \rangle = \mathbb{I} \tag{8.17}$$

einer Wichtung hat. Nehmen wir vereinfachend zwei Phasen mit homogenen Dehnungen an, können wir

$$\mathbb{C}^* = v_{\mathrm{I}} \mathbb{C}^{\mathrm{I}} : \mathbb{K}^{\mathrm{I}} + v_{\mathrm{M}} \mathbb{C}^{\mathrm{M}} : \mathbb{K}^{\mathrm{M}} \tag{8.18}$$

schreiben. Dabei können wir wegen

$$\mathbb{I} = v_{\mathrm{I}} \mathbb{K}^{\mathrm{I}} + v_{\mathrm{M}} \mathbb{K}^{\mathrm{M}} \tag{8.19}$$

einen der beiden Einflusstensoren $\mathbb{K}^{\mathrm{I/M}}$ eliminieren. Da wir homogene Dehnungen im Einschluss haben und dort den Eshelby-Tensor $\mathbb{E}$ (siehe nächster Abschnitt) kennen, eliminieren wir $\mathbb{K}^{\mathrm{M}}$, indem wir letztere Gleichung nach $\mathbb{K}^{\mathrm{M}}$ umstellen und in das Volumenmittel der Steifigkeit (Gl. 8.18) einsetzen,

$$\mathbb{C}^* = v_{\mathrm{I}} \mathbb{C}^{\mathrm{I}} : \mathbb{K}^{\mathrm{I}} + v_{\mathrm{M}} \mathbb{C}^{\mathrm{M}} : \mathbb{K}^{\mathrm{M}} \leftarrow \mathbb{K}^{\mathrm{M}} = v_{\mathrm{M}}^{-1} (\mathbb{I} - v_{\mathrm{I}} \mathbb{K}^{\mathrm{I}}) \tag{8.20}$$

$$\mathbb{C}^* = v_{\mathrm{I}} \mathbb{C}^{\mathrm{I}} : \mathbb{K}^{\mathrm{I}} + \mathbb{C}^{\mathrm{M}} : (\mathbb{I} - v_{\mathrm{I}} \mathbb{K}^{\mathrm{I}}) \tag{8.21}$$

$$\mathbb{C}^* = \mathbb{C}^{\mathrm{M}} + v_{\mathrm{I}} (\mathbb{C}^{\mathrm{I}} - \mathbb{C}^{\mathrm{M}}) : \mathbb{K}^{\mathrm{I}}. \tag{8.22}$$

Letztere Gleichung wird uns mit der Eshelby-Lösung als Basis für diverse Abschätzungen dienen.

# 9 Verbesserte Abschätzungen mit dem Eshelby-Einflusstensor

## 9.1 Eshelby-Lösung

Eshelby (1957) betrachtete das Eigendehnungsproblem für den Spezialfall eines elliptoiden Eigendehnungsgebietes mit homogener Eigendehnung in einem homogenen, unendlich ausgedehnten Körper. Er fand, dass

- innerhalb des elliptischen Gebietes eine homogene Gesamtdehnung und damit auch homogene Spannung vorliegen und
- die Gesamtdehnung im elliptischen Gebiet linear von der Eigendehnung abhängt

$$\tilde{\boldsymbol{\varepsilon}} = \mathbb{E} : \boldsymbol{\varepsilon}_{\text{eig}}, \tag{9.1}$$

  mit dem Eshelby-Tensor $\mathbb{E}$. Er hat im Gegensatz zu $\mathbb{C}$ im Allgemeinen nicht die Hauptsymmetrie.
- Für isotrope Steifigkeiten $\mathbb{C}^0$ lassen sich Integralausdrücke für $\mathbb{E}$ angeben. Für spezielle Halbachsenverhältnisse lassen sich diese Integrale geschlossen lösen. Eine Auflistung ist in Mura (1987) zu finden. Bei einem kugelförmigen Einschluss und isotroper Vergleichssteifigkeit $\mathbb{C}^0$ ist der Eshelby-Tensor isotrop, symmetrisch, und durch

$$\mathbb{E} = \alpha \mathbb{P}_{I1} + \beta \mathbb{P}_{I2} \tag{9.2}$$

$$\alpha = \frac{3K^0}{3K^0 + 4G^0} = \frac{1 + \nu^0}{3(1 - \nu^0)} \tag{9.3}$$

$$\beta = \frac{6(K^0 + 2G^0)}{5(3K^0 + 4G^0)} = \frac{2(4 - 5\nu^0)}{15(1 - \nu^0)} \tag{9.4}$$

  gegeben, wobei $K^0$, $G^0$ und $\nu^0$ der Kompressionsmodul, der Schubmodul und die Querdehnungszahl des isotropen Materials $\mathbb{C}^0 = 3K^0\mathbb{P}_{I1} + 2G^0\mathbb{P}_{I2}$ sind.
- Außerhalb des elliptischen Gebietes sind alle Felder inhomogen, sie klingen invers kubisch mit dem Abstand vom Ellipsoidmittelpunkt ab.

Die Herleitung ist sehr aufwendig. Eine nachvollziehbare Darstellung ist in Yanase (2019) gegeben.

## 9.2 Eshelbys Konzentrationstensor

Wir fügen nun die drei Puzzleteile *Eigendehnungskonzept*, *Eshelby-Lösung* und *Einflusstensoren* zusammen. Betrachten wir einen elliptischen Einschluss mit der Steifigkeit $\mathbb{C}^I$ in einer unendlichen Matrix der Steifigkeit $\mathbb{C}^M$. Das Fern-Dehnungsfeld wird mit $\bar{\boldsymbol{\varepsilon}}$ vorgeschrieben. Ziel ist, den Eshelby-Einflusstensor zu bestimmen.

https://doi.org/10.1515/9783110719499-009

1. Wir wählen $\mathbb{C}^0 = \mathbb{C}^\mathrm{M}$ im Eigendehnungskonzept (Gl. 8.8). Damit ergeben sich die Eigendehnungen im Einschluss zu

$$\boldsymbol{\varepsilon}_\mathrm{eig} = -{\mathbb{C}^\mathrm{M}}^{-1} : [\mathbb{C}^\mathrm{I} - \mathbb{C}^\mathrm{M}] : \boldsymbol{\varepsilon}. \tag{9.5}$$

   Außerhalb des Ellipsoids sind die Eigendehnungen Null, da die eckige Klammer verschwindet.
2. Damit können wir die Eshelby-Lösung anwenden (Gl. 9.1). Die Dehnungen des Differenzproblems im Einschluss ergeben sich zu

$$\tilde{\boldsymbol{\varepsilon}}^* = \mathbb{E} : \boldsymbol{\varepsilon}_\mathrm{eig} \tag{9.6}$$

$$= -\mathbb{E} : {\mathbb{C}^\mathrm{M}}^{-1} : [\mathbb{C}^\mathrm{I} - \mathbb{C}^\mathrm{M}] : \boldsymbol{\varepsilon}. \tag{9.7}$$

   Außerhalb des Einschlusses können wir $\tilde{\boldsymbol{\varepsilon}}^*$ nicht angeben.
3. Aufgrund der Null-Randbedingungen des Differenzproblems sind die mittleren Dehnungen des Differenzproblems Null. Demnach handelt es sich bei $\tilde{\boldsymbol{\varepsilon}}^*$ um die unbekannte Abweichung $\tilde{\boldsymbol{\varepsilon}}$ von der effektiven Dehnung $\bar{\boldsymbol{\varepsilon}}$. Wir können also $\tilde{\boldsymbol{\varepsilon}}^* = \boldsymbol{\varepsilon} - \bar{\boldsymbol{\varepsilon}}$ ersetzen,

$$\boldsymbol{\varepsilon} - \bar{\boldsymbol{\varepsilon}} = -\mathbb{E} : {\mathbb{C}^\mathrm{M}}^{-1} : [\mathbb{C}^\mathrm{I} - \mathbb{C}^\mathrm{M}] : \boldsymbol{\varepsilon}. \tag{9.8}$$

4. Nun können wir den Konzentrationstensor für die Dehnung im Ellipsoid identifizieren:

$$\boldsymbol{\varepsilon} = \underbrace{(\mathbb{I} + \mathbb{E} : {\mathbb{C}^\mathrm{M}}^{-1} : [\mathbb{C}^\mathrm{I} - \mathbb{C}^\mathrm{M}])^{-1}}_{\mathbb{K}_\mathrm{Eshelby}} : \bar{\boldsymbol{\varepsilon}}. \tag{9.9}$$

## 9.3 Dünne Dichten

Eine erste Verbesserung ist durch eine Volumenmittelung mit dem Einflusstensor $\mathbb{K}_\mathrm{Eshelby}$ im Einschluss gegeben. Ausgangspunkt ist Gleichung (8.22):

$$\mathbb{C}^{DD} = \mathbb{C}^\mathrm{M} + v_\mathrm{I}(\mathbb{C}^\mathrm{I} - \mathbb{C}^\mathrm{M}) : \mathbb{K}_\mathrm{Eshelby}. \tag{9.10}$$

Damit erhalten wir einen quasi-linearen Zusammenhang für $\mathbb{C}^\mathrm{DD}$ in $v_\mathrm{I}$. Das DD steht dabei für „dünne Dichte" auf Deutsch oder „dilute distribution" auf Englisch, was anzeigt, dass diese Näherung nur für kleine Volumenanteile gilt. Sie ignoriert die Interaktion der Einschlüsse. Betrachten wir das Ergebnis beispielhaft für steife isotrope kugelige Einschlüsse in einer weichen isotropen Matrix, so erhalten wir im Sinne der Analysis lineare Funktionen für $K^\mathrm{DD}$ und $G^\mathrm{DD}$, siehe Abb. 9.1. Das dazugehörende Mathematica-Skript ist in Listing 9.1 gegeben.

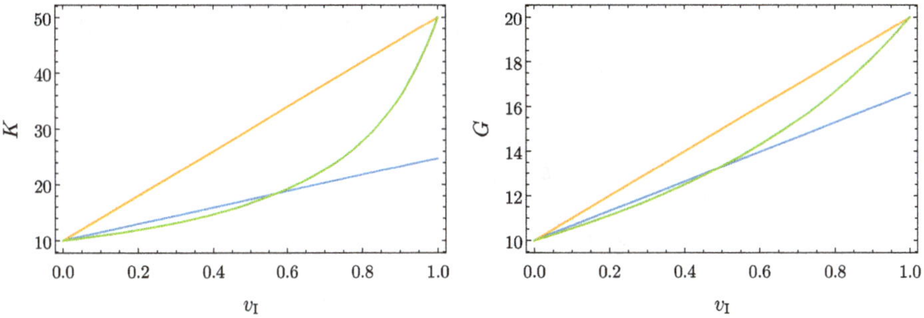


**Abb. 9.1:** Dünne-Dichten-Ansatz: Effektiver Kompressionsmodul $K$ (links) und effektiver Gleitmodul $G$ (rechts) aufgetragen über $v_I$. Man sieht, dass bei kleinen Volumenanteilen eine Näherung zwischen den Voigt/Reuss-Schranken herauskommt, bei großen Volumenanteilen wird die Lösung allerdings so schlecht, dass sie außerhalb der Schranken liegt.

**Listing 9.1:** Mathematica-Code zum Erzeugen der Dünne-Dichten-Abschätzung.

```
Remove["Global`*"];
(* Identität und isotrope Projektoren bauen *)
id = {1, 1, 1, 0, 0, 0};
P1 = Outer[Times, id, id]/3;
I6 = IdentityMatrix[6];
P2 = I6 - P1;
(* Steifigkeiten Inklusion und Matrix *)
CI = 3 KI P1 + 2 GI P2;
CM = 3 KM P1 + 2 GM P2;
(* Isotropen Eshelby-Tensor bauen *)
alpha = 3 KM / (3 KM + 4 GM) ;
beta = 6 (KM + 2 GM) / 5 / (3 KM + 4 GM);
ES = alpha P1 + beta P2;
(* Einflusstensor bauen *)
K = FullSimplify[Inverse[I6 + ES.Inverse[CM].(CI - CM)]];
(* Effektive DD-Steifigkeit *)
Ceff = FullSimplify[CM + vi (CI - CM).K];
(* In K und G projizieren (EW-Vielfachheit bei P2 beachten) *)
KeffDD = FullSimplify[Flatten[Ceff].Flatten[P1]]/3;
GeffDD = FullSimplify[Flatten[Ceff].Flatten[P2]]/2/5;
(* Zahlen einsetzen und plotten: steifere Einschlüsse *)
KM = 10; GM = 10; KI = 50; GI = 20;
Plot[{KeffDD, vi KI + (1 - vi) KM, (vi/KI + (1 - vi)/KM)^(-1)},
  {vi, 0, 1.0}, LabelStyle -> Directive[Bold, 20]]
Plot[{GeffDD, vi GI + (1 - vi) GM, (vi/GI + (1 - vi)/GM)^(-1)},
  {vi, 0, 1.0}, LabelStyle -> Directive[Bold, 20]]
```

## 9.4 Mori-Tanaka

Die naheliegendste Verbesserung des DD-Ansatzes ist, die Änderung der Matrixsteifigkeit durch die Einschlüsse im Einflusstensor zu berücksichtigen. Statt $\boldsymbol{\varepsilon}^{\mathrm{I}} = \mathbb{K}_{\mathrm{Eshelby}} : \bar{\boldsymbol{\varepsilon}}$ schreiben wir nun

$$\boldsymbol{\varepsilon}^{\mathrm{I}} = \mathbb{K}_{\mathrm{Eshelby}} : \bar{\boldsymbol{\varepsilon}}^{\mathrm{M}}. \tag{9.11}$$

Damit berücksichtigen wir, dass die Steifigkeit im Unendlichen eben nicht die der Matrix ($\mathbb{C}^{\mathrm{M}}$) ist, sondern die der effektiven Matrix-Einschluss-Struktur. Des Weiteren benutzen wir

$$\overline{\boldsymbol{\varepsilon}} = v_{\mathrm{I}}\boldsymbol{\varepsilon}^{\mathrm{I}} + v_{\mathrm{M}}\overline{\boldsymbol{\varepsilon}}^{\mathrm{M}}. \tag{9.12}$$

Nun können wir in den letzten beiden Gleichungen $\overline{\boldsymbol{\varepsilon}}^{\mathrm{M}}$ eliminieren und erhalten

$$\overline{\boldsymbol{\varepsilon}} = v_{\mathrm{I}}\boldsymbol{\varepsilon}^{\mathrm{I}} + v_{\mathrm{M}}\mathbb{K}_{\mathrm{Eshelby}}^{-1} : \overline{\boldsymbol{\varepsilon}}^{\mathrm{I}}, \tag{9.13}$$

was nach $\boldsymbol{\varepsilon}_{\mathrm{I}}$ aufgelöst werden kann:

$$\boldsymbol{\varepsilon}^{\mathrm{I}} = \underbrace{(v_{\mathrm{I}}\mathbb{I} + v_{\mathrm{M}}\mathbb{K}_{\mathrm{Eshelby}}^{-1})^{-1}}_{\mathbb{K}_{\mathrm{MT}}(v_{\mathrm{I}})} : \overline{\boldsymbol{\varepsilon}}. \tag{9.14}$$

Hier identifizieren wir den Mori-Tanaka-Konzentrationstensor $\mathbb{K}_{\mathrm{MT}}(v_{\mathrm{I}})$. Er wird wie im DD-Schema angewendet:

$$\mathbb{C}^{*\mathrm{MT}} = \mathbb{C}^{\mathrm{M}} + v_{\mathrm{I}}(\mathbb{C}^{\mathrm{I}} - \mathbb{C}^{\mathrm{M}}) : \mathbb{K}_{\mathrm{MT}}(v_{\mathrm{I}}). \tag{9.15}$$

Man sieht, dass $\mathbb{C}^{*\mathrm{MT}}$ bei $v_{\mathrm{I}} = 0$ und $v_{\mathrm{I}} = 1$ jeweils zu $\mathbb{C}^{\mathrm{M}}$ und $\mathbb{C}^{\mathrm{I}}$ wird. Der Ansatz verläuft nichtlinear in $v_i$ zwischen den Voigt-Reuss-Schranken, siehe Abb. 9.2. Der zusätzlich zu Listing 9.1 verwendete Programmcode ist in Listing 9.2 gegeben.

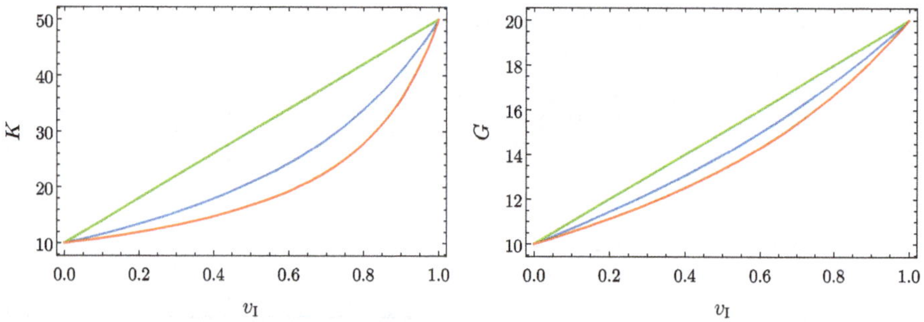


**Abb. 9.2:** Mori-Tanaka-Ansatz: Effektiver Kompressionsmodul $K$ (links), effektiver Gleitmodul $G$ (rechts) aufgetragen über $v_{\mathrm{I}}$. Die Mori-Tanaka-Abschätzung verläuft zwischen den Voigt-Reuss-Schranken.

Der Mori-Tanaka-Ansatz (MT) ist einfach, kann aber unsymmetrische und damit unphysikalische effektive Steifigkeiten liefern, wenn anisotrope Einschlüsse mit unterschiedlichen Orientierungen vorliegen, siehe die Einführung in Liu und Huang (2014) für eine Zusammenfassung.

**Listing 9.2:** Mathematica-Code zum Erzeugen der Mori-Tanaka-Abschätzung (zusätzlich zu Listing 9.1).

```
(* MORI-TANAKA *)
KMT = FullSimplify[Inverse[vi I6 + (1 - vi) Inverse[K]]];
(* Effektive MT-Steifigkeit *)
CeffMT = FullSimplify[CM + vi (CI - CM).KMT];
(* In K und G projizieren (EW-Vielfachheit bei P2 beachten) *)
KeffMT = FullSimplify[Flatten[CeffMT].Flatten[P1]]/3;
GeffMT = FullSimplify[Flatten[CeffMT].Flatten[P2]]/2/5;
Plot[{KeffMT, Keff,
  vi KI + (1 - vi) KM, (vi/KI + (1 - vi)/KM)^(-1)}, {vi, 0, 1.0},
 LabelStyle -> Directive[Bold, 20]]
Plot[{GeffMT, Geff,
  vi GI + (1 - vi) GM, (vi/GI + (1 - vi)/GM)^(-1)}, {vi, 0, 1.0},
 LabelStyle -> Directive[Bold, 20]]
```

## 9.5 Differenzial-Schema

Beim Mori-Tanaka-Ansatz wird von den bekannten Steifigkeiten auf eine effektive Steifigkeit bei einem bestimmten Volumenanteil $v_{\mathrm{I}}$ gesprungen. Ansatzpunkt war die Korrektur des Einflusstensors, er wurde aber in der gleichen linearen Basisgleichung (8.22) verwendet. Die Idee des Differenzial-Schemas (DS) ist, zusätzlich die Basisgleichung (8.22) als Linearisierung aufzufassen und von dieser auf den nichtlinearen Zusammenhang für die effektive Steifigkeit zu schließen. Man geht also schrittweise vor, indem man dem reinen Matrixanteil sehr wenige Einschlüsse zuschlägt, dann die effektive Steifigkeit als die neue Matrixsteifigkeit annimmt, welcher wieder sehr wenige Einschlüsse zugeschlagen werden, usw. Die Gleichung

$$\mathbb{C}^* = \mathbb{C}^{\mathrm{M}} + v_{\mathrm{I}}(\mathbb{C}^{\mathrm{I}} - \mathbb{C}^{\mathrm{M}}) : \mathbb{K}^{\mathrm{I}} \tag{9.16}$$

wird als Linearisierung an der Stelle $v_{\mathrm{I}} = 0$ aufgefasst und zu

$$\mathbb{C}^{\mathrm{DS}}(v_{\mathrm{I}} + \mathrm{d}v_{\mathrm{I}}) = \mathbb{C}^{\mathrm{DS}}(v_{\mathrm{I}}) + \mathrm{d}\tilde{v}_{\mathrm{I}}(\mathbb{C}^{\mathrm{I}} - \mathbb{C}^{\mathrm{DS}}(v_{\mathrm{I}})) : \mathbb{K}^{\mathrm{I}}(v_{\mathrm{I}}). \tag{9.17}$$

Dabei sind zwei Dinge zu beachten:

- Wir müssen die bezogene (prozentuale) Volumenänderung $\mathrm{d}\tilde{v}_{\mathrm{I}}$ erst ermitteln: Nur bei $v_{\mathrm{I}} = 0$ ist $\mathrm{d}\tilde{v}_{\mathrm{I}} = \mathrm{d}V_{\mathrm{I}}/V = \mathrm{d}v_{\mathrm{I}}$. Eigentlich müssen wir einsetzen, wieviel Matrixvolumen in einem differenziellen Schritt durch Einschlussvolumen ersetzt wird, also

$$\mathrm{d}\tilde{v}_{\mathrm{I}} = \frac{\mathrm{d}V_{\mathrm{I}}}{V_{\mathrm{M}}} = \frac{\mathrm{d}V_{\mathrm{I}}}{V - V_{\mathrm{I}}} = \frac{\mathrm{d}v_{\mathrm{I}}}{1 - v_{\mathrm{I}}}. \tag{9.18}$$

- Wie im Mori-Tanaka-Schema enthält der Einflusstensor $\mathbb{K}(v_{\mathrm{I}})$ die schrittweise veränderte Matrixsteifigkeit. Dabei wird die zu bestimmende Matrixsteifigkeit im Unendlichen mit der effektiven Steifigkeit identifiziert.

Beides eingesetzt liefert eine tensorielle Differenzialgleichung für $\mathbb{C}^{*\mathrm{DS}}$,

$$\mathbb{C}'^{\mathrm{DS}}(v_\mathrm{I}) = \frac{\mathbb{C}^{\mathrm{DS}}(v_\mathrm{I} + \mathrm{d}v_\mathrm{I}) - \mathbb{C}^{\mathrm{DS}}(v_\mathrm{I})}{\mathrm{d}v_\mathrm{I}} \tag{9.19}$$

$$= \frac{1}{1 - v_\mathrm{I}}[\mathbb{C}^\mathrm{I} - \mathbb{C}^{\mathrm{DS}}(v_\mathrm{I})] : \{\mathbb{I} + \mathbb{E}^{\mathrm{DS}}(v_\mathrm{I}) : \mathbb{C}^{\mathrm{DS}^{-1}}(v_\mathrm{I}) : [\mathbb{C}^\mathrm{I} - \mathbb{C}^{\mathrm{DS}}(v_\mathrm{I})]\}^{-1}. \tag{9.20}$$

In unserem Beispiel kugelförmiger isotroper Einschlüsse in isotroper Matrix sind alle Tensoren isotrop und damit von der Form $\lambda_1 \mathbb{P}_{\mathrm{I}1} + \lambda_2 \mathbb{P}_{\mathrm{I}2}$ und somit koaxial, so dass ihr Produkt kommutativ ist. Damit können wir die letzte Gleichung etwas vereinfachen. Wir erweitern die erste eckige Klammer mit $[\ldots]^{-1^{-1}}$ und fassen mit der geschweiften Klammer $\{\ldots\}^{-1}$ zusammen,

$$\mathbb{C}'^{\mathrm{DS}}(v_\mathrm{I}) = \frac{1}{1 - v_\mathrm{I}}[\mathbb{C}^\mathrm{I} - \mathbb{C}^{\mathrm{DS}}(v_\mathrm{I})]^{-1^{-1}} : \{\mathbb{I} + \mathbb{E}^{\mathrm{DS}}(v_\mathrm{I}) : \mathbb{C}^{\mathrm{DS}^{-1}}(v_\mathrm{I}) : [\mathbb{C}^\mathrm{I} - \mathbb{C}^{\mathrm{DS}}(v_\mathrm{I})]\}^{-1} \tag{9.21}$$

$$= \frac{1}{1 - v_\mathrm{I}}\{[\mathbb{C}^\mathrm{I} - \mathbb{C}^{\mathrm{DS}}(v_\mathrm{I})]^{-1} + \mathbb{E}^{\mathrm{DS}}(v_\mathrm{I}) : \mathbb{C}^{\mathrm{DS}^{-1}}(v_\mathrm{I})\}^{-1}. \tag{9.22}$$

Wir können uns die beiden Differenzialgleichungen für $K^{\mathrm{DS}}(v_\mathrm{I})$ und $G^{\mathrm{DS}}(v_\mathrm{I})$ verschaffen, indem wir die tensorielle Differenzialgleichung skalar mit den beiden isotropen Projektoren multiplizieren, z. B. $3K^{\mathrm{DS}} = \mathbb{C}^{\mathrm{DS}} :: \mathbb{P}_{\mathrm{I}1}$,

$$3K'^{\mathrm{DS}}(v_\mathrm{I}) = \frac{1}{1 - v_\mathrm{I}}\left[\left[3K^\mathrm{I} - 3K^{\mathrm{DS}}(v_\mathrm{I})\right]^{-1} + \frac{3K^{\mathrm{DS}}(v_\mathrm{I})3K^{\mathrm{DS}}(v_\mathrm{I})^{-1}}{3K^{\mathrm{DS}}(v_\mathrm{I}) + 4G^{\mathrm{DS}}(v_\mathrm{I})}\right]^{-1} \tag{9.23}$$

$$= \frac{1}{1 - v_\mathrm{I}}\left[\frac{1}{3K^\mathrm{I} - 3K^{\mathrm{DS}}(v_\mathrm{I})} + \frac{1}{3K^{\mathrm{DS}}(v_\mathrm{I}) + 4G^{\mathrm{DS}}(v_\mathrm{I})}\right]^{-1} \tag{9.24}$$

$$= \frac{1}{1 - v_\mathrm{I}}\left[\frac{3K^{\mathrm{DS}}(v_\mathrm{I}) + 4G^{\mathrm{DS}}(v_\mathrm{I}) + 3K^\mathrm{I} - 3K^{\mathrm{DS}}(v_\mathrm{I})}{(3K^{\mathrm{DS}}(v_\mathrm{I}) + 4G^{\mathrm{DS}}(v_\mathrm{I})) \cdot (3K^\mathrm{I} - 3K^{\mathrm{DS}}(v_\mathrm{I}))}\right]^{-1} \tag{9.25}$$

$$= \frac{1}{1 - v_\mathrm{I}} \frac{(3K^{\mathrm{DS}}(v_\mathrm{I}) + 4G^{\mathrm{DS}}(v_\mathrm{I})) \cdot (3K^\mathrm{I} - 3K^{\mathrm{DS}}(v_\mathrm{I}))}{3K^{\mathrm{DS}}(v_\mathrm{I}) + 4G^{\mathrm{DS}}(v_\mathrm{I}) + 3K^\mathrm{I} - 3K^{\mathrm{DS}}(v_\mathrm{I})} \tag{9.26}$$

$$= \frac{1}{1 - v_\mathrm{I}} \frac{(3K^{\mathrm{DS}}(v_\mathrm{I}) + 4G^{\mathrm{DS}}(v_\mathrm{I})) \cdot (3K^\mathrm{I} - 3K^{\mathrm{DS}}(v_\mathrm{I}))}{4G^{\mathrm{DS}}(v_\mathrm{I}) + 3K^\mathrm{I}} \tag{9.27}$$

$$\rightarrow K'^{\mathrm{DS}}(v_\mathrm{I}) = \frac{K^\mathrm{I} - K^{\mathrm{DS}}(v_\mathrm{I})}{1 - v_\mathrm{I}} \cdot \frac{3K^{\mathrm{DS}}(v_\mathrm{I}) + 4G^{\mathrm{DS}}(v_\mathrm{I})}{4G^{\mathrm{DS}}(v_\mathrm{I}) + 3K^\mathrm{I}}. \tag{9.28}$$

Die analoge Vorgehensweise für $2G^{\mathrm{DS}} = \mathbb{C}^{\mathrm{DS}} :: \mathbb{P}_{\mathrm{I}2}/5$ liefert

$$G'^{\mathrm{DS}}(v_\mathrm{I}) = \frac{5G^{\mathrm{DS}}(v_\mathrm{I})(G^\mathrm{I} - G^{\mathrm{DS}}(v_\mathrm{I}))(4G^{\mathrm{DS}}(v_\mathrm{I}) + 3K^{\mathrm{DS}}(v_\mathrm{I}))}{(1 - v_\mathrm{I})\left[3G^{\mathrm{DS}}(v_\mathrm{I})(4G^\mathrm{I} + 3K^{\mathrm{DS}}(v_\mathrm{I})) + 8G^{\mathrm{DS}}(v_\mathrm{I})^2 + 6G^\mathrm{I}K^{\mathrm{DS}}(v_\mathrm{I})\right]}. \tag{9.29}$$

Leider lassen sich die beiden nichtlinearen gewöhnlichen gekoppelten Differenzialgleichungen nicht einfach geschlossen lösen. Das folgende Mathematica-Skript leitet die zu lösenden Differenzialgleichungen her und integriert diese numerisch im Intervall $0 \le v_\mathrm{i} \le 1$. Die Matrixsteifigkeit taucht dabei nur als Startwert auf.

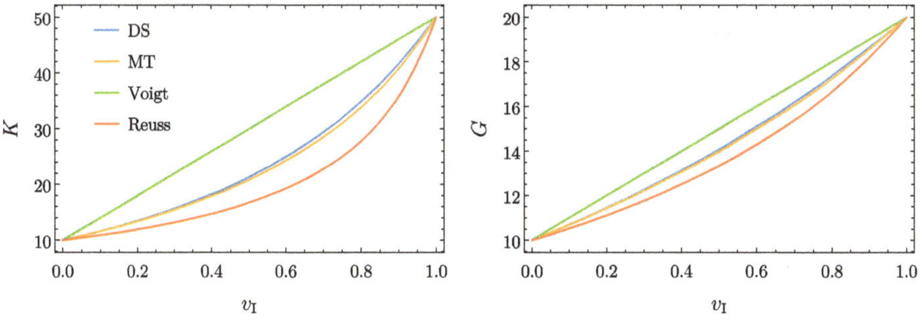


**Abb. 9.3:** Differenzial-Schema: Effektiver Kompressionsmodul $K$ (links), effektiver Gleitmodul $G$ (rechts) aufgetragen über $v_I$. Im Vergleich zum Mori-Tanaka-Ansatz ist für unsere Beispielwerte keine nennenswerte Abweichung zu beobachten. Für extreme Steifigkeitsunterschiede liefert das Differenzial-Schema allerdings Abschätzungen, die näher an experimentellen Ergebnissen liegen, siehe z. B. Gross und Seelig (2015) Abb. 8.22.

**Listing 9.3:** Mathematica-Code zum Erzeugen der Differenzialschema-Abschätzung.

```
Remove["Global`*"];
(* Diff-Schema *)
(* Identität und isotrope Projektoren bauen *)
id = {1, 1, 1, 0, 0, 0};
P1 = Outer[Times, id, id]/3;
I6 = IdentityMatrix[6];
P2 = I6 - P1;
(* Steifigkeiten Inklusion und Matrix *)
KM = KDS[vi];
GM = GDS[vi];
CI = 3 KI P1 + 2 GI P2;
CM = 3 KM P1 + 2 GM P2;
(* Isotropen Eshelby-Tensor bauen *)
alpha = 3 KM / (3 KM + 4 GM) ;
beta = 6 (KM + 2 GM) / 5 / (3 KM + 4 GM);
ES = alpha P1 + beta P2;
(* Einflusstensor bauen *)
K = Simplify[Inverse[I6 + ES.Inverse[CM].(CI - CM)]];
(* DGL für effektive Steifigkeit: *)
dglK = KDS'[vi] == FullSimplify[Flatten[((CI - CM).K)].Flatten[P1]/(1 - vi)/3]
dglG = GDS'[vi] == FullSimplify[Flatten[((CI - CM).K)].Flatten[P2]/(1 - vi)/5/2]
(* Matrix- und Einschlussteifigkeiten festlegen *)
KM0 = 10; GM0 = 10; KI = 50; GI = 20;
(* Dgl integrieren *)
erg = NDSolve[{dglK, dglG, KDS[0] == KM0, GDS[0] == GM0}, {KDS[vi], GDS[vi]}, {vi, 0, 1}]
Plot[{erg[[1, 1, 2]], vi KI + (1 - vi) KM0, (vi/KI + (1 - vi)/KM0)^(-1)}, {vi, 0, 1}]
Plot[{erg[[1, 2, 2]], vi GI + (1 - vi) GM0, (vi/GI + (1 - vi)/GM0)^(-1)}, {vi, 0, 1}]
```

Mathematica liefert die Differenzialgleichungen (9.28) und (9.29). Die numerische Integration liefert die Linsenplots in Abb. 9.3.

## 9.6 Selbstkonsistenzmethode

Die Selbstkonsistenzmethode (SK) kann als Modifikation des Mori-Tanaka-Modells verstanden werden. Beim Mori-Tanaka-Ansatz wird die Matrix-Steifigkeit nur im Einflusstensor $\mathbb{K}$ durch die effektive Steifigkeit ersetzt, ohne dabei den Eshelby-Tensor zu verändern. Bei der Selbstkonsistenzmethode wird die Matrixsteifigkeit zusätzlich im Einflusstensor $\mathbb{K}$ durch die effektive Steifigkeit ersetzt, einschließlich des Eshelby-Tensors $\mathbb{E}$. Die effektive Steifigkeit ergibt sich formal zu

$$\mathbb{C}^{*\mathrm{SK}}(v_\mathrm{I}) = \mathbb{C}^\mathrm{M} + v_\mathrm{I}(\mathbb{C}^\mathrm{I} - \mathbb{C}^\mathrm{M}) : \mathbb{K}_\mathrm{Eshelby}(\mathbb{C}^{*\mathrm{SK}}(v_\mathrm{I})) \tag{9.30}$$

mit

$$\mathbb{K}_\mathrm{Eshelby}(\mathbb{C}^{*\mathrm{SK}}(v_\mathrm{I})) = (\mathbb{I} + \mathbb{E}(\mathbb{C}^{*\mathrm{SK}}(v_\mathrm{I})) : \mathbb{C}^{*\mathrm{SK}}(v_\mathrm{I})^{-1} : [\mathbb{C}^\mathrm{I} - \mathbb{C}^{*\mathrm{SK}}(v_\mathrm{I})])^{-1}. \tag{9.31}$$

Man erhält eine implizite Gleichung für $\mathbb{C}^{*\mathrm{SK}}(v_\mathrm{I})$. Für unser Beispiel isotroper kugeliger Einschlüsse in einer isotropen Matrix können wir wie bei der DS-Methode skalar mit den isotropen Projektoren multiplizieren, um implizite Gleichungen für $K^\mathrm{SK}(v_\mathrm{I})$ und $G^\mathrm{SK}(v_\mathrm{I})$ zu erhalten. Das Mathematica-Skript in Listing 9.4 erledigt dies für uns.

**Listing 9.4:** Mathematica-Code zum Erzeugen der selbstkonsistenten Abschätzung zu den Plots in Abb. 9.4.

```
Remove["Global`*"];
(* Selbstkonsistenzmethode *)
(* Identität und isotrope Projektoren \
bauen *)
id = {1, 1, 1, 0, 0, 0};
P1 = Outer[Times, id, id]/3;
I6 = IdentityMatrix[6];
P2 = I6 - P1;
(* Steifigkeiten Inklusion und Matrix *)
CI = 3 KI P1 + 2 GI P2;
CM = 3 KM P1 + 2 GM P2;
(* Ansatz für unbekannte Steifigkeit *)
CSK = 3 KSK P1 + 2 GSK P2;
(* Eshelby-Tensor für unbekannte Matrixsteifigkeit *)
alphask = 3 KSK / (3 KSK + 4 GSK) ;
betask = 6 (KSK + 2 GSK) / 5 / (3 KSK + 4 GSK);
ESK = alphask P1 + betask P2;
(* Einflusstensor für unbekannte Matrixsteifigkeit *)
K4SK = FullSimplify[Inverse[I6 + ESK.Inverse[CSK].(CI - CSK)]];
(* Gleichungssystem aufbauen *)
eqs = FullSimplify[{
   0 == Flatten[P1].Flatten[CSK - CM - vi*(CI - CM).K4SK],
   0 == Flatten[P2].Flatten[CSK - CM - vi*(CI - CM).K4SK]
   }]
(* Steife Einschlüsse in weicher Matrix *)
KM = 10; GM = 10; KI = 50; GI = 20;
erg = NSolve[eqs, {GSK, KSK}]
```

```
(* Die Gleichungen sind in beiden Unbekannten quadratisch, so dass *)
(* es 4 Lösungen gibt. Man muss die Richtige raussuchen. *)
KeffSK = erg[[4, 2, 2]];
GeffSK = erg[[4, 1, 2]];
Plot[{KeffSK, vi KI + (1 - vi) KM, (vi/KI + (1 - vi)/KM)^(-1)}, {vi, 0, 1.0}]
Plot[{GeffSK, vi GI + (1 - vi) GM, (vi/GI + (1 - vi)/GM)^(-1)}, {vi, 0, 1.0}]
```

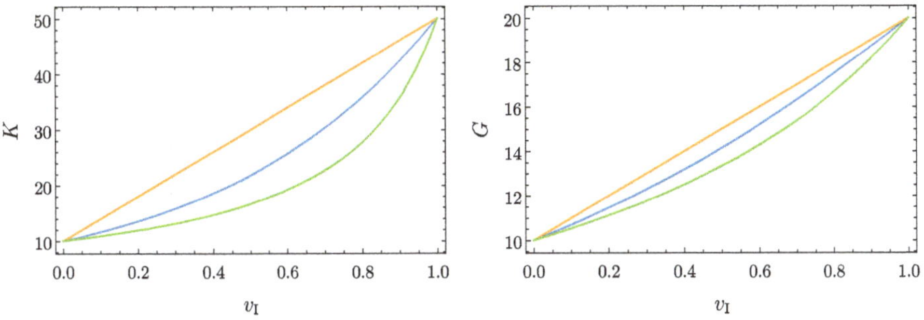


**Abb. 9.4:** Selbstkonsistente Abschätzung: Effektiver Kompressionsmodul $K$ (links), effektiver Gleitmodul $G$ (rechts) aufgetragen über $v_{\mathrm{I}}$. Die SK-Abschätzung liegt zwischen den Voigt-Reuss-Schranken.

Man erhält

$$K^{\mathrm{M}} = K^{\mathrm{SK}} + \frac{(-K^{\mathrm{I}} + K^{\mathrm{M}})(4G^{\mathrm{SK}} + 3K^{\mathrm{SK}})v_{\mathrm{I}}}{4G^{\mathrm{SK}} + 3K^{\mathrm{I}}}, \tag{9.32}$$

$$G^{\mathrm{M}} = G^{\mathrm{SK}} + \frac{5(-G^{\mathrm{I}} + G^{\mathrm{M}})G^{\mathrm{SK}}(4G^{\mathrm{SK}} + 3K^{\mathrm{SK}})v_{\mathrm{I}}}{6G^{\mathrm{I}}(2G^{\mathrm{SK}} + K^{\mathrm{SK}}) + G^{\mathrm{SK}}(8G^{\mathrm{SK}} + 9K^{\mathrm{SK}})}. \tag{9.33}$$

Multipliziert man die Gleichungen mit den jeweiligen Nennern, klammert $1 - v_{\mathrm{I}}$ aus und ersetzt dies durch $v_{\mathrm{M}}$, findet man in $v_{\mathrm{I}}$ und $v_{\mathrm{M}}$ symmetrische Ausdrücke:

$$0 = 3K^{\mathrm{I}}K^{\mathrm{M}} - 4G^{\mathrm{SK}}K^{\mathrm{SK}} + \tag{9.34}$$

$$+ (4G^{\mathrm{SK}}K^{\mathrm{I}} - 3K^{\mathrm{M}}K^{\mathrm{SK}})v_{\mathrm{I}} + \tag{9.35}$$

$$+ (4G^{\mathrm{SK}}K^{\mathrm{M}} - 3K^{\mathrm{I}}K^{\mathrm{SK}})v_{\mathrm{M}} \tag{9.36}$$

$$0 = -12G^{\mathrm{I}}G^{\mathrm{M}}G^{\mathrm{SK}} + 8{G^{\mathrm{SK}}}^3 - 6G^{\mathrm{I}}G^{\mathrm{M}}K^{\mathrm{SK}} + 9{G^{\mathrm{SK}}}^2K^{\mathrm{SK}} + \tag{9.37}$$

$$+ (12G^{\mathrm{I}}{G^{\mathrm{SK}}}^2 - 8G^{\mathrm{M}}{G^{\mathrm{SK}}}^2 + 6G^{\mathrm{I}}G^{\mathrm{SK}}K^{\mathrm{SK}} - 9G^{\mathrm{M}}G^{\mathrm{SK}}K^{\mathrm{SK}})v_{\mathrm{M}} + \tag{9.38}$$

$$+ (12G^{\mathrm{M}}{G^{\mathrm{SK}}}^2 - 8G^{\mathrm{I}}{G^{\mathrm{SK}}}^2 + 6G^{\mathrm{M}}G^{\mathrm{SK}}K^{\mathrm{SK}} - 9G^{\mathrm{I}}G^{\mathrm{SK}}K^{\mathrm{SK}})v_{\mathrm{I}}. \tag{9.39}$$

Dies bedeutet, dass beide Phasen gleichberechtigt behandelt werden. Daher eignet sich der SK-Ansatz für Gefüge, welche nicht auf einer Matrix-Einschluss-Struktur basieren, sondern z. B. für Kornverbunde oder sich durchdringende Phasen. Paradoxerweise basiert er trotzdem auf der Eshelby-Lösung, welche ja ausdrücklich von einer Matrix-Einschluss-Struktur ausgeht. Daher funktioniert der SK-Ansatz für Matrix-Einschluss-Strukturen nur für kleine Volumenanteile einigermaßen gut.

# 10 Perkolationsgrenzen

Wenn man in den Abschätzungen aus dem vorherigen Abschnitt extrem unterschiedliche Steifigkeiten für die Einschlüsse wählt, ergeben sich interessante Effekte. Rein anschaulich tritt bei kritischen Volumenanteilen eine Durchdringung, oder auch Durchsickerung oder Perkolation der Matrix mit Einschlüssen ein. Wenn also die Einschlüsse z. B. Null-Steifigkeit haben und eine kritische Menge erreichen, bilden sie effektiv einen Riss, so dass die effektive Steifigkeit ebenfalls den Wert Null annimmt.

Die Perkolationstheorie ist mit der Bestimmung solcher kritischen Volumenanteile, den sogenannten Perkolationsgrenzen, befasst. Dabei handelt es sich um einen rein geometrischen Effekt. Dies spielt auch bei Diffusionsvorgängen eine wichtige Rolle zur Bestimmung davon, bei welchem Porenanteil ein Material durchlässig wird. Abb. 10.1 ist Gross und Seelig (2015) entnommen und zeigt die effektive Steifigkeit einer Scheibe mit isotrop verteilten kreisrunden Löchern sowohl im Experiment als auch in verschiedene Abschätzungen. Man sieht, dass lediglich das Selbstkonsistenzschema eine realistische Perkolationsgrenze angibt. Die Auswirkungen der Perkolation von Phasen hängen sehr stark von den Materialeigenschaften dieser Phase ab. Einen sehr guten Einstieg in das Thema einschließlich dessen Verbindung zur Homogenisierung ist die Arbeit von Chen (2008).

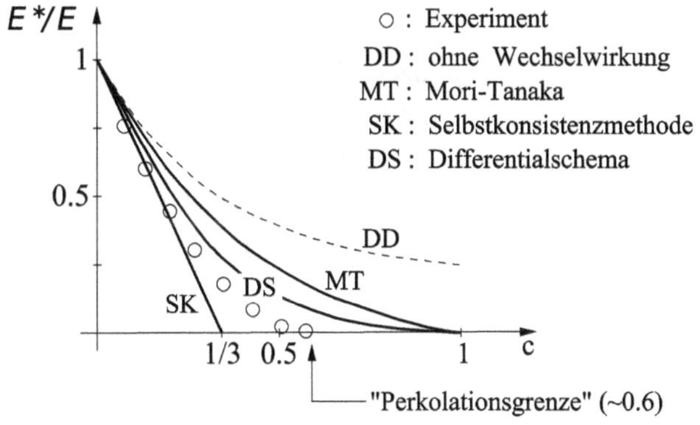


**Abb. 10.1:** Effektiver Elastizitätsmodul einer Scheibe mit isotrop verteilten Kreislöchern (Gross und Seelig, 2015).

## 10.1 Diskrete Perkolationsmodelle

Bei diskreten Perkolationsmodellen werden netzwerkartige Verbindungen zwischen Punkten, Flächen oder Volumen betrachtet. Man unterscheidet bond- und site-Perkolation. Bei bond-Perkolation steht die Verbindung der Punkte im Vordergrund, z. B. ein Raster, bei dem jeder Schnittpunkt über 4 Verbindungen an Nachbarpunkte

https://doi.org/10.1515/9783110719499-010

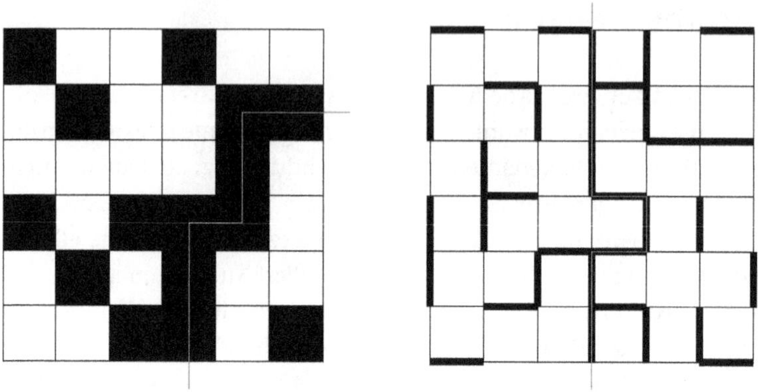

**Abb. 10.2:** Links site-Perkolation und rechts bond-Perkolation auf einem kartesischen Gitter. Perkolationspfade sind rosa eingezeichnet.

gekoppelt ist, siehe Abb. 10.2 rechts. Bei einer kritischen Anzahl aktiver Verbindungen findet Perkolation statt. Bei site-Perkolation werden aneinander angrenzende Elemente betrachtet, z. B. Felder auf einem Schachbrett. Die Anwesenheit der Felder selbst (oder ob diese belegt sind) entscheidet dann darüber, ob eine Verbindung besteht, siehe Abb. 10.2 links. Perkolation findet über die Nachbarschaft der vorhandenen Elemente statt.

Geschlossene Ausdrücke für Perkolationsgrenzen können nur für diskrete Gitter (trigonal, tetragonal, hexagonal) angegeben werden, siehe Chen (2008), Tabelle 2 oder https://en.wikipedia.org/wiki/Percolation_threshold für eine ausführliche Auflistung von Perkolationsgrenzen. Zusätzlich kann man noch nach gerichteter Perkolation fragen. Durchsickern erfolgt in aller Regel in Richtung der Schwerkraft, Rissausbreitung ist streng genommen nur problematisch, wenn sie einen Anteil senkrecht zu einer Zugrichtung hat.

## 10.2 Kontinuierliche Perkolationsmodelle

Bei kontinuierlicher Perkolation werden, wie hier, RVE-Modelle mit kontinuierlich verteilten Phasen betrachtet. In den 1980er und 1990er Jahren wurden viele Untersuchungen durchgeführt, bei denen zufällig Partikel, etwa Ellipsoide, Zylinder oder Würfel in ein meist würfelförmiges Volumen gestreut wurden. Der kritische Volumenanteil, bei welchem die Partikel die Matrix durchdringen, wurde numerisch bestimmt. Analytisch lassen sich leider kaum Lösungen angeben. Wir stellen hier der Vollständigkeit halber in Abb. 10.3 die Perkolationsgrenzen für elliptische Einschlüsse dar. Sie wurden numerisch von Garboczi u. a. (1995) ermittelt. Es handelt sich um eine Pa-

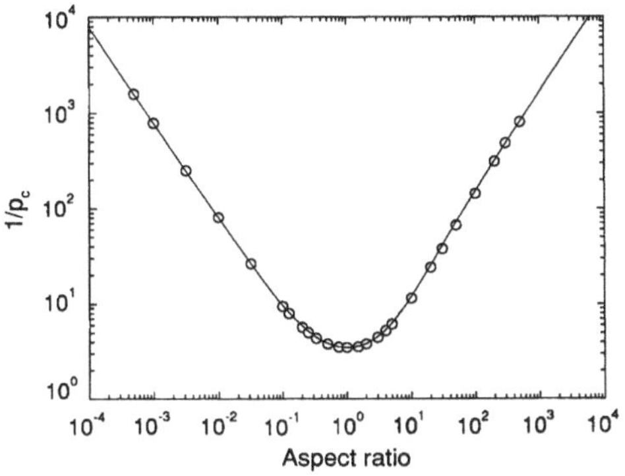


**Abb. 10.3:** Aus Garboczi u. a. (1995): Inverse des für Perkolation kritischen Volumenanteils ($1/p$) aufgetragen über dem Achsenverhältnis der Rotationsellipsoide, welche zufällig in einer Matrix verteilt werden. Die durchgezogene Linie ist eine Padé-Approximation der numerisch erhaltenen Werte.

dé[1]-Approximation an die numerisch festgestellten kritischen Volumenanteile, welche von der Form der Einschlüsse abhängen. Man erkennt einen sehr schönen glatten Verlauf, und dass Perkolation umso eher eintritt, je prolater oder oblater die Ellipsoide sind. Bei kugeligen Einschlüssen ist die kritische Volumenfraktion am größten, und beträgt in etwa 0.3. Dies ist einigermaßen weit von der dichtesten Kugelpackung von $\pi/\sqrt{18} \approx 0.74$ entfernt.[2]

## 10.3 Der Zusammenhang zwischen Perkolation und den effektiven Eigenschaften

Wir können kritische Volumenanteile approximieren, indem wir um Größenordnungen unterschiedliche Materialeigenschaften annehmen, und den Punkt des Übergangs in den Linsenplots suchen. Für diese wird dann eine logarithmische Darstellung gewählt, in welcher der Perkolationspunkt als nahezu vertikaler Funktionsverlauf erkennbar ist. Mit Ausnahme der selbstkonsistenten Methode führt dies bei allen hier besprochenen Abschätzungen zu unrealistischen Perkolationsgrenzen bei Volumenanteilen von 0 % bzw. 100 %. Aufgrund der Symmetrie der Phasen haben wir bei der Selbstkonsistenzmethode Perkolationsgrenzen von 50 % für kugelförmige Einschlüsse. In Abb. 10.4 ist die selbstkonsistente Abschätzung für $G_{SK}$ dargestellt, mit $G_M = 1$, $G_I = 0$, $K_I = 0$ für verschiedene $K_M$. Der Volumenanteil, bei welchem $G_{SK}$ Null wird, ist exakt 0.5 und liegt damit deutlich über dem realistischen Wert von ca. 0.3. Interessant ist jedoch, dass sich $G_{SK}$ bei kleinen $K_M$ dem Wert 0.4 annähert. In der logarithmischen Darstellung würde man den kritischen Volumenanteil z. B. bei einem willkürlich gewählten Wert ablesen, oder den Punkt des größten Anstiegs heraussuchen. In Andrianov, Starushenko und Gabrinets (2018) ist der Zusammenhang

1 Henri Padé, 1863–1953.

2 Die Keplersche Vermutung (Johannes Kepler, 1571–1630), dass dies die dichtestmögliche Kugelpackung ist, wurde erst Anfang des 21. Jh. bewiesen. Die Geschichte dieses Beweises ist sehr interessant.

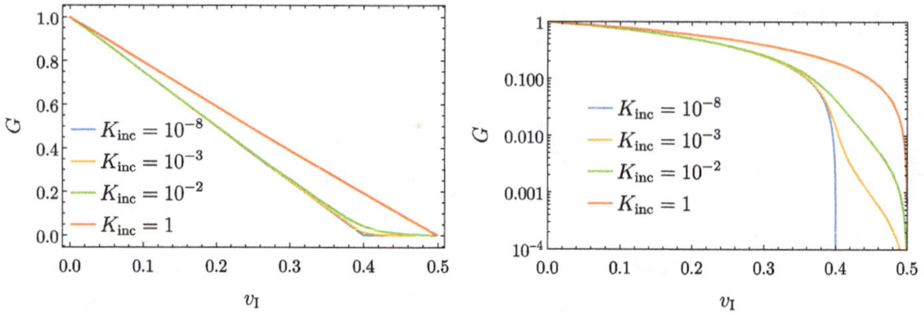


**Abb. 10.4:** Selbstkonsistente Abschätzung mit $G_M = 1$, $G_I = 0$, $K_I = 0$ für verschiedene $K_M$. Die Perkolationsgrenze lässt sich im logarithmischen Plot gut erkennen.

etwas ausführlicher dargestellt. Wir vertiefen dies nicht weiter, da es konzeptionell wenig sinnvoll ist: Letztlich stecken in der Selbstkonsistenzmethode sehr spezifische Annahmen über die Morphologie der Mikrostruktur. Perkolationsgrenzen und andere Topologieeigenschaften sollten allein mit diesen Annahmen ableitbar sein, ohne den Umweg über die effektiven Eigenschaften zu gehen. Es sollte also umgekehrt sein: Der Perkolationspunkt wird rein geometrisch als Funktion der Volumenanteile bestimmt oder modelliert, und diese Information kann bei der Homogenisierung helfen, wie z. B. in Chen (2008), siehe Abb. 15. darin.

# 11 Das Hashin-Shtrikman-Variationsprinzip

Wir haben gesehen, dass die Voigt-Reuss-Schranken recht weit auseinanderliegen können. Es ist daher sinnvoll, über strengere Schranken nachzudenken. Im Folgenden soll die Methode von Hashin und Shtrikman[1] (Hashin und Shtrikman, 1962b, 1963; Watt und Peselnick, 1980) vorgestellt werden. Sie konstruieren ein Funktional für das Differenzproblem, dass

- für $\mathbb{C}^0 \to \mathbb{O}$ auf das Prinzip vom Minimum der Ergänzungsenergie führt,
- für $\mathbb{C}^0 \to \infty$ auf das Prinzip vom Minimum des elastischen Potenzials führt,
- an der Stelle der Lösung den Wert der effektiven elastischen Energie annimmt,
- der darüber hinaus für hinreichend kleine oder große $\mathbb{C}^0$ ein Maximum oder ein Minimum ist.

Aufgrund des letzten Punktes lassen sich wie in Abschnitt 6.1 Schranken konstruieren, die aus folgenden Gründen enger als die Voigt-Reuss-Schranken sind:

- Der Wert des Funktionals kann mit $\mathbb{C}^0$ eingestellt werden.
- Wegen des Differenzproblems als Ausgangszustand ist der Grundzustand das homogen deformierte RVE, was näher an der realen Lösung liegt als das undeformierte RVE bei Voigt und Reuss.
- Die tatsächlichen Schranken werden durch komplexere Ansätze als homogene Deformationen (Voigt) oder homogene Spannungen (Reuss) gewonnen.
- Es werden Einschränkungen hinsichtlich der Mikrostruktur vorgenommen.

Das Buch von Milton (2002) ist zu den unterschiedlichen Schranken sehr ausführlich. Die folgende Darstellung orientiert sich am Artikel von Hashin und Shtrikman (1962b).

Wir notieren die Ortsabhängigkeit der Felder nicht. Alle Größen ohne oberen Index 0 oder mit einem Mittelwerts-Balken sind vom Ort $\mathbf{x}$ abhängig. Ausgangspunkt ist das Differenzproblem mit den Eigendehnungen (Abschnitt 8), spezifisch die Gl. (8.7) und (8.4). Als Zwischengröße taucht dort die Polarisationsspannung $\boldsymbol{\tau}$ auf,

$$\boldsymbol{\tau} = \Delta\mathbb{C} : \boldsymbol{\varepsilon}, \tag{11.1}$$

mit der Abkürzung $\Delta\mathbb{C} = \mathbb{C} - \mathbb{C}^0$. Sie gibt die Differenz zwischen der ortsabhängigen Spannung im heterogenen Medium mit der wahren Dehnung und der Spannung im fiktiven homogenen Vergleichsmedium an. Wir betrachten nun $\boldsymbol{\tau}$ und $\tilde{\boldsymbol{\varepsilon}}$ als unbekannte, aber nicht voneinander unabhängig variierbare Felder und konstruieren ein Funktional $F(\hat{\boldsymbol{\tau}}, \hat{\tilde{\boldsymbol{\varepsilon}}})$, welches Gl. (11.1) zur Lösung hat:

$$F(\hat{\boldsymbol{\tau}}, \hat{\tilde{\boldsymbol{\varepsilon}}}) = \frac{1}{2V} \int_\Omega \bar{\boldsymbol{\varepsilon}} : \mathbb{C}^0 : \bar{\boldsymbol{\varepsilon}} - \hat{\boldsymbol{\tau}} : \Delta\mathbb{C}^{-1} : \hat{\boldsymbol{\tau}} + \hat{\tilde{\boldsymbol{\varepsilon}}} : \hat{\boldsymbol{\tau}} + 2\hat{\boldsymbol{\tau}} : \bar{\boldsymbol{\varepsilon}} \, \mathrm{d}V. \tag{11.2}$$

[1] Shmuel Shtrikman, 1930–2003.

https://doi.org/10.1515/9783110719499-011

Die Felder $\hat{\boldsymbol{\tau}}$ und $\hat{\tilde{\boldsymbol{\varepsilon}}}$ müssen die Nebenbedingung erfüllen, dass sie das Differenzproblem lösen, also

$$(\mathbb{C}^0 : \hat{\tilde{\boldsymbol{\varepsilon}}} + \hat{\boldsymbol{\tau}}) \cdot \nabla = \mathbf{o}. \tag{11.3}$$

Wir lassen im Folgenden die Skalarpunkte : weg, da es immer nur eine plausible Möglichkeit gibt, die Produkte zu Skalaren zusammenzufassen.

## 11.1 Die Stelle der Lösung

Als Erstes zeigen wir, dass das Funktional (Gl. 11.2) bei Minimierung oder Maximierung über $\boldsymbol{\tau}$ und $\tilde{\boldsymbol{\varepsilon}}$ die Lösung des Differenzproblems (Gl. 11.1) liefert. Dafür betrachten wir die erste Variation, indem wir die Felder $\hat{\boldsymbol{\tau}}, \hat{\tilde{\boldsymbol{\varepsilon}}}$ als Lösungen $\boldsymbol{\tau}, \tilde{\boldsymbol{\varepsilon}}$ plus skalierte Abweichungen $\delta\boldsymbol{\tau}, \delta\tilde{\boldsymbol{\varepsilon}}$ von diesen schreiben,

$$\hat{\boldsymbol{\tau}} = \boldsymbol{\tau} + \alpha\delta\boldsymbol{\tau}, \quad \hat{\tilde{\boldsymbol{\varepsilon}}} = \tilde{\boldsymbol{\varepsilon}} + \beta\delta\tilde{\boldsymbol{\varepsilon}}. \tag{11.4}$$

An der Stelle der Lösung $\alpha = 0$ und $\beta = 0$ ist das Differenzial $\mathrm{d}F = 0$,

$$0 = \mathrm{d}F = \frac{\partial F}{\partial \alpha}\,\mathrm{d}\alpha + \frac{\partial F}{\partial \beta}\,\mathrm{d}\beta. \tag{11.5}$$

Wir erhalten dies, indem wir die partiellen Ableitungen nach $\alpha$ und $\beta$ addieren und an der Stelle $\alpha = 0$ und $\beta = 0$ auswerten,

$$\delta F = \left.\frac{\partial F(\boldsymbol{\tau} + \alpha\delta\boldsymbol{\tau}, \tilde{\boldsymbol{\varepsilon}} + \beta\delta\tilde{\boldsymbol{\varepsilon}})}{\partial \alpha}\right|_{\alpha=0,\beta=0} + \left.\frac{\partial F(\boldsymbol{\tau} + \alpha\delta\boldsymbol{\tau}, \tilde{\boldsymbol{\varepsilon}} + \beta\delta\tilde{\boldsymbol{\varepsilon}})}{\partial \beta}\right|_{\alpha=0,\beta=0}. \tag{11.6}$$

Dies ist die erste Variation von $F$. Man erhält

$$\delta F = \frac{1}{V}\int\limits_{\Omega} -\boldsymbol{\tau}\Delta\mathbb{C}^{-1}\delta\boldsymbol{\tau} + \frac{1}{2}\tilde{\boldsymbol{\varepsilon}}\delta\boldsymbol{\tau} + \bar{\boldsymbol{\varepsilon}}\delta\boldsymbol{\tau} + \frac{1}{2}\boldsymbol{\tau}\delta\tilde{\boldsymbol{\varepsilon}}\,\mathrm{d}V. \tag{11.7}$$

Wir erweitern den Integranden mit $\frac{1}{2}\tilde{\boldsymbol{\varepsilon}}\delta\boldsymbol{\tau} - \frac{1}{2}\tilde{\boldsymbol{\varepsilon}}\delta\boldsymbol{\tau}$ und fassen mit $\boldsymbol{\varepsilon} = \tilde{\boldsymbol{\varepsilon}} + \bar{\boldsymbol{\varepsilon}}$ zu

$$\delta F = \frac{1}{V}\int\limits_{\Omega} (-\boldsymbol{\tau}\Delta\mathbb{C}^{-1} + \boldsymbol{\varepsilon})\delta\boldsymbol{\tau} - \frac{1}{2}\tilde{\boldsymbol{\varepsilon}}\delta\boldsymbol{\tau} + \frac{1}{2}\boldsymbol{\tau}\delta\tilde{\boldsymbol{\varepsilon}}\,\mathrm{d}V \tag{11.8}$$

zusammen. Da $\delta\boldsymbol{\tau}$ eine beliebige Variation ist, muss die runde Klammer die Stelle der Lösung $\boldsymbol{\tau} = \Delta\mathbb{C}\boldsymbol{\varepsilon}$ sein, was wir zeigen wollen. Dies ist der Fall, wenn die letzten beiden Summanden verschwinden,

$$\delta F = \frac{1}{V}\int\limits_{\Omega} -\frac{1}{2}\tilde{\boldsymbol{\varepsilon}}\delta\boldsymbol{\tau} + \frac{1}{2}\boldsymbol{\tau}\delta\tilde{\boldsymbol{\varepsilon}}\,\mathrm{d}V. \tag{11.9}$$

Hierfür müssen wir mit den Eigenschaften der Felder $\tilde{\boldsymbol{\varepsilon}}$ und

$$\Delta\boldsymbol{\sigma} = \mathbb{C}^0\tilde{\boldsymbol{\varepsilon}} + \boldsymbol{\tau}, \quad \Delta\boldsymbol{\sigma}\cdot\nabla = \mathbf{o} \tag{11.10}$$

argumentieren. Das Hilfsfeld $\Delta\boldsymbol{\sigma}$ ist wegen der Nebenbedingung Gl. (11.3) divergenzfrei. Das Gleiche gilt für die Variationen,

$$\delta\Delta\boldsymbol{\sigma} = \mathbb{C}^0\delta\tilde{\boldsymbol{\varepsilon}} + \delta\boldsymbol{\tau}, \quad \delta\Delta\boldsymbol{\sigma}\cdot\nabla = \mathbf{o}. \tag{11.11}$$

Wir stellen die Gleichungen für $\Delta\boldsymbol{\sigma}$ und $\delta\Delta\boldsymbol{\sigma}$ nach $\boldsymbol{\tau}$ und $\delta\boldsymbol{\tau}$ um und ersetzen diese in Gl. (11.9),

$$\delta F = \frac{1}{V}\int_\Omega -\frac{1}{2}\tilde{\boldsymbol{\varepsilon}}(\delta\Delta\boldsymbol{\sigma} - \mathbb{C}^0\delta\tilde{\boldsymbol{\varepsilon}}) + \frac{1}{2}(\Delta\boldsymbol{\sigma} - \mathbb{C}^0\tilde{\boldsymbol{\varepsilon}})\delta\tilde{\boldsymbol{\varepsilon}}\,\mathrm{d}V, \tag{11.12}$$

$$= \frac{1}{V}\int_\Omega -\frac{1}{2}\tilde{\boldsymbol{\varepsilon}}\delta\Delta\boldsymbol{\sigma} + \frac{1}{2}\tilde{\boldsymbol{\varepsilon}}\mathbb{C}^0\delta\tilde{\boldsymbol{\varepsilon}} + \frac{1}{2}\Delta\boldsymbol{\sigma}\delta\tilde{\boldsymbol{\varepsilon}} - \frac{1}{2}\delta\tilde{\boldsymbol{\varepsilon}}\mathbb{C}^0\tilde{\boldsymbol{\varepsilon}}\,\mathrm{d}V \tag{11.13}$$

$$= \frac{1}{V}\int_\Omega -\frac{1}{2}\tilde{\boldsymbol{\varepsilon}}\delta\Delta\boldsymbol{\sigma} + \frac{1}{2}\Delta\boldsymbol{\sigma}\delta\tilde{\boldsymbol{\varepsilon}}\,\mathrm{d}V, \tag{11.14}$$

wobei die Hauptsymmetrie von $\mathbb{C}^0$ benutzt wurde. Wir ersetzen als Nächstes $\tilde{\boldsymbol{\varepsilon}} = \mathrm{sym}(\tilde{\mathbf{u}}\otimes\nabla)$ und $\delta\tilde{\boldsymbol{\varepsilon}} = \mathrm{sym}(\delta\tilde{\mathbf{u}}\otimes\nabla)$ in Indexschreibweise. Dabei kann die Symmetrisierung weggelassen werden, da der antisymmetrische Anteil in allen Produkten durch die Symmetrie von $\Delta\boldsymbol{\sigma}$ und $\delta\Delta\boldsymbol{\sigma}$ herausfällt.

$$\delta F = \frac{1}{V}\int_\Omega -\frac{1}{2}\tilde{u}_{i,j}\delta\Delta\sigma_{ij} + \frac{1}{2}\Delta\sigma_{ij}\delta\tilde{u}_{i,j}\,\mathrm{d}V. \tag{11.15}$$

Wir führen die Produktregel rückwärts aus,

$$\delta F = \frac{1}{V}\int_\Omega -\frac{1}{2}(\tilde{u}_i\delta\Delta\sigma_{ij})_{,j} + \frac{1}{2}\tilde{u}_i\delta\Delta\sigma_{ij,j} + \frac{1}{2}(\Delta\sigma_{ij}\delta\tilde{u}_i)_{,j} - \frac{1}{2}\Delta\sigma_{ij,j}\delta\tilde{u}_i\,\mathrm{d}V. \tag{11.16}$$

Die Terme $\Delta\sigma_{ij,j}$ und $\delta\Delta\sigma_{ij,j}$ sind wegen der Divergenzfreiheit von $\Delta\boldsymbol{\sigma}$ und $\delta\Delta\boldsymbol{\sigma}$ Null. Wir wenden nun den Gauß-Ostrogradski-Satz an und wandeln das Volumen- in ein Oberflächenintegral um,

$$\delta F = \frac{1}{V}\int_{\partial\Omega} -\frac{1}{2}\tilde{u}_i\delta\Delta\sigma_{ij}n_j + \frac{1}{2}\Delta\sigma_{ij}\delta\tilde{u}_i n_j\,\mathrm{d}A. \tag{11.17}$$

$\tilde{\mathbf{u}}$ ist die Verschiebung auf dem Rand des Differenzproblems nach Gl. (8.4). Diese ist definitionsgemäß Null, so dass das ganze Integral verschwindet. Damit ist gezeigt, dass das Funktional an der Stelle der Lösung des Differenzproblems $\boldsymbol{\tau} = \Delta\mathbb{C} : \boldsymbol{\varepsilon}$ einen Stationärwert annimmt.

## 11.2 Der Wert des Funktionals an der Stelle der Lösung

Schauen wir uns zunächst den Wert von $F$ an der Stelle der Lösung an. Hierfür müssen wir die Lösung $\boldsymbol{\tau} = \Delta\mathbb{C}\boldsymbol{\varepsilon}$ in das Funktional einsetzen und zusammenfassen,

$$F = \frac{1}{2V}\int_\Omega \bar{\boldsymbol{\varepsilon}}\mathbb{C}^0\bar{\boldsymbol{\varepsilon}} - \boldsymbol{\tau}\Delta\mathbb{C}^{-1}\boldsymbol{\tau} + \tilde{\boldsymbol{\varepsilon}}\boldsymbol{\tau} + 2\boldsymbol{\tau}\bar{\boldsymbol{\varepsilon}}\,\mathrm{d}V \leftarrow \boldsymbol{\tau} = \Delta\mathbb{C}\boldsymbol{\varepsilon} \tag{11.18}$$

$$= \frac{1}{2V}\int_\Omega \bar{\boldsymbol{\varepsilon}}\mathbb{C}^0\bar{\boldsymbol{\varepsilon}} - \boldsymbol{\varepsilon}\Delta\mathbb{C}\boldsymbol{\varepsilon} + \tilde{\boldsymbol{\varepsilon}}\Delta\mathbb{C}\boldsymbol{\varepsilon} + 2\boldsymbol{\varepsilon}\Delta\mathbb{C}\bar{\boldsymbol{\varepsilon}}\,\mathrm{d}V. \tag{11.19}$$

Wir ersetzen $\tilde{\boldsymbol{\varepsilon}} = \boldsymbol{\varepsilon} - \bar{\boldsymbol{\varepsilon}}$ und fassen zusammen,

$$F = \frac{1}{2V}\int_\Omega \bar{\boldsymbol{\varepsilon}}\mathbb{C}^0\bar{\boldsymbol{\varepsilon}} - \boldsymbol{\varepsilon}\Delta\mathbb{C}\boldsymbol{\varepsilon} + \boldsymbol{\varepsilon}\Delta\mathbb{C}\boldsymbol{\varepsilon} - \bar{\boldsymbol{\varepsilon}}\Delta\mathbb{C}\boldsymbol{\varepsilon} + 2\boldsymbol{\varepsilon}\Delta\mathbb{C}\bar{\boldsymbol{\varepsilon}}\,\mathrm{d}V \tag{11.20}$$

$$= \frac{1}{2V}\int_\Omega \bar{\boldsymbol{\varepsilon}}\mathbb{C}^0\bar{\boldsymbol{\varepsilon}} + \bar{\boldsymbol{\varepsilon}}\Delta\mathbb{C}\boldsymbol{\varepsilon}\,\mathrm{d}V. \tag{11.21}$$

Schließlich ergibt sich mit $\Delta\mathbb{C} = \mathbb{C} - \mathbb{C}^0$

$$F = \frac{1}{2V}\int_\Omega \bar{\boldsymbol{\varepsilon}}\mathbb{C}^0\bar{\boldsymbol{\varepsilon}} + \bar{\boldsymbol{\varepsilon}}\mathbb{C}\boldsymbol{\varepsilon} - \bar{\boldsymbol{\varepsilon}}\mathbb{C}^0\boldsymbol{\varepsilon}\,\mathrm{d}V. \tag{11.22}$$

Bei der Integration des ersten und letzten Summanden ergeben sich jeweils $\pm 1/2\bar{\boldsymbol{\varepsilon}}\mathbb{C}^0\bar{\boldsymbol{\varepsilon}}$, was sich gegenseitig aufhebt. Der erste Summand ist konstant, beim letzten ist nur $\boldsymbol{\varepsilon}$ ortsabhängig, so dass sich bei Integration $V\bar{\boldsymbol{\varepsilon}}$ ergibt. Es verbleibt nur

$$F = \frac{1}{2V}\int_\Omega \bar{\boldsymbol{\varepsilon}}\mathbb{C}\boldsymbol{\varepsilon}\,\mathrm{d}V \tag{11.23}$$

$$= \frac{1}{2V}\int_\Omega \bar{\boldsymbol{\varepsilon}}\boldsymbol{\sigma}\,\mathrm{d}V \tag{11.24}$$

$$= \frac{1}{2}\bar{\boldsymbol{\varepsilon}}\,\bar{\boldsymbol{\sigma}} \leftarrow \bar{\boldsymbol{\sigma}} = \mathbb{C}^*\bar{\boldsymbol{\varepsilon}} \tag{11.25}$$

$$= \frac{1}{2}\bar{\boldsymbol{\varepsilon}}\mathbb{C}^*\bar{\boldsymbol{\varepsilon}}, \tag{11.26}$$

was der effektiven elastischen Energiedichte entspricht.

## 11.3 Maximum oder Minimum

Die zweite Variation von Gl. (11.7) liefert

$$\delta\delta F = \int_\Omega -\delta\boldsymbol{\tau}\Delta\mathbb{C}^{-1}\delta\boldsymbol{\tau} + \delta\tilde{\boldsymbol{\varepsilon}}\delta\boldsymbol{\tau}\,\mathrm{d}V. \tag{11.27}$$

Wir ersetzen $\boldsymbol{\tau} = \Delta\boldsymbol{\sigma} - \mathbb{C}^0\tilde{\boldsymbol{\varepsilon}}$ im zweiten Term und finden

$$\delta\delta F = \int_\Omega -\delta\boldsymbol{\tau}\Delta\mathbb{C}^{-1}\delta\boldsymbol{\tau} - \delta\tilde{\boldsymbol{\varepsilon}}\mathbb{C}^0\delta\tilde{\boldsymbol{\varepsilon}} + \delta\tilde{\boldsymbol{\varepsilon}}\delta\Delta\boldsymbol{\sigma}\,\mathrm{d}V. \tag{11.28}$$

Der letzte Term ist mit der gleichen Argumentation wie von Gl. (11.15) bis Gl. (11.17) Null, so dass

$$\delta\delta F = \int_\Omega -\delta\boldsymbol{\tau}\Delta\mathbb{C}^{-1}\delta\boldsymbol{\tau} - \delta\tilde{\boldsymbol{\varepsilon}}\mathbb{C}^0\delta\tilde{\boldsymbol{\varepsilon}}\,\mathrm{d}V \tag{11.29}$$

übrig bleibt.

### 11.3.1 Maximum-Bedingung

Der zweite Term ist wegen der positiven Definitheit von $\mathbb{C}^0$ kleiner als Null. Wenn $\Delta\mathbb{C}^{-1}$ auch überall im RVE positiv definit ist, ist auch der erste Term kleiner als Null, und somit ist ist $\delta\delta F < 0$. Dies ist dann der Fall, wenn überall im RVE $\Delta\mathbb{C} = \mathbb{C} - \mathbb{C}^0 > 0$ ist, wenn also $\mathbb{C}^0 < \mathbb{C}(\mathbf{x})$ für jeden Punkt $\mathbf{x}$ im RVE gilt. Dabei sind die Relationszeichen im Sinne der Definitheit zu lesen. In diesem Fall ist $F$ ein Maximum.

### 11.3.2 Minimum-Bedingung

Der Beweis der Minimum-Bedingung erfordert das folgende Hilfsintegral, was mit $\delta\boldsymbol{\tau} = \delta\Delta\boldsymbol{\sigma} - \mathbb{C}^0\delta\tilde{\boldsymbol{\varepsilon}}$ umgeformt wird,

$$\int_\Omega \delta\boldsymbol{\tau}\mathbb{C}^{0^{-1}}\delta\boldsymbol{\tau}\,\mathrm{d}V = \int_\Omega \delta\Delta\boldsymbol{\sigma}\mathbb{C}^{0^{-1}}\delta\Delta\boldsymbol{\sigma} - 2\delta\Delta\boldsymbol{\sigma}\delta\tilde{\boldsymbol{\varepsilon}} + \delta\tilde{\boldsymbol{\varepsilon}}\mathbb{C}^0\delta\tilde{\boldsymbol{\varepsilon}}\,\mathrm{d}V. \tag{11.30}$$

Der Term mit $\delta\Delta\boldsymbol{\sigma}\delta\tilde{\boldsymbol{\varepsilon}}$ ist mit der gleichen Argumentation wie von Gl. (11.15) bis Gl. (11.17) Null, und es bleibt

$$\int_\Omega \delta\boldsymbol{\tau}\mathbb{C}^{0^{-1}}\delta\boldsymbol{\tau}\,\mathrm{d}V = \int_\Omega \delta\Delta\boldsymbol{\sigma}\mathbb{C}^{0^{-1}}\delta\Delta\boldsymbol{\sigma}\,\mathrm{d}V + \int_\Omega \delta\tilde{\boldsymbol{\varepsilon}}\mathbb{C}^0\delta\tilde{\boldsymbol{\varepsilon}}\,\mathrm{d}V \tag{11.31}$$

übrig. Da $\mathbb{C}^0$ positiv definit ist, sind alle Terme positiv. Daher gilt

$$\int_\Omega \delta\boldsymbol{\tau}\mathbb{C}^{0^{-1}}\delta\boldsymbol{\tau}\,\mathrm{d}V > \int_\Omega \delta\tilde{\boldsymbol{\varepsilon}}\mathbb{C}^0\delta\tilde{\boldsymbol{\varepsilon}}\,\mathrm{d}V. \tag{11.32}$$

Wenn wir in Gl. (11.29) den Term $\delta\tilde{\boldsymbol{\varepsilon}}\mathbb{C}^0\delta\tilde{\boldsymbol{\varepsilon}}$ durch $\delta\boldsymbol{\tau}\mathbb{C}^{0^{-1}}\delta\boldsymbol{\tau}$ ersetzen, wird aus Gl. (11.29) eine Ungleichung,

$$\delta\delta F > \int -\delta\boldsymbol{\tau}\Delta\mathbb{C}^{-1}\delta\boldsymbol{\tau} - \delta\boldsymbol{\tau}\mathbb{C}^{0^{-1}}\delta\boldsymbol{\tau}\,\mathrm{d}V. \tag{11.33}$$

Wir können nun $\delta\boldsymbol{\tau}$ ausklammern und den Tensor 4. Stufe begutachten,

$$\delta\delta F > \int \delta\boldsymbol{\tau}[-\Delta\mathbb{C}^{-1} - \mathbb{C}^{0^{-1}}]\delta\boldsymbol{\tau}\,\mathrm{d}V. \tag{11.34}$$

Wir nehmen als Komplement zu der gefundenen Maximumbedingung an, dass $\mathbb{C} - \mathbb{C}^0$ im gesamten RVE negativ definit ist, dass also überall im RVE $\mathbb{C}^0 > \mathbb{C}$ im Sinne der Definitheit ist. Dann multiplizieren wir die eckige Klammer von links mit dem positiv definiten $\mathbb{C}^0$ und von rechts mit dem positiv definiten $-\Delta\mathbb{C}$, was auf

$$\mathbb{C}^0 + \Delta\mathbb{C} = \mathbb{C} \tag{11.35}$$

führt. Da $\mathbb{C}$ überall positiv definit ist, muss $\delta\delta F > 0$ sein. Demnach ist $F$ bei der Wahl $\mathbb{C}^0 > \mathbb{C}$ überall im RVE ein Minimum.

## 11.4 Ableitung von Schranken

Da wir nun abhängig von der Wahl von $\mathbb{C}^0$ wissen, ob die exakte Lösung des Differenzproblems $F$ ein Maximum oder Minimum ist, können wir durch approximierte Polarisationsfelder $\boldsymbol{\tau}$ Werte für $F$ angeben, die streng ober- oder unterhalb der exakten Lösung liegen. Dies ist in Abb. 11.1 illustriert. Somit lassen sich durch geschickte Ansätze Schranken finden. Zum Beispiel würde man bei zwei isotropen Phasen mit $K^{\pm}$ und $G^{\pm}$ jeweils mit den kleineren Werten in $\mathbb{C}^0$ eine obere Schranke, und mit den größeren Werten eine untere Schranke erhalten.

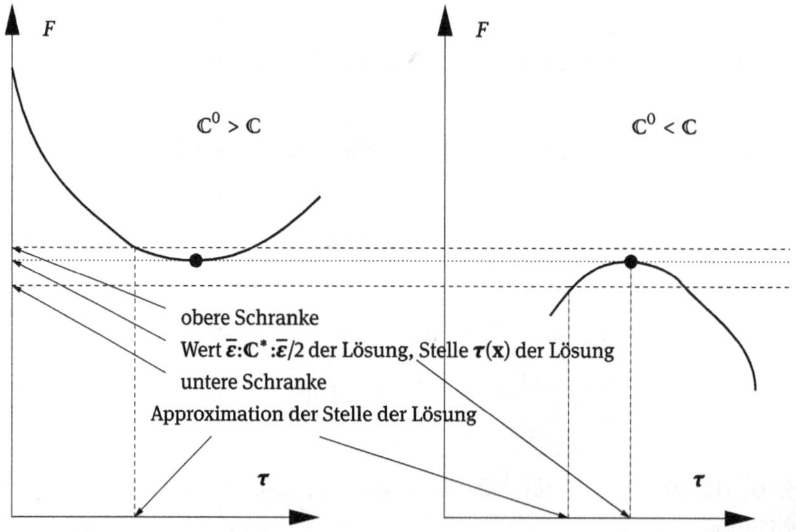


**Abb. 11.1:** Die Wahl von $\mathbb{C}^0$ kontrolliert die Maximierungs- oder Minimierungseigenschaft. Eine geeignete Approximation von $\boldsymbol{\tau}$ liefert dann eine Schranke für die Lösung.

## 11.5 Die Hashin-Shtrikman-Schranken

Man trifft nun, ganz analog zur Vorgehensweise bei der FEM, eine Einschränkung bezüglich des Funktionsraumes, über dem $F$ über $\hat{\boldsymbol{\tau}}$ je nach Wahl von $\mathbb{C}^0$ minimiert oder maximiert wird. Die Hashin-Shtrikman-Schranken ergeben sich für Komposite mit $n$ gebietsweise homogenen Phasen mit den Steifigkeiten $\mathbb{C}_i$, in denen gebietsweise homogene Polarisationsspannungen $\boldsymbol{\tau}_i$ angesetzt werden,

$$\overline{\boldsymbol{\tau}} = \sum_{i=1,n} v_i \boldsymbol{\tau}_i. \tag{11.36}$$

Der Wert des Funktionals ist dann

$$F = \frac{1}{2}\overline{\boldsymbol{\varepsilon}}\mathbb{C}^0\overline{\boldsymbol{\varepsilon}} - \sum_{i=1,n} \frac{v_i}{2}\boldsymbol{\tau}_i \Delta\mathbb{C}_i^{-1}\boldsymbol{\tau}_i + \frac{1}{2}\langle\boldsymbol{\tau}\widetilde{\boldsymbol{\varepsilon}}\rangle + \overline{\boldsymbol{\tau}}\,\overline{\boldsymbol{\varepsilon}}. \tag{11.37}$$

Hashin und Shtrikman (1963) beschränkten sich auf isotrope Phasen, weswegen alle Felder in den Kugel- und Deviatoranteil zerlegt werden. In Abschnitt 13.9.3 sind die Hashin-Shtrikman-Schranken kubischer Phasen mit isotroper Orientierungsverteilung angegeben.

Wir schreiben hier sämtliche lineare Abbildungen als Tensoren 4. Stufe, und führen erst anschließend die Zerlegung in Kugel- und Deviatoranteil aus. In $\langle\boldsymbol{\tau}\widetilde{\boldsymbol{\varepsilon}}\rangle$ kann $\boldsymbol{\tau}$ durch $\widetilde{\boldsymbol{\tau}}$ ersetzt werden, ohne dass der Wert des Funktionals verändert wird. Wir werden später als Übung zur Fouriermethode in Abschnitt (12.5) zeigen, dass für isotrope Mikrostrukturen und isotrope Vergleichssteifigkeiten $\mathbb{C}^0$

$$\langle\boldsymbol{\tau}\widetilde{\boldsymbol{\varepsilon}}\rangle = \langle\widetilde{\boldsymbol{\tau}}\widetilde{\boldsymbol{\varepsilon}}\rangle = -\langle\widetilde{\boldsymbol{\tau}}\mathbb{W}\widetilde{\boldsymbol{\tau}}\rangle \tag{11.38}$$

geschrieben werden kann, mit einem nur von der Wahl von $\mathbb{C}^0$ abhängigen Wechselwirkungstensor $\mathbb{W}$. Damit erhalten wir

$$F = \frac{1}{2}\overline{\boldsymbol{\varepsilon}}\mathbb{C}^0\overline{\boldsymbol{\varepsilon}} - \sum_{i=1,n} \frac{v_i}{2}\widetilde{\boldsymbol{\tau}}_i\mathbb{W}\widetilde{\boldsymbol{\tau}}_i - \sum_{i=1,n} \frac{v_i}{2}\boldsymbol{\tau}_i \Delta\mathbb{C}_i^{-1}\boldsymbol{\tau}_i + \overline{\boldsymbol{\tau}\boldsymbol{\varepsilon}}. \tag{11.39}$$

Wir minimieren bzw. maximieren nun $F$ über $\boldsymbol{\tau}_i$,

$$\mathbf{0} = \frac{\partial F}{\partial \boldsymbol{\tau}_j} = -\sum_{i=1,n} v_i\widetilde{\boldsymbol{\tau}}_i\mathbb{W}\frac{\partial\widetilde{\boldsymbol{\tau}}_i}{\partial\boldsymbol{\tau}_j} - \sum_{i=1,n} v_i\boldsymbol{\tau}_i\Delta\mathbb{C}_i^{-1}\frac{\partial\boldsymbol{\tau}_i}{\partial\boldsymbol{\tau}_j} + \frac{\partial\overline{\boldsymbol{\tau}}}{\partial\boldsymbol{\tau}_j}\overline{\boldsymbol{\varepsilon}}. \tag{11.40}$$

Mit $\overline{\boldsymbol{\tau}} = \sum v_i\boldsymbol{\tau}_i$, $\widetilde{\boldsymbol{\tau}}_i = \boldsymbol{\tau}_i - \overline{\boldsymbol{\tau}}$ und $\partial\boldsymbol{\tau}_i/\partial\boldsymbol{\tau}_j = \delta_{ij}\mathbb{I}$ ist das Ergebnis

$$\mathbf{0} = -\sum_{i=1,n} v_i\widetilde{\boldsymbol{\tau}}_i\mathbb{W}(\delta_{ij} - v_j) - \sum_{i=1,n} v_i\boldsymbol{\tau}_i\Delta\mathbb{C}_i^{-1}\delta_{ij} + v_j\overline{\boldsymbol{\varepsilon}} \tag{11.41}$$

$$= -v_j\widetilde{\boldsymbol{\tau}}_j\mathbb{W} + v_j\mathbb{W}\underbrace{\sum_{i=1,n} v_i\widetilde{\boldsymbol{\tau}}_i}_{\mathbf{0}} - v_j\boldsymbol{\tau}_j\Delta\mathbb{C}_j^{-1} + v_j\overline{\boldsymbol{\varepsilon}}. \tag{11.42}$$

Dabei ist $\mathbb{I}$ die Identität auf symmetrischen Tensoren 2. Stufe. Da alle Tensoren die Symmetrie oder die Subsymmetrien haben, wirkt sie wie der Faktor 1 und kann weggelassen werden. Außerdem kann $v_j$ in der letzten Gleichung gekürzt werden. Man findet

$$(\mathbb{W} + \Delta\mathbb{C}_j^{-1})\tilde{\boldsymbol{\tau}}_j = \bar{\boldsymbol{\varepsilon}} \tag{11.43}$$

$$(\mathbb{W} + \Delta\mathbb{C}_j^{-1})\boldsymbol{\tau}_j = \bar{\boldsymbol{\varepsilon}} + \mathbb{W}\bar{\boldsymbol{\tau}}. \tag{11.44}$$

Dies ist ein lineares System für die $\boldsymbol{\tau}_j$. Die Kopplung findet über $\bar{\boldsymbol{\tau}}$ in $\tilde{\boldsymbol{\tau}}_j = \boldsymbol{\tau}_j - \bar{\boldsymbol{\tau}}$ statt. Wir können formal nach $\boldsymbol{\tau}_j$ lösen und dies in $\bar{\boldsymbol{\tau}}$ einsetzen, was geschlossene Ausdrücke für $\boldsymbol{\tau}_j$ liefert,

$$\boldsymbol{\tau}_j = \underbrace{(\mathbb{W} + \Delta\mathbb{C}_j^{-1})^{-1}}_{\mathbb{B}_j}(\bar{\boldsymbol{\varepsilon}} + \mathbb{W}\bar{\boldsymbol{\tau}}). \tag{11.45}$$

Damit ist

$$\bar{\boldsymbol{\tau}} = \sum v_i\boldsymbol{\tau}_i = \underbrace{\sum(v_i\mathbb{B}_i)}_{\mathbb{A}}(\bar{\boldsymbol{\varepsilon}} + \mathbb{W}\bar{\boldsymbol{\tau}}), \tag{11.46}$$

womit $\bar{\boldsymbol{\tau}}$ in Abhängigkeit von $\bar{\boldsymbol{\varepsilon}}$ geschrieben werden kann,

$$(\mathbb{I} - \mathbb{A}\mathbb{W})\bar{\boldsymbol{\tau}} = \mathbb{A}\bar{\boldsymbol{\varepsilon}}, \tag{11.47}$$

$$\bar{\boldsymbol{\tau}} = \underbrace{(\mathbb{I} - \mathbb{A}\mathbb{W})^{-1}\mathbb{A}}_{\mathbb{L}}\,\bar{\boldsymbol{\varepsilon}}. \tag{11.48}$$

Dies liefert rückwärts eingesetzt

$$\boldsymbol{\tau}_j = \underbrace{\mathbb{B}_j(\mathbb{I} + \mathbb{W}\mathbb{L})}_{\mathbb{L}_j}\,\bar{\boldsymbol{\varepsilon}}. \tag{11.49}$$

Damit können wir im Ausgangsfunktional sämtliche $\boldsymbol{\tau}$-Terme durch $\bar{\boldsymbol{\varepsilon}}$ ersetzen und die effektive Steifigkeit identifizieren,

$$F = \frac{1}{2}\bar{\boldsymbol{\varepsilon}}\underbrace{\left[\mathbb{C}^0 - \sum_{i=1,n} v_i(\mathbb{L}_i - \mathbb{L})\mathbb{W}(\mathbb{L}_i - \mathbb{L}) - \sum_{i=1,n} v_i\mathbb{L}_i\Delta\mathbb{C}_i^{-1}\mathbb{L}_i + 2\mathbb{L}\right]}_{\mathbb{C}_{\mathrm{HS}}}\bar{\boldsymbol{\varepsilon}}, \tag{11.50}$$

was ausmultipliziert und mit $\sum v_i\mathbb{L}_i = \mathbb{L}$ zusammengefasst werden kann,

$$\mathbb{C}_{\mathrm{HS}} = \mathbb{C}^0 - \sum_{i=1,n} v_i\mathbb{L}_i(\mathbb{W} + \Delta\mathbb{C}_i^{-1})\mathbb{L}_i + \mathbb{L}\mathbb{W}\mathbb{L} + 2\mathbb{L}. \tag{11.51}$$

Wir können dies relativ einfach implementieren, indem wir die Tensoren 4. Stufe mit Hilfe der Haupt- und Subsymmetrien als $6 \times 6$-Matrizen darstellen. Darüber hinaus sind diese alle isotrop und haben damit die gleichen Eigentensoren 2. Stufe, so dass sogar die Reihenfolge der Faktoren keine Rolle spielt. Eine Beispielimplementierung ist in Listing 11.1 gegeben.

**Listing 11.1:** Mathematica-Code zur Bestimmung der Hashin-Shtrikman-Schranken.

```
(* Variablen löschen und Hilfsgrößen anlegen *)
Remove["Global`*"] (* Alle Deklarationen zurücksetzen *)
Translate3333to66[C3333_] := ( (* Funktion zur Konversion von W_ijkl auf 6x6-Matrix *)
  Ivek1 = {1, 2, 3, 1, 1, 2};
  Ivek2 = {1, 2, 3, 2, 3, 3};
  Faktvek = {1, 1, 1, Sqrt[2], Sqrt[2], Sqrt[2]};
  Table[C3333[[Ivek1[[i]], Ivek2[[i]], Ivek2[[j]], Ivek1[[j]]]] Faktvek[[i]]*Faktvek[[j]], {i,
      1, 6}, {j, 1, 6}])
id = IdentityMatrix[3]; (* Einstensor Stufe 2 *)
I6 = IdentityMatrix[6]; (* Einstensor Stufe 4 *)

(* Wechselwirkungstensor anlegen *)
W1 = 1/15 Table[id[[i, j]] id[[k, l]] + id[[i, l]] id[[k, j]] + id[[i, k]] id[[j, l]], {i, 3}, {
      j, 3}, {k, 3}, {l, 3}];
W2base = 1/3 Table[id[[i, l]] id[[k, j]], {i, 3}, {j, 3}, {k, 3}, {l, 3}];
W2aux1 = 1/2 (W2base + Transpose[W2base, 3 <-> 4]); (* Symmetrisieren *)
W2 = 1/2 (W2aux1 + Transpose[W2aux1, 1 <-> 2]);
a = (1/(K0 + 4/3 G0) - 1/G0);
W = Translate3333to66[a W1 + 1/G0 W2] // FullSimplify; (* Als 6x6 Matrix speichern *)

(* Projektoren, Steifigkeitstensoren C und invertierte C-Differencen anlegen *)
P1 = TensorProduct[{1, 1, 1, 0, 0, 0}, {1, 1, 1, 0, 0, 0}]/3;
P2 = I6 - P1;
C0 = 3 K0 P1 + 2 G0 P2;
C1 = 3 K1 P1 + 2 G1 P2;
C2 = 3 K2 P1 + 2 G2 P2;
iDC1 = Inverse[C1 - C0] // FullSimplify;
iDC2 = Inverse[C2 - C0] // FullSimplify;

(* Abkürzungen einführen *)
B1 = Inverse[iDC1 + W] // FullSimplify;
B2 = Inverse[iDC2 + W] // FullSimplify;
A = ((1 - v2) B1 + v2 B2) // FullSimplify;
L = Inverse[Inverse[A] - W] // Simplify; (* Tau_bar = L  Eps_bar*)
L1 = B1.(I6 + W.L) // Simplify;(* Tau_1 = L1  Eps_bar*)
L2 = B2.(I6 + W.L) // Simplify; (* Tau_2 = L2  Eps_bar*)

(* HS-Steifigkeit aufbauen *)
CHS = C0 - (1 - v2) Transpose[L1].(W + iDC1).L1 - v2 Transpose[L2].(W + iDC2).L2 + Transpose[L].
      W.L + 2 L;

(* G und K extrahieren *)
GHS = CHS[[6, 6]]/2 // Simplify;
KHS = CHS[[1, 1]] - 4/3 GHS // Simplify

(* G und K nach HS als Funktionen mit variablem G0 und K0 anlegen *)
(* Die Zahlenwerte stammen aus dem Originalartikel *)
(* Z. Hashin, S. Shtrikman, A VARIATIONAL APPROACH TO THE THEORY OF ELASTIC BEHAVIOUR *)
(* OF MULTIPHASE MATERIALS, J. Mech. Phys. Solids 1963 (11) 127-140 *)
K1 = 25.0;
K2 = 60.7;
G1 = 11.5;
G2 = 41.8;
KHSf[v2_, K0_, G0_] = KHS // Simplify // Chop;
GHSf[v2_, K0_, G0_] = GHS // Simplify // Chop;

(* Ergebnisse plotten *)
v1 = 1 - v2;
```

```
G1HS = GHSf[v2, K1, G1] // Simplify
G2HS = GHSf[v2, K2, G2] // Simplify
HSpaperG1 = G1 + v2/(1/(G2 - G1) + 6 (K1 + 2 G1) v1/5/G1/(3 K1 + 4 G1)) // Simplify
HSpaperG2 = G2 + v1/(1/(G1 - G2) + 6 (K2 + 2 G2) v2/5/G2/(3 K2 + 4 G2)) // Simplify
Plot[{G1HS, G2HS, HSpaperG1, HSpaperG2, v1 G1 + v2 G2, 1/(v1/G1 + v2/G2)}, {v2, 0, 1}]
K1HS = KHSf[v2, K1, G1] // Simplify
K2HS = KHSf[v2, K2, G2] // Simplify
HSpaperK1 = K1 + v2/(1/(K2 - K1) + 3 v1/(3 K1 + 4 G1)) // Simplify
HSpaperK2 = K2 + v1/(1/(K1 - K2) + 3 v2/(3 K2 + 4 G2)) // Simplify
Plot[{K1HS, K2HS, HSpaperK1, HSpaperK2, v1 K1 + v2 K2, 1/(v1/K1 + v2/K2)}, {v2, 0, 1}]
```

Das Listing liefert die Plots der Hashin-Shtrikman-Schranken im Vergleich mit den Voigt-Reuss-Schranken, siehe Abb. 11.2. Um zu geschlossenen Ausdrücken für $K$ und $G$ zu gelangen, kann die Zerlegung in Kugel- und Deviatoranteile vollzogen werden. Für die obigen Darstellungen wird dies durch Beschränkung auf die Eigenwerte vor den isotropen Projektoren vollzogen. Dann kann die Tensorgleichung (11.51) direkt in zwei Skalargleichungen übersetzt werden. Man erhält dann eine Reihe von verschachtelten Summen und Inversionen. Wenn man diese entpackt, findet man

$$
\begin{aligned}
3K_{\mathrm{HS}} &= 3K_0 + (\kappa_K^{-1} - w_1)^{-1} & \kappa_K &= \sum \frac{v_i}{(3K_i - 3K_0)^{-1} + w_1} & w_1 &= \frac{1}{3K_0 + 4G_0}, \\
2G_{\mathrm{HS}} &= 2G_0 + (\kappa_G^{-1} - w_2)^{-1} & \kappa_G &= \sum \frac{v_i}{(2G_i - 2G_0)^{-1} + w_2} & w_2 &= \frac{3(K_0 + 2G_0)}{5(3K_0G_0 + 4G_0^2)}.
\end{aligned}
\tag{11.52}
$$

Dabei sind $w_1$ und $w_2$ die Eigenwerte des Wechselwirkungstensors $\mathbb{W} = w_1\mathbb{P}_{\mathrm{I1}} + w_2\mathbb{P}_{\mathrm{I2}}$ (Gl. 12.56).

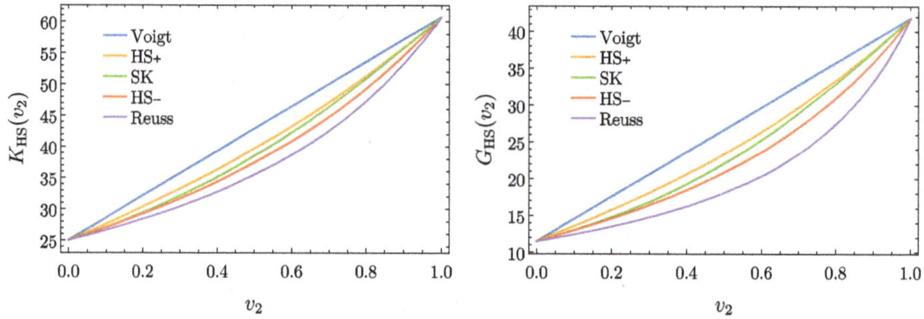


**Abb. 11.2:** Die Hashin-Shtrikman-Schranken im Vergleich zu den Voigt-Reuss-Schranken und der selbstkonsistenten Abschätzung. Es wurden die von Hashin und Shtrikman (1963) angegebenen Zahlenwerte für Wolfram-Carbid verwendet ($K_1$ = 25.0 GPa, $K_2$ = 60.7 GPa, $G_1$ = 11.5 GPa, $G_2$ = 41.8 GPa).

## 11.6 Anmerkungen zu den Hashin-Shtrikman-Schranken

Man sieht an Abb. 11.2, dass sich der Aufwand gelohnt hat. Die verbesserten Schranken sind deutlich enger beieinander als die Voigt-Reuss-Schranken. In der Tat sind dies die engstmöglichen Schranken für isotrope Mikrostrukturen, die sich allein mit den Volumenanteilen angeben lassen. Dies liegt daran, dass sowohl im verwendeten Ansatz für die Polarisationsspannungen als auch in der exakten Eshelby-Lösung im Einschluss homogene Spannungsfelder vorliegen. Reale Mikrostrukturen, speziell der Kugelschalenaufbau in Abb. 11.3, erreichen die Werte der Hashin-Shtrikman-Schranken. Dabei wird ein festes Radienverhältnis von Einschluss und umgebender Kugelschale vorgegeben, mit dem das Volumen gefüllt wird. Wenn die Hashin-Shtrikman-Schranken experimentell verletzt werden, heißt dies in aller Regel, dass die Grundannahmen nicht erfüllt sind: Die Mikrostrukturanordnung oder die Phasen selbst sind dann nicht isotrop, oder möglicherweise ist der Skalenabstand nicht groß genug. Daher haben die Voigt-Reuss-Schranken auch weiterhin ihre Berechtigung: Sie gelten auch bei einer anisotropen Anordnung isotroper Phasen.

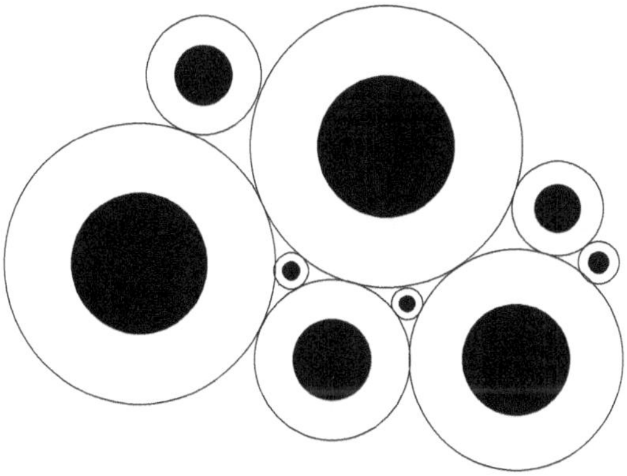

**Abb. 11.3:** Das Kugelschalenmodell (Coated sphere model).

Alle in den Abschnitten 9.4 bis 9.6 vorgestellten Abschätzungen (Mori-Tanaka, Differenzial-Schema, Selbstkonsistenzmethode) verlaufen zwischen den Hashin-Shtrikman-Schranken (Differenzial-Schema, Selbstkonsistenzmethode) oder auf der unteren Hashin-Shtrikman-Schranke (Mori-Tanaka). Die selbstkonsistente Abschätzung schmiegt sich dabei an den Extremwerten an die Hashin-Shtrikman-Schranke mit dem betragsmäßig kleineren Anstieg an (Abb. 11.2). Dies spiegelt die minimale Interaktion der Einschlussphase bei kleinen Volumenfraktionen aufgrund der Eshelby-Grundlösung bei gleichzeitiger Gleichbehandlung der Phasen wider. Es lassen sich durch Orientierungsmittelung der Laminatgrundlösung Ansätze mit zur Selbstkonsistenzmethode entgegengesetztem Verhalten konstruieren (Kalisch und Glüge, 2015).

# 12 Fourier- und Green-Methoden

Die bisher vorgestellten Homogenisierungsmethoden beruhen entweder auf speziellen Grundlösungen oder der Lösung spezifischer Randwertprobleme. Im Folgenden wird die Darstellung der Felder im Fourierraum[1] besprochen. Sie erweitert unseren Werkzeugkasten aus folgenden Gründen:

- Eine periodische Fortsetzbarkeit virtueller Materialproben ist im Fourierraum automatisch gegeben, da die Funktionsbasis periodisch ist.
- Eine statistische Isotropie der Mikrostruktur macht sich im Fourierraum als Symmetrie bemerkbar (Abschnitt 12.4). Dies ermöglicht beispielsweise, den Wechselwirkungstensor des Hashin-Shtrikman-Funktionals (Abschnitt 12.5) oder die Fundamentallösungen zu isotropen Störfunktionen (Abschnitt 12.8.1) anzugeben.
- Im Fourierraum lässt sich eine Zerlegung der Felder in den homogenen, divergenzfreien und rotationsfreien Anteil algebraisch schreiben. Damit können geschlossene Ausdrücke für die effektiven Materialparameter angegeben werden (Abschnitt 12.6).
- Die schnelle diskrete Fouriertransformation ermöglicht eine effiziente iterative Lösung periodischer Randwertprobleme ohne den Aufbau eines linearen Systems. Dadurch wird weniger Speicher als z. B. bei der FEM benötigt, wodurch feinere Diskretisierungen möglich sind (Abschnitt 12.7).

## 12.1 Fourierreihen reeller Funktionen

Sei

$$[f(x), g(x)] = \frac{1}{2\pi} \int_{-\pi}^{\pi} f(x) g^{\dagger}(x)\, \mathrm{d}x \tag{12.1}$$

die Definition des Skalarproduktes zwischen zwei Funktionen $f(x)$ und $g(x)$, wobei $g^{\dagger}(x)$ die komplexe Konjugation von $g(x)$ ist. Wir betrachten nun alle Funktionen

$$f_k(x) = \mathrm{e}^{\mathrm{i}kx} \text{ mit } k \in \mathbb{Z}. \tag{12.2}$$

Mit $f_k^{\dagger}(x) = \mathrm{e}^{-\mathrm{i}kx}$ und der Umrechnung $\mathrm{e}^{\mathrm{i}\phi} = \cos\phi + \mathrm{i}\sin\phi$ ist leicht zu sehen, dass

$$[f_k(x), f_l(x)] = \frac{1}{2\pi} \int_{-\pi}^{\pi} \mathrm{e}^{\mathrm{i}kx} \mathrm{e}^{-\mathrm{i}lx}\, \mathrm{d}x \tag{12.3}$$

$$= \frac{1}{2\pi} \int_{-\pi}^{\pi} \mathrm{e}^{\mathrm{i}(k-l)x}\, \mathrm{d}x \tag{12.4}$$

---

1 Jean Baptiste Joseph Fourier, 1768–1830.

https://doi.org/10.1515/9783110719499-012

$$= \frac{1}{2\pi} \int_{-\pi}^{\pi} \cos((k-l)x) + \mathrm{i}\sin((k-l)x)\,\mathrm{d}x \tag{12.5}$$

$$= \delta_{kl} \tag{12.6}$$

ist, da für $k \neq l$, $k, l \in \mathbb{Z}$ immer ganze Perioden integriert werden. Nur für $k = l$ liefert die Integration von $\cos 0 = 1$ den Wert $2\pi$, der Sinusanteil $\sin 0$ verschwindet auch in diesem Fall. Also ist $f_k(x) = \mathrm{e}^{ikx}$ eine Orthonormalbasis für die zwischen $-\pi$ und $\pi$ definierten Funktionen, was die Darstellung

$$f(x) = \sum_{k=-\infty,\infty} \mathrm{e}^{ikx} \hat{f}_k \tag{12.7}$$

erlaubt.[2] Die Komponenten bezüglich dieser Basis ergeben sich Dank der Orthogonalität aus dem Skalarprodukt

$$\hat{f}_k = [f(x), f_k^\dagger(x)]. \tag{12.8}$$

Als Beispiel betrachten wir die Sägezahnkurve $f(x) = \mathrm{mod}(x+\pi, 2\pi) - \pi$. Für die Integration von $-\pi$ bis $\pi$ reicht es, $f(x) = x$ zu betrachten. Die Komponenten $\hat{f}_k$ bezüglich der Fourierbasis sind

$$\hat{f}_0 = \frac{1}{2\pi} \int_{-\pi}^{\pi} x\,\mathrm{d}x = 0, \tag{12.9}$$

$$\hat{f}_1 = \frac{1}{2\pi} \int_{-\pi}^{\pi} x\mathrm{e}^{-\mathrm{i}x}\,\mathrm{d}x = -\mathrm{i}, \tag{12.10}$$

$$\hat{f}_{-1} = \frac{1}{2\pi} \int_{-\pi}^{\pi} x\mathrm{e}^{\mathrm{i}x}\,\mathrm{d}x = \mathrm{i}, \tag{12.11}$$

$$\hat{f}_2 = \frac{1}{2\pi} \int_{-\pi}^{\pi} x\mathrm{e}^{-2\mathrm{i}x}\,\mathrm{d}x = \mathrm{i}/2, \tag{12.12}$$

$$\hat{f}_{-2} = \frac{1}{2\pi} \int_{-\pi}^{\pi} x\mathrm{e}^{2\mathrm{i}x}\,\mathrm{d}x = -\mathrm{i}/2, \tag{12.13}$$

$$\vdots$$

Damit können wir die Ausgangsfunktion approximieren,

$$f(x) \approx \hat{f}_0 + \hat{f}_1\mathrm{e}^{ix} + \hat{f}_{-1}\mathrm{e}^{-ix} + \hat{f}_2\mathrm{e}^{i2x} + \hat{f}_{-2}\mathrm{e}^{-2ix} \ldots \tag{12.14}$$

2 Wir ignorieren hier viele technische Details im Sinne einer kompakten Darstellung.

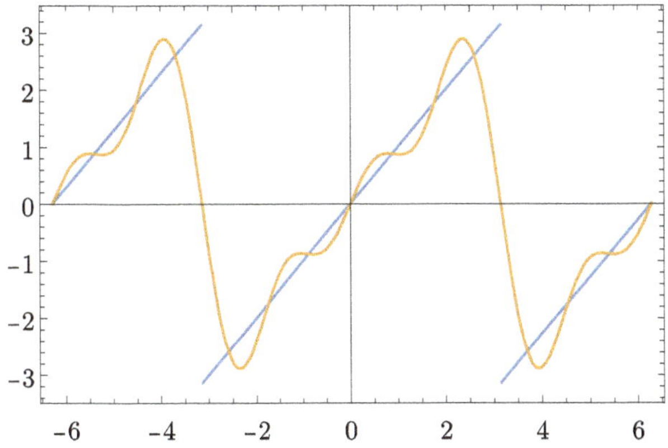


**Abb. 12.1:** Approximation einer Sägezahnkurve durch eine Fourierreihe bis zum dritten Koeffizienten. Das Weglassen der hohen, kaum wahrnehmbaren Frequenzen wird bei verlustbehafteten Kompressionsverfahren wie JPG und MP3 verwendet.

Die Approximation der Funktion verbessert sich mit der Anzahl der mitgenommenen Fourierkoeffizienten. In Abb. 12.1 ist die Approximation bis $k = \pm 3$ dargestellt. Die Fourierkoeffizienten haben keinen reellen Anteil. Letzterer entspricht dem Cosinus-Anteil, für den $\cos(x) = \cos(-x)$ gilt. Er wird als gerade bezeichnet. Der Sinus-Anteil $\sin(-x) = -\sin(x)$ ist so wie $f(x)$ ungerade, weswegen nur die komplexen Sinusanteile in der Fourierreihe enthalten sind.

## 12.2 Fourierreihen im $\mathbb{R}_3$

Die Verallgemeinerung der reellen Fourierreihe auf mehrdimensionale Funktionen wird mit der Modifikation der Basisfunktion zum Ebene-Welle-Ansatz

$$f_{\mathbf{k}}(\mathbf{x}) = e^{i\mathbf{k}\cdot\mathbf{x}} \text{ mit } k_i \in \mathbb{Z} \tag{12.15}$$

erreicht. Dabei ist **k** der Wellenvektor mit ganzzahligen Komponenten. **k** gibt die Richtung der ebenen Welle an, der Betrag $|\mathbf{k}|$ ist der Kehrwert der durch $2\pi$ geteilten Wellenlänge, also die Frequenz. Das Skalarprodukt wird zu

$$[f_{\mathbf{k}}(\mathbf{x}), f_{\mathbf{g}}(\mathbf{x})] = \frac{1}{(2\pi)^3} \int_{-\pi}^{\pi}\int_{-\pi}^{\pi}\int_{-\pi}^{\pi} f_{\mathbf{k}}(\mathbf{x}) f_{\mathbf{g}}^{\dagger}(\mathbf{x})\, dx_3\, dx_2\, dx_1. \tag{12.16}$$

Man kann sich wie im vorherigen Abschnitt leicht davon überzeugen, dass

$$[f_{\mathbf{k}}(\mathbf{x}), f_{\mathbf{g}}(\mathbf{x})] = \delta_{\mathbf{kg}} \tag{12.17}$$

ist, mit

$$\delta_{\mathbf{kg}} = \begin{cases} k_1 = g_1, k_2 = g_2, k_3 = g_3 : 1 \\ \text{anderenfalls} : 0. \end{cases} \tag{12.18}$$

Damit wird die Approximation einer Funktion als Fourierreihe zu

$$f(\mathbf{x}) = \sum_{k_1,k_2,k_3=-\infty\ldots\infty} e^{i\mathbf{k}\cdot\mathbf{x}} \hat{f}_{\mathbf{k}} \tag{12.19}$$

$$= \sum_{k_1,k_2,k_3=-\infty\ldots\infty} e^{ik_1x_1} e^{ik_2x_2} e^{ik_3x_3} \hat{f}_{\mathbf{k}} \tag{12.20}$$

$$= \sum_{k_1=-\infty\ldots\infty} e^{ik_1x_1} \sum_{k_2=-\infty\ldots\infty} e^{ik_2x_2} \sum_{k_3=-\infty\ldots\infty} e^{ik_3x_3} \hat{f}_{\mathbf{k}}. \tag{12.21}$$

Die Fourierkoeffizienten ergeben sich wie zuvor im Skalarprodukt

$$\hat{f}_{\mathbf{k}} = [f(\mathbf{x}), f_{\mathbf{k}}(\mathbf{x})]. \tag{12.22}$$

Dies entspricht, genau wie bei reellen Funktionen, einer Überlagerung von Sinus- und Cosinuswellen. Allerdings muss im Mehrdimensionalen die Richtung via **k** spezifiziert werden, was im Eindimensionalen nicht nötig ist. Eine anschauliche Darstellung der Überlagerung der ebenen Wellen ist z. B. in https://www.youtube.com/watch?v=a7TUIkn3qjY (ab Minute 42) dargestellt.

## 12.3 Von Fourierreihen zu Fouriertransformationen

Fourierreihen der Länge $n$ ordnen einer reellen Funktion $n$ Fourierkoeffizienten bzw. Amplituden zu. Diese können eindeutig mit $n$ Funktionswerten identifiziert werden. Von Fouriertransformationen spricht man, wenn im Fourierraum der Übergang zu beliebigen reellen Frequenzen vollzogen wird,

$$\hat{f}(k) = \frac{1}{2\pi} \int_{\mathbb{R}} f(x) e^{ikx} dx. \tag{12.23}$$

Anstatt ganzzahliger Indizes $k$ ist $k \in \mathbb{R}$ das Argument der transformierten Funktion. Dabei wird das zu integrierende Gebiet unendlich groß, denn Frequenzen beliebig nahe Null entsprechen Funktionen mit beliebig großer Periode. Wir haben also den Übergang zu aperiodischen, unendlichen Gebieten, wenn wir von der diskreten auf die kontinuierliche Fouriertransformation wechseln. Die inverse Fouriertransformation ist

$$f(x) = \int_{\mathbb{R}} \hat{f}(k) e^{-ikx} dk. \tag{12.24}$$

Es ist nicht leicht zu sehen, dass diese Operationen invers zueinander sind. Setzt man beispielsweise $f(x) = 1$ ein, erhält man bei Vor- und Rücktransformation

$$f(x) = \frac{1}{2\pi} \int_{\mathbb{R}} \frac{e^{-ikx} e^{ikx}}{ik} dk = \frac{1}{2\pi} \int_{\mathbb{R}} \frac{1}{ik} dk, \tag{12.25}$$

was wegen des Pols bei $k = 0$ ein divergentes Integral ist. Zur Auswertung benötigt man eine Konturintegration in der komplexen Ebene oder den Residuensatz. Bildhaft gesprochen kann man das Integral in der komplexen Ebene entlang der reellen Achse und unter Umgehung des Pols im Unendlichen mit einem Halbkreis zu einem Ringintegral machen. Bei analytischen Funktionen kann dieser Ring zusammengezogen werden, ohne den Wert zu verändern. Er liefert Null, wenn keine Singularität enthalten ist, womit das Ergebnis des Integrals nur das Ringintegral um die Pole ist. Ein fundamentales Ergebnis ist

$$\oint \frac{1}{k}\mathrm{d}k = \pm 2\pi\mathrm{i}, \tag{12.26}$$

wobei entlang einer geschlossenen Kontur um den Pol bei $k = 0$ integriert wird und das Vorzeichen der Umlaufrichtung entspricht. Man erhält wieder $f(x) = 1$. Dies weist auf die Herkunft des Faktors $\frac{1}{2\pi}$ hin, wobei sich das positive Vorzeichen aus der Umlaufrichtung im positiven Drehsinn entgegen des Uhrzeigersinns ergibt. Im $d$-dimensionalen muss die Konturintegration $d$ mal ausgeführt werden, weswegen die Fouriertransformation und die Umkehrung in $d$ Dimensionen

$$\hat{f}(\mathbf{k}) = \frac{1}{(2\pi)^{d/2}} \int\limits_{\mathbb{R}_d} f(\mathbf{x})\mathrm{e}^{\mathrm{i}\mathbf{k}\cdot\mathbf{x}}\,\mathrm{d}\mathbf{x}, \tag{12.27}$$

$$f(\mathbf{x}) = \frac{1}{(2\pi)^{d/2}} \int\limits_{\mathbb{R}_d} \hat{f}(\mathbf{k})\mathrm{e}^{-\mathrm{i}\mathbf{k}\cdot\mathbf{x}}\,\mathrm{d}\mathbf{k} \tag{12.28}$$

sind. Wir haben den Faktor $\frac{1}{(2\pi)^d}$ gleichmäßig aufgeteilt, andere Konventionen für den Umgang mit dem Normierungsfaktor sind möglich. Diese Variante hat aber den Vorteil, dass keine Vorfaktoren im Satz von Plancherel[3]-Parseval[4]-Rayleigh[5] auftauchen, mit dessen Hilfe wir das Integral über $\mathbb{R}_3$ im Realraum als Integral über $\mathbb{R}_3$ im Fourierraum schreiben können,

$$\int\limits_{\mathbb{R}_3} \hat{f}(\mathbf{k})\hat{g}^\dagger(\mathbf{k})\mathrm{d}\mathbf{k} = \int\limits_{\mathbb{R}_3} f(\mathbf{x})g^\dagger(\mathbf{x})\mathrm{d}\mathbf{x}. \tag{12.29}$$

Auch die Platzierung des negativen Vorzeichens in der Vor- oder Rücktransformation ist variabel. Wir wählen hier die obige Variante, damit die Konturintegration im mathematisch positiven Drehsinn gültig ist.

Wir werden sowohl Fourierreihen als auch Fouriertransformationen benötigen:

- Einerseits haben wir bei konkreten Randwertproblemen periodisch fortsetzbare RVE, deren Mikrostrukturinformation an Gitterpunkten vorliegt. Dann ist auch die Darstellung im Fourierraum diskret und periodisch.

3 Michel Plancherel, 1885–1967.
4 Marc-Antoine Parseval, 1755–1836.
5 John Strutt, 3. Baron Rayleigh, 1842–1919.

- Andererseits benötigen wir die Fouriertransformation, um geschlossene Ausdrücke herzuleiten. Dann betrachten wir unendlich große, aperiodische Materialproben, welche ein unendliches aperiodisches Spektrum haben, und machen uns deren Eigenschaften (z. B. die Symmetrie) im Fourierraum zunutze.

## 12.4 Eigenschaften der Fourierkoeffizienten

### 12.4.1 Der homogene Anteil

Man sieht leicht, dass die Definition des Null-Fourierkoeffizienten wegen $e^0 = 1$ der Mittelwert des Feldes ist. Alle anderen Fourierkoeffizienten entsprechen Fluktuationen um diesen Mittelwert.

### 12.4.2 Symmetrien im Fourieraum entsprechen statistischen Mikrostruktureigenschaften

Eine andere wichtige Eigenschaft ist die Isotropie der Fouriertransformierten im $\mathbf{k}$-Raum, wenn die Mikrostruktur isotrop ist. Die Fourierkoeffizienten mit betragsmäßig niedrigen Wellenzahlen $k$ bzw. $|\mathbf{k}|$ repräsentieren lang-periodische Regelmäßigkeiten, die hohen Wellenzahlen spiegeln kurzperiodische Regelmäßigkeiten der Indikatorfunktion wider. Dies ist in Abb. 12.2 illustriert. In der ersten Zeile ist eine statistisch nahezu isotrope Indikatorfunktion aus kreisförmigen, zufällig verteilten Einschlüssen abgebildet, wobei schwarz dem Wert 0 und weiß dem Wert 1 entspricht. Die dazugehörenden Fourierkoeffizienten zeigen eine näherungsweise radiale Symmetrie um den Null-Koeffizienten. Letzterer ist betragsmäßig am größten, da die weiße Phase die Mikrostruktur dominiert, und der Null-Koeffizient dem Mittelwert bzw. dem homogenen Anteil entspricht. In der mittleren Mikrostruktur haben wir isotrop verteilte, parallel ausgerichtete Quadrate. Daher erkennt man bei den niedrigen Fourierkoeffizienten (lange Wellenlängen, niedrige Frequenzen, kleine Wellenzahlen) keine Anisotropie, während bei den hohen Frequenzen eine deutliche Anisotropie sichtbar wird. Die untere Mikrostruktur besteht aus kreisförmigen (isotropen) Partikeln, die allerdings in horizontaler Richtung periodisch gehäuft verteilt sind. Daher sieht man im Spektrum eine isotrope Verteilung der hohen Frequenzen und eine anisotrope Verteilung der niedrigen Frequenzen.

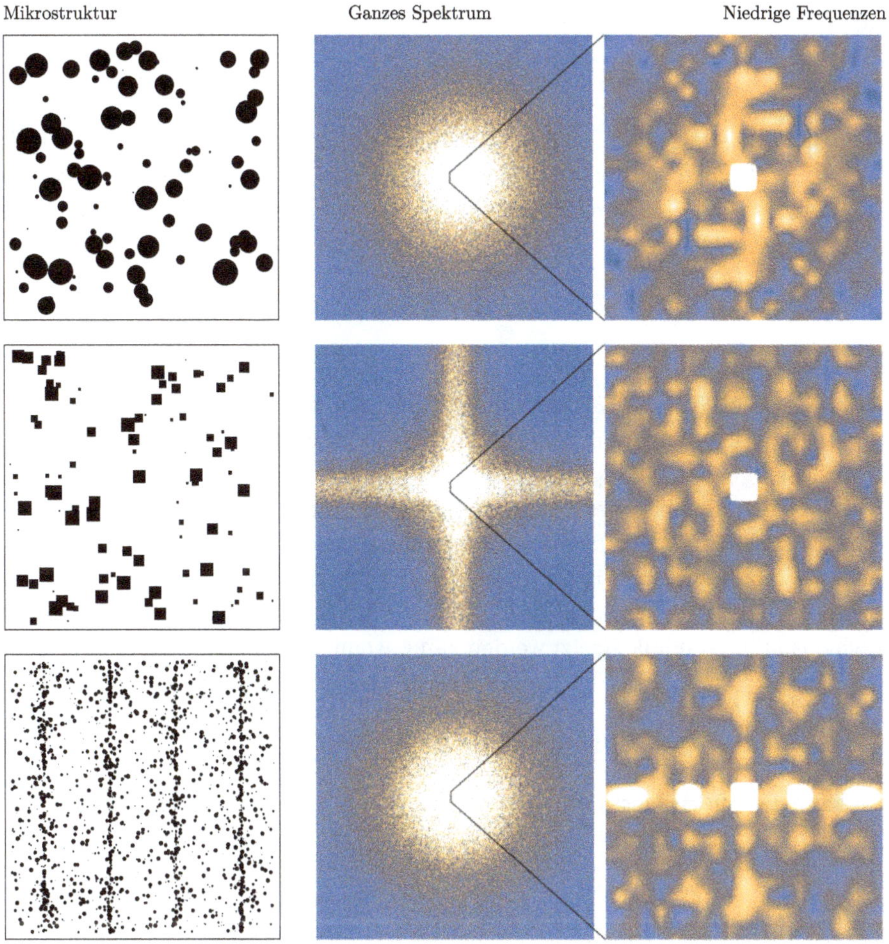


**Abb. 12.2:** Mikrostrukturen (links), deren Fourierkoeffizienten (Mitte) und eine Vergrößerung der niedrigfrequenten, langwelligen Fourierkoeffizienten (rechts), wobei die Skalierung angepasst wurde.

## 12.5 Der Wechselwirkungstensor bei den Hashin-Shtrikman-Schranken

Wir haben gerade gesehen, dass bei isotropen Mikrostrukturen das Fourier-Spektrum isotrop ist. Diese Eigenschaft lässt sich verschiedentlich ausnutzen, beispielsweise bei der Herleitung der Hashin-Shtrikman-Schranken. Bei der Auswertung des Funktionals taucht der Term

$$\int_{\Omega} \boldsymbol{\tau}(\mathbf{x}) : \widetilde{\boldsymbol{\varepsilon}}(\mathbf{x}) \, \mathrm{d}V = \int_{\Omega} \widetilde{\boldsymbol{\tau}} : \widetilde{\boldsymbol{\varepsilon}} \, \mathrm{d}V \tag{12.30}$$

auf. An der Stelle der Lösung ist

$$(\mathbb{C}^0 : \tilde{\boldsymbol{\varepsilon}}(\mathbf{x}) + \boldsymbol{\tau}(\mathbf{x})) \cdot \nabla = \mathbf{o} \quad \text{mit} \quad \tilde{\boldsymbol{\varepsilon}}(\mathbf{x}) = \tilde{\mathbf{u}}(\mathbf{x}) \otimes \nabla. \tag{12.31}$$

Die Symmetrisierung von $\tilde{\mathbf{u}}(\mathbf{x}) \otimes \nabla$ ist in $\mathbb{C}^0$ enthalten. Wir betrachten unendlich große RVE, also den gesamten $\mathbb{R}_3$ an Stelle eines periodisch fortgesetzten Gebietes. Nach dem Satz von Plancherel können wir das Realraum-Integral in ein Fourierraum-Integral umwandeln,

$$\int_{\mathbb{R}_3} \boldsymbol{\tau}(\mathbf{x}) : \tilde{\boldsymbol{\varepsilon}}(\mathbf{x})\, \mathrm{d}\mathbf{x} = \int_{\mathbb{R}_3} \hat{\boldsymbol{\tau}}(\mathbf{k}) : \hat{\tilde{\boldsymbol{\varepsilon}}}^{\dagger}(\mathbf{k})\, \mathrm{d}\mathbf{k}. \tag{12.32}$$

Wir können Gleichung (12.31) im Fourierraum nach $\hat{\tilde{\mathbf{u}}}(\mathbf{k})$ lösen und damit $\hat{\tilde{\boldsymbol{\varepsilon}}}(\mathbf{k})$ in Gl. (12.32) ersetzen, um unter Ausnutzung der Isotropie der Mikrostruktur das Integral zu lösen.

Wir stellen als Erstes fest, dass der homogene Anteil $\overline{\boldsymbol{\tau}}$ durch Gl. (12.31) unbestimmt bleibt. Wir können daher nur $\tilde{\boldsymbol{\tau}}(\mathbf{x})$ angeben, und müssen später die Anteile $\overline{\boldsymbol{\tau}}$ und $\tilde{\boldsymbol{\tau}}(\mathbf{x})$ klar trennen. Es ist zu sehen, dass $\overline{\boldsymbol{\tau}}$ auch in Gl. (12.30) nicht eingeht. Anhand von Gl. (12.27) sehen wir, dass die Wirkung des Nablaoperators im Fourierraum durch das Produkt mit $\mathbf{ik}$ ersetzt werden kann, womit wir Gl. (12.31) im Fourierraum erhalten,

$$(\mathbb{C}^0 : \hat{\tilde{\mathbf{u}}}(\mathbf{k}) \otimes \mathbf{ik} + \hat{\tilde{\boldsymbol{\tau}}}(\mathbf{k})) \cdot \mathbf{ik} = \mathbf{o}. \tag{12.33}$$

Dies kann nach $\hat{\tilde{\mathbf{u}}}(\mathbf{k})$ gelöst werden,

$$\hat{\tilde{\mathbf{u}}}(\mathbf{k}) = \mathrm{i}\mathbf{A}^{-1}(\mathbf{k})\hat{\tilde{\boldsymbol{\tau}}}(\mathbf{k}) \cdot \mathbf{k} \quad \text{mit} \quad \mathbf{A}(\mathbf{k}) = \mathbf{k} \cdot \mathbb{C}^0 \cdot \mathbf{k}. \tag{12.34}$$

$\mathbf{A}(\mathbf{k})$ ist der Akustiktensor. Im isotropen Fall ist

$$\mathbb{C}^0 = \lambda_0 \mathbf{I} \otimes \mathbf{I} + \mu_0(\delta_{ik}\delta_{jl} + \delta_{il}\delta_{jk})\mathbf{e}_i \otimes \mathbf{e}_j \otimes \mathbf{e}_k \otimes \mathbf{e}_l. \tag{12.35}$$

Damit ist

$$\mathbf{A}(\mathbf{k}) = (\lambda_0 + \mu_0)\mathbf{k} \otimes \mathbf{k} + \mu_0(\mathbf{k} \cdot \mathbf{k})\mathbf{I} \tag{12.36}$$

$$= k^2(\lambda_0 + 2\mu_0)\mathbf{k}^* \otimes \mathbf{k}^* + k^2\mu_0(\mathbf{I} - \mathbf{k}^* \otimes \mathbf{k}^*), \tag{12.37}$$

$$\mathbf{A}^{-1}(\mathbf{k}) = \frac{1}{k^2(\lambda_0 + 2\mu_0)}\mathbf{k}^* \otimes \mathbf{k}^* + \frac{1}{k^2\mu_0}(\mathbf{I} - \mathbf{k}^* \otimes \mathbf{k}^*) \tag{12.38}$$

$$= \frac{1}{k^2}\left[\underbrace{\left(\frac{1}{\lambda_0 + 2\mu_0} - \frac{1}{\mu_0}\right)}_{\alpha}\mathbf{k}^* \otimes \mathbf{k}^* + \underbrace{\frac{1}{\mu_0}}_{\beta}\mathbf{I}\right], \tag{12.39}$$

wobei die Zerlegung von $\mathbf{k} = k\mathbf{k}^*$ in Betrag $k$ und Richtung $\mathbf{k}^*$ mit $k = \sqrt{\mathbf{k} \cdot \mathbf{k}}$ verwendet wurde. Diese Terme tauchten bereits in der Laminatgrundlösung für $\mathbf{k} = \mathbf{e}_3$ auf. Wir erhalten $\hat{\tilde{\boldsymbol{\varepsilon}}}(\mathbf{k})$ durch Multiplikation von $\hat{\tilde{\mathbf{u}}}(\mathbf{k})$ mit $\mathbf{ik}$ und können dies in das

Integral (12.32) einsetzen, was zu

$$\int_{\mathbb{R}_3} \boldsymbol{\tau}(\mathbf{x}) : \tilde{\boldsymbol{\varepsilon}}(\mathbf{x})\, \mathrm{d}\mathbf{x} = \int_{\mathbb{R}_3} \hat{\bar{\boldsymbol{\tau}}}(\mathbf{k}) : (-\mathbf{k} \otimes \mathbf{A}^{-1} \otimes \mathbf{k}) : \hat{\boldsymbol{\tau}}(\mathbf{k})\, \mathrm{d}\mathbf{k} \tag{12.40}$$

$$= -\int_{\mathbb{R}_3} \hat{\bar{\boldsymbol{\tau}}}(\mathbf{k}) : (\mathbf{k}^* \otimes (\alpha \mathbf{k}^* \otimes \mathbf{k}^* + \beta \mathbf{I}) \otimes \mathbf{k}^*) : \hat{\boldsymbol{\tau}}(\mathbf{k})\, \mathrm{d}\mathbf{k} \tag{12.41}$$

umgeschrieben wird. Es ist bemerkenswert und wichtig, dass der Betrag $k$ von $\mathbf{k}$ nur noch indirekt über die Abhängigkeit von $\hat{\bar{\boldsymbol{\tau}}}(\mathbf{k})$ auftaucht. Die Isotropie der Mikrostruktur wird nun durch die Isotropie des Fourierspektrums berücksichtigt, also durch dessen Kugelsymmetrie. Daher wählen wir Kugelkoordinaten,

$$k_1 = k \sin\theta \cos\phi, \tag{12.42}$$

$$k_2 = k \sin\theta \sin\phi, \tag{12.43}$$

$$k_3 = k \cos\theta. \tag{12.44}$$

Die $\phi$-Koordinate entspricht dem Meridian des Gradnetzes der Erde, und $\theta$ läuft vom Nordpol (0) zum Südpol ($\pi$). Die Sortierung der Koordinaten ist $r$, $\theta$, $\phi$. Diese Wahl von $\theta$ hat einen Vorteil gegenüber dem Messen der Breitenkreise vom Äquator aus, wie wir in Abschnitt 13.5 sehen werden. In jedem Fall ist dies die in der Mathematik übliche Konvention. Die Integration über die Kugelkoordinaten erfordert das Einfügen der Funktionaldeterminante

$$J = \det(\partial k_{1,2,3}/\partial(k, \theta, \phi)) = k^2 \sin\theta, \tag{12.45}$$

deren Herkunft in Abschnitt 13.5 an einem anderen Beispiel erklärt ist. Wegen der Isotropie der Mikrostruktur ist $\hat{\bar{\boldsymbol{\tau}}}(\mathbf{k})$ nur von $k$, nicht aber von $\phi$ und $\theta$ abhängig. Das Integral (12.41) wird damit zu

$$\int_{\mathbb{R}_3} \boldsymbol{\tau}(\mathbf{x}) : \tilde{\boldsymbol{\varepsilon}}(\mathbf{x})\, \mathrm{d}\mathbf{x} = -\int_0^\infty k^2 \hat{\bar{\boldsymbol{\tau}}}(k) \otimes \hat{\boldsymbol{\tau}}(k) :: \int_0^{2\pi}\int_0^{\pi} \mathbf{k}^* \otimes (\alpha \mathbf{k}^* \otimes \mathbf{k}^* + \beta \mathbf{I}) \otimes \mathbf{k}^* \sin\theta\, \mathrm{d}\theta\, \mathrm{d}\phi\, \mathrm{d}k. \tag{12.46}$$

Es ist anschaulich klar, dass bei der Integration von $\mathbf{k}^* \otimes \mathbf{I} \otimes \mathbf{k}^*$ und $\mathbf{k}^* \otimes \mathbf{k}^* \otimes \mathbf{k}^* \otimes \mathbf{k}^*$ über die Kugeloberfläche isotrope Tensoren herauskommen müssen. Man findet

$$\int_0^{2\pi}\int_0^{\pi} \mathbf{k}^* \otimes \mathbf{k}^* \otimes \mathbf{k}^* \otimes \mathbf{k}^* \sin\theta\, \mathrm{d}\theta\, \mathrm{d}\phi = \frac{4\pi}{15}(\delta_{ij}\delta_{kl} + \delta_{ik}\delta_{jl} + \delta_{il}\delta_{jk})\mathbf{e}_i \otimes \mathbf{e}_j \otimes \mathbf{e}_k \otimes \mathbf{e}_l \tag{12.47}$$

$$\int_0^{2\pi}\int_0^{\pi} \mathbf{k}^* \otimes \mathbf{I} \otimes \mathbf{k}^* \sin\theta\, \mathrm{d}\theta\, \mathrm{d}\phi = \frac{4\pi}{3}\delta_{il}\delta_{jk}\mathbf{e}_i \otimes \mathbf{e}_j \otimes \mathbf{e}_k \otimes \mathbf{e}_l, \tag{12.48}$$

z. B. mit Hilfe des Mathematica-Skriptes in Listing 12.1.

**Listing 12.1:** Mathematica-Code zur Integration von $\mathbf{k}^* \otimes \mathbf{k}^* \otimes \mathbf{k}^* \otimes \mathbf{k}^*$ und $\mathbf{k}^* \otimes \mathbf{I} \otimes \mathbf{k}^*$ über die Einheitskugel.

```
k = {Cos[phi] Sin[theta], Sin[phi] Sin[theta], Cos[theta]};
id = IdentityMatrix[3];
kkkk = Integrate[ Sin[theta] TensorProduct[k, k, k, k], {theta, 0, Pi}, {phi, 0, 2 Pi}]
kIk = Integrate[ Sin[theta] TensorProduct[k, id, k], {theta, 0, Pi}, {phi, 0, 2 Pi}]
(*Probe:Sollte nur Nullen liefern*)
kkkk - 4 Pi/15 Table[ id[[i, j]] id[[k, l]] + id[[i, k]] id[[j, l]] +  id[[i, l]] id[[k, j]], {i
     , 3}, {j, 3}, {k, 3}, {l, 3}]
kIk - 4 Pi/3 Table[ id[[i, l]] id[[k, j]], {i, 3}, {j, 3}, {k, 3}, {l, 3}]
```

Es ergibt sich

$$\int_{\mathbb{R}_3} \tilde{\boldsymbol{\tau}}(\mathbf{x}) : \tilde{\boldsymbol{\varepsilon}}(\mathbf{x})\, \mathrm{d}\mathbf{x} = -\int_0^\infty \hat{\tilde{\boldsymbol{\tau}}}(k) : \mathbb{W} : \hat{\tilde{\boldsymbol{\tau}}}(k) 4\pi k^2\, \mathrm{d}k, \tag{12.49}$$

mit

$$\mathbb{W} = \left[\frac{\alpha}{15}(\delta_{ij}\delta_{kl} + \delta_{ik}\delta_{jl} + \delta_{il}\delta_{jk}) + \frac{\beta}{3}\delta_{il}\delta_{jk}\right] \mathbf{e}_i \otimes \mathbf{e}_j \otimes \mathbf{e}_k \otimes \mathbf{e}_l. \tag{12.50}$$

Das $\mathbb{W}$ steht dabei für den Wechselwirkungstensor, der bei den Hashin-Shtrikman-Schranken die Wechselwirkung der Gestalt- und Volumenänderungsenergie beiträgt. Wir erinnern uns: Die Voigt- und Reuss-Schranken sind separate Mischungsregeln für $K$ und $G$. Wir sehen nun, dass im verbliebenen Integral über $k$ das differenzielle Kugelschalenvolumen $4\pi k^2 \mathrm{d}k = \mathrm{d}V$ auftaucht. Da sich dieses Integral über den gesamten Fourierraum erstreckt, können wir es wieder mit dem Satz von Plancherel in ein Realraum-Integral umwandeln,

$$\int_{\mathbb{R}_3} \tilde{\boldsymbol{\tau}}(\mathbf{x}) : \tilde{\boldsymbol{\varepsilon}}(\mathbf{x})\, \mathrm{d}\mathbf{x} = -\int_{\mathbb{R}_3} \tilde{\boldsymbol{\tau}}(\mathbf{x}) : \mathbb{W} : \tilde{\boldsymbol{\tau}}(\mathbf{x}) \mathrm{d}\mathbf{x}. \tag{12.51}$$

Damit ist $\tilde{\boldsymbol{\varepsilon}}(\mathbf{x})$ durch $\tilde{\boldsymbol{\tau}}(\mathbf{x})$ ersetzt worden, und man kann mit einem Ansatz für $\boldsymbol{\tau}(\mathbf{x})$ das Hashin-Shtrikman-Funktional minimieren. Da alle Steifigkeiten isotrop sind, ist eine Zerlegung von $\mathbb{W}$ bezüglich der isotropen Projektoren sinnvoll. Hierfür müssen erst die Subsymmetrien erzeugt werden,

$$\mathbb{W}^{\mathrm{sym}} = \frac{1}{4}(W_{ijkl} + W_{ijlk} + W_{jikl} + W_{jilk})\mathbf{e}_i \otimes \mathbf{e}_j \otimes \mathbf{e}_k \otimes \mathbf{e}_l. \tag{12.52}$$

Durch vollständige Überschiebung mit den Projektoren findet man die Komponenten

$$w_1 = \mathbb{W}^{\mathrm{sym}} :: \mathbb{P}_{\mathrm{I1}} = \frac{\alpha + \beta}{3}, \tag{12.53}$$

$$w_2 = \mathbb{W}^{\mathrm{sym}} :: \mathbb{P}_{\mathrm{I2}}/5 = \frac{2\alpha + 5\beta}{15} \tag{12.54}$$

für die Projektordarstellung

$$\mathbb{W}^{\text{sym}} = w_1 \mathbb{P}_{\text{I}1} + w_2 \mathbb{P}_{\text{I}2}, \tag{12.55}$$

wobei man die Normierung des zweiten Projektors nicht vergessen darf, siehe Abschnitt 2.4. Auch diese Rechnung lässt sich leicht in ein Computeralgebrasystem auslagern, siehe Listing 12.2.

**Listing 12.2:** Mathematica-Code zur Bestimmung der Projektordarstellung von $\mathbb{W}^{\text{sym}}$ in Ergänzung zu Listing 12.1.

```
W = alpha/4/Pi kkkk + beta /4/Pi kIk;
Wsym = Table[ W[[i, j, k, l]] + W[[i, j, l, k]] + W[[j, i, k, l]] + W[[j, i, l, k]], {i, 1, 3},
    {j, 1, 3}, {k, 1, 3}, {l, 1, 3}]/4 // FullSimplify;
P1 = Table[ id[[i, j]] id[[k, l]], {i, 1, 3}, {j, 1, 3}, {k, 1, 3}, {l, 1, 3}]/3;
P2 = Table[ id[[i, k]] id[[j, l]] + id[[i, l]] id[[j, k]], {i, 1, 3}, {j, 1, 3}, {k, 1, 3}, {l,
    1, 3}]/2 - P1;
w1 = Sum[Wsym[[i, j, k, l]] P1[[i, j, k, l]], {i, 1, 3}, {j, 1, 3}, {k, 1, 3}, {l, 1, 3}] //
    FullSimplify
w2 = Sum[Wsym[[i, j, k, l]] P2[[i, j, k, l]], {i, 1, 3}, {j, 1, 3}, {k, 1, 3}, {l, 1, 3}]/5 //
    FullSimplify
(* Probe: Sollte nur Nullen liefern *)
Wsym - w1 P1 - w2 P2 // FullSimplify
```

Schließlich führen wir $\mathbb{W}^{\text{sym}}$ mit $\alpha$ und $\beta$ wie in Gl. (12.39) und mit $\lambda = K - 2G/3$ und $\mu = G$ auf $K$ und $G$ zurück,

$$\mathbb{W}^{\text{sym}} = \underbrace{\frac{1}{3K + 4G}}_{w_1} \mathbb{P}_{\text{I}1} + \underbrace{\frac{3(K + 2G)}{5(3KG + 4G^2)}}_{w_2} \mathbb{P}_{\text{I}2}. \tag{12.56}$$

Hier sieht man besonders schön den Wechselwirkungscharakter von $\mathbb{W}$:

- Der Schubmodul $G$, also der Widerstand gegen volumenerhaltende Deformationen, taucht vor dem 1. isotropen Projektor auf. Dieser filtert den Kugelanteil eines Tensors 2. Stufe heraus. Bezogen auf den Dehnungstensor ist dies die reine Volumenänderung.
- Der Kompressionsmodul $K$, also der Widerstand gegen Volumenänderungen, taucht vor dem 2. isotropen Projektor auf. Dieser filtert den Deviatoranteil eines Tensors 2. Stufe heraus. Bezogen auf den Dehnungstensor ist dies der volumenerhaltende Anteil der Deformation, also die reine Gestaltänderung.

## 12.6 Zerlegung periodischer Felder in drei orthogonale Anteile

Für die Fouriermethode ist entscheidend, dass die Mittelung und die differenziellen Zwänge den Funktionsraum periodischer Felder in drei orthogonale Unterräume zerlegen. In der Elastostatik und der Fourierschen Wärmeleitung haben wir als lokale

Bilanzen, als lineare Materialgesetze und als Integrabilitätsbedingungen jeweils

$$\nabla \cdot \boldsymbol{\sigma} = \mathbf{o} \qquad \boldsymbol{\sigma} = \mathbb{C} : \boldsymbol{\varepsilon} \qquad \nabla \times \boldsymbol{\varepsilon} \times \nabla = \mathbf{O} \tag{12.57}$$

$$\nabla \cdot \mathbf{q} = 0 \qquad \mathbf{q} = \mathbf{L} \cdot \mathbf{g} \qquad \nabla \times \mathbf{g} = \mathbf{o}. \tag{12.58}$$

Die differenziellen Zwänge an $\boldsymbol{\varepsilon}$ und $\mathbf{g}$ nennt man auch Kompatibilitätsbedingungen. Sie stellen sicher, dass zu $\boldsymbol{\varepsilon}$ ein Verschiebungsfeld $\mathbf{u}$ existiert, so dass $\boldsymbol{\varepsilon} = \operatorname{sym}(\mathbf{u} \otimes \nabla)$ ist. Das Gleiche gilt für den Temperaturgradienten $\mathbf{g} = \nabla T$, für den ein Temperaturfeld existieren muss. Bisher haben die Integrabilitätsbedingungen keine Rolle gespielt. Ihr Auftauchen hier liefert zusätzliche Informationen, welche wir im Sinne besserer Approximationen ausnutzen können.

Wir betrachten nun alle periodischen Funktionen auf der Elementarzelle $\Omega$. Dies sind, je nach Homogenisierungsaufgabe, die Felder $\{\boldsymbol{\sigma}, \mathbb{C}, \boldsymbol{\varepsilon}\}$ oder $\{\mathbf{q}, \mathbf{L}, \mathbf{g}\}$. Hier sei das Wärmeleitungsproblem mit dem Wärmeleitungstensor $\mathbf{L}$ betrachtet, man kann die Notation allerdings verallgemeinert auffassen.

Wir wenden nun die Divergenz und die Rotation auf die Fourierdarstellung eines periodischen Vektorfeldes an,

$$\mathbf{f}(\mathbf{x}) \cdot \nabla = \sum_{\forall \mathbf{k}} \mathrm{i}\, \mathrm{e}^{\mathrm{i}\mathbf{x}\cdot\mathbf{k}} (\hat{\mathbf{f}}_{\mathbf{k}} \cdot \mathbf{k}). \tag{12.59}$$

Dies kann mit $\mathbf{k}$ erweitert und normiert werden,

$$\mathbf{f}_{\cdot\nabla}(\mathbf{x}) := \sum_{\forall \mathbf{k}} \mathrm{i}\, \mathrm{e}^{\mathrm{i}\mathbf{x}\cdot\mathbf{k}} \mathbf{K} \hat{\mathbf{f}}_{\mathbf{k}} \tag{12.60}$$

mit

$$\mathbf{K} = (\mathbf{k} \otimes \mathbf{k})/(\mathbf{k} \cdot \mathbf{k}) = \mathbf{k}^* \otimes \mathbf{k}^*, \tag{12.61}$$

$$\mathbf{k}^* = \mathbf{k}/k \quad \text{mit} \quad k = |\mathbf{k}| = \sqrt{\mathbf{k} \cdot \mathbf{k}}, \tag{12.62}$$

mit der Betrag-Richtung-Zerlegung $\mathbf{k} = k\mathbf{k}^*$ von $\mathbf{k}$. $k$ ist die Wellenzahl bzw. der Betrag von $\mathbf{k}$ und $\mathbf{k}^*$ der Richtungsvektor. Eine analoge Rechnung für die Rotation $\times\nabla$ liefert

$$\mathbf{f}(\mathbf{x}) \times \nabla = \sum_{\forall \mathbf{k}} \mathrm{i}\, \mathrm{e}^{\mathrm{i}\mathbf{x}\cdot\mathbf{k}} (\hat{\mathbf{f}}_{\mathbf{k}} \times \mathbf{k}). \tag{12.63}$$

Wie man sieht fällt bei der Rotation genau der Divergenzanteil heraus und umgekehrt: Das Kreuzprodukt ist Null bei Vektoren parallel zu $\mathbf{k}$. Wir können die letzte Gleichung wieder mit $\mathbf{I} - \mathbf{K}$ erweitern,

$$\mathbf{f}_{\times\nabla}(\mathbf{x}) := \sum_{\forall \mathbf{k}} \mathrm{i}\, \mathrm{e}^{\mathrm{i}\mathbf{x}\cdot\mathbf{k}} (\mathbf{I} - \mathbf{K}) \hat{\mathbf{f}}_{\mathbf{k}}. \tag{12.64}$$

Man merkt, dass der Anteil zu $\mathbf{k} = \mathbf{o}$ Probleme bereitet. Ein konstantes Vektorfeld ist sowohl rotations- als auch divergenzfrei. Dies entspricht dem ortsunabhängigen

Anteil, also dem Mittelwert $\bar{\mathbf{f}}$ des Feldes. Dies muss einzeln berücksichtigt werden. Damit kann man das Feld $\mathbf{f}(\mathbf{x})$ in drei Anteile zerlegen:

$$\mathbf{f}(\mathbf{x}) = \underbrace{\hat{\mathbf{f}}_\mathbf{o}}_{\text{homogener Anteil } \bar{\mathbf{f}}} + \underbrace{\sum_{\forall \mathbf{k} \neq \mathbf{o}} \mathrm{e}^{\mathrm{i}\mathbf{x}\cdot\mathbf{k}} (\mathbf{I} - \mathbf{K}) \hat{\mathbf{f}}_\mathbf{k}}_{\text{divergenzfreier fluktuierender Anteil } \tilde{\mathbf{f}}_{\times\nabla}(\mathbf{x})} + \underbrace{\sum_{\forall \mathbf{k} \neq \mathbf{o}} \mathrm{e}^{\mathrm{i}\mathbf{x}\cdot\mathbf{k}} \mathbf{K} \hat{\mathbf{f}}_\mathbf{k}}_{\text{rotationsfreier fluktuierender Anteil } \tilde{\mathbf{f}}_{\cdot\nabla}(\mathbf{x})} . \tag{12.65}$$

Man erkennt anhand der Projektoren $\mathbf{K}$ und $\mathbf{I} - \mathbf{K}$, dass beide Anteile senkrecht aufeinander stehen, und dass die Zerlegung vollständig ist. Dabei filtert man mit $\mathbf{K}$ und $\mathbf{I} - \mathbf{K}$ die entsprechenden Anteile *ohne Anwendung der imaginären Einheit.* Letztere ist für die Ableitung verantwortlich.

Im Realraum ist die Orthogonalität ebenfalls leicht erkennbar. Die Anwendung der Rotation liefert ein divergenzfreies Feld und umgekehrt,

$$(\mathbf{f}(\mathbf{x}) \times \nabla) \cdot \nabla = f_{i,jk} \varepsilon_{ijk} = 0, \tag{12.66}$$

mit der Definition des Permutationssymbols $\varepsilon_{ijk}$ und dem Schwarzschen Vertauschungssatz $f_{,ij} = f_{,ji}$. Allerdings lässt sie sich nicht, wie im Fourierraum, einfach als algebraische Operation schreiben,

$$\mathbf{\Gamma}_0\{\mathbf{f}(\mathbf{x})\} = \bar{\mathbf{f}} = \hat{\mathbf{f}}_\mathbf{o} \tag{12.67}$$

$$\mathbf{\Gamma}_{\cdot\nabla}\{\mathbf{f}(\mathbf{x})\} = \mathbf{f}(\mathbf{x}) - \bar{\mathbf{f}} - \tilde{\mathbf{f}}_{\times\nabla}(\mathbf{x}) = \tilde{\mathbf{f}}_{\cdot\nabla}(\mathbf{x}) = \sum_{\forall \mathbf{k} \neq \mathbf{o}} \mathrm{e}^{\mathrm{i}\mathbf{x}\cdot\mathbf{k}} \mathbf{K} \hat{\mathbf{f}}_\mathbf{k} \tag{12.68}$$

$$\mathbf{\Gamma}_{\times\nabla}\{\mathbf{f}(\mathbf{x})\} = \mathbf{f}(\mathbf{x}) - \bar{\mathbf{f}} - \tilde{\mathbf{f}}_{\cdot\nabla}(\mathbf{x}) = \tilde{\mathbf{f}}_{\times\nabla}(\mathbf{x}) = \sum_{\forall \mathbf{k} \neq \mathbf{o}} \mathrm{e}^{\mathrm{i}\mathbf{x}\cdot\mathbf{k}} (\mathbf{I} - \mathbf{K}) \hat{\mathbf{f}}_\mathbf{k}. \tag{12.69}$$

Dabei sind $\tilde{\mathbf{f}}_{\times\nabla}(\mathbf{x})$ und $\tilde{\mathbf{f}}_{\cdot\nabla}(\mathbf{x})$ die fluktuierenden Anteile des Feldes $\mathbf{f}(x)$, welche nicht die differenziellen Zwänge $\mathbf{f}(\mathbf{x}) \cdot \nabla = 0$ und $\mathbf{f}(\mathbf{x}) \times \nabla = \mathbf{o}$ erfüllen. Der Index an $\mathbf{\Gamma}$ zeigt an, welcher Anteil von $\mathbf{f}$ bei Anwendung von $\mathbf{\Gamma}$ übrig bleibt. Allgemeiner wird diese Zerlegung als Stokes[6]-Helmholtz[7]-Zerlegung oder Fundamentalsatz der Vektoranalysis bezeichnet, wobei der homogene Anteil allerdings nicht abgespalten wird. Es ist erkennbar, dass diese Anteile bezüglich des Skalarproduktes senkrecht aufeinander stehen,

$$[\tilde{\mathbf{f}}_{\cdot\nabla}(\mathbf{x}), \tilde{\mathbf{f}}^\dagger_{\times\nabla}(\mathbf{x})] = \frac{1}{V} \int_\Omega \tilde{\mathbf{f}}_{\cdot\nabla}(\mathbf{x}) \cdot \tilde{\mathbf{f}}^\dagger_{\times\nabla}(\mathbf{x}) \, \mathrm{d}\mathbf{x} \tag{12.70}$$

$$= \frac{1}{V} \int_\Omega \sum_{\forall \mathbf{k}_1 \neq \mathbf{o}} \mathrm{e}^{\mathrm{i}\mathbf{k}_1\cdot\mathbf{x}} (\mathbf{k}_1^* \otimes \mathbf{k}_1^*) \hat{\mathbf{f}}_{\mathbf{k}_1} \cdot \sum_{\forall \mathbf{k}_2 \neq \mathbf{o}} \mathrm{e}^{-\mathrm{i}\mathbf{k}_2\cdot\mathbf{x}} (\mathbf{I} - \mathbf{k}_2^* \otimes \mathbf{k}_2^*) \hat{\mathbf{f}}_{\mathbf{k}_2} \, \mathrm{d}\mathbf{x}. \tag{12.71}$$

6 George Gabriel Stokes, 1819–1903

7 Hermann von Helmholtz, 1821–1894

Das Integral über das Produkt der Exponentialfunktionen ist nur ungleich Null für $\mathbf{k}_1 = \mathbf{k}_2 = \mathbf{k}$, siehe Abschnitt 12.1, so dass wir die Exponentialfunktion durch den Faktor 1 ersetzen können,

$$[\tilde{\mathbf{f}}_{.\nabla}(\mathbf{x}), \tilde{\mathbf{f}}^{\dagger}_{\times\nabla}(\mathbf{x})] = \frac{1}{V}\int_{\Omega} \sum_{\forall\mathbf{k}\neq\mathbf{o}} \hat{\mathbf{f}}_{\mathbf{k}} \cdot \underbrace{(\mathbf{k}^* \otimes \mathbf{k}^*)(\mathbf{I} - \mathbf{k}^* \otimes \mathbf{k}^*)}_{\mathbf{o}} \hat{\mathbf{f}}_{\mathbf{k}} \, \mathrm{d}\mathbf{x} = 0. \tag{12.72}$$

Allerdings verschwindet bei $\mathbf{k}_1 = \mathbf{k}_2 = \mathbf{k}$ das Produkt der Projektoren im Integranden, womit der gesamte Ausdruck Null ist.

Die $\boldsymbol{\Gamma}$-Operatoren können nicht einfach als Matrizen heranmultipliziert werden, und sie sind so wie der Nabla-Operator nicht assoziativ. Daher spezifizieren wir das Argument, auf welches der Operator angewendet wird, mit geschweiften Klammern.

Wir haben dies für die Fouriersche Wärmeleitung und analoge Probleme wie Diffusion aufgeschrieben, man kann die Rechnung aber auch auf die Elastostatik übertragen. Dann findet man die Zerlegung

$$\mathbf{A}(\mathbf{x}) = \underbrace{\hat{\mathbf{A}}_{\mathbf{o}}}_{\text{hom. Teil}} + \underbrace{\sum_{\forall\mathbf{k}\neq\mathbf{o}} e^{i\mathbf{x}\cdot\mathbf{k}}(\mathbb{I} - \mathbf{K} \otimes \mathbf{K}) : \hat{\mathbf{A}}_{\mathbf{k}}}_{\text{divergenzfreier fluktuierender Teil } \tilde{\mathbf{A}}_{\times\nabla}(\mathbf{x})} + \underbrace{\sum_{\forall\mathbf{k}\neq\mathbf{o}} e^{i\mathbf{x}\cdot\mathbf{k}} \mathbf{K} \otimes \mathbf{K} : \hat{\mathbf{A}}_{\mathbf{k}}}_{\text{rotationsfreier fluktuierender Teil } \tilde{\mathbf{A}}_{.\nabla}(\mathbf{x})} \tag{12.73}$$

für Tensorfelder 2. Stufe. Insbesondere in Milton (2002) sind zu speziell dieser Fouriermethode weitere Details zu finden.

### 12.6.1 Ermittlung der effektiven Eigenschaften

Betrachten wir das Polarisationsproblem (siehe Abschnitt 8.3) im Fall der Wärmeleitung mit einem Referenzmedium. Alle Größen außer der Referenzleitfähigkeit $\mathbf{L}_0$, den Mittelwerten $\overline{\mathbf{q}}$ und $\overline{\mathbf{g}}$ und der effektiven Leitfähigkeit $\mathbf{L}^*$ hängen vom Ort $\mathbf{x}$ (oder im Fourierraum von $\mathbf{k}$) ab, wir notieren diese Abhängigkeit nicht.

$$\mathbf{p} = (\mathbf{L} - \mathbf{L}_0)\mathbf{g} \tag{12.74}$$

$$= \mathbf{q} - \mathbf{L}_0\mathbf{g}, \tag{12.75}$$

mit $\mathbf{q} = \mathbf{L}\mathbf{g}$. Die Mittelung liefert

$$\overline{\mathbf{p}} = \overline{\mathbf{q}} - \mathbf{L}_0\overline{\mathbf{g}}. \tag{12.76}$$

Wir haben die drei $\boldsymbol{\Gamma}$-Projektoren, von denen $\boldsymbol{\Gamma}_0$ den Mittelwert herausfiltert und $\boldsymbol{\Gamma}_{\times\nabla}$ und $\boldsymbol{\Gamma}_{.\nabla}$ jeweils die divergenz- und rotationsfreien Fluktuationsanteile herausfiltern. Der Einfachheit halber nehmen wir $\mathbf{L}_0 = l_0\mathbf{I}$ an. Mit diesen Werkzeugen leiten wir einen Ausdruck für $\overline{\mathbf{p}}$ ab, der linear in $\overline{\mathbf{g}}$ ist. Ein Koeffizientenvergleich liefert dann eine Gleichung für $\mathbf{L}^*$. Als Erstes wenden wir $\boldsymbol{\Gamma}_{.\nabla}\{\mathbf{L}_0^{-1}\{\cdot\}\}$ auf Gl. (12.75) an,

$$\boldsymbol{\Gamma}_{.\nabla}\{\mathbf{L}_0^{-1}\mathbf{p}\} = \boldsymbol{\Gamma}_{.\nabla}\{\mathbf{L}_0^{-1}\mathbf{q}\} - \boldsymbol{\Gamma}_{.\nabla}\{\mathbf{g}\}. \tag{12.77}$$

Da $\mathbf{g} = \overline{\mathbf{g}} + \tilde{\mathbf{g}}_{.\nabla}$ rotationsfrei ist (Gl. 12.58), wird dadurch lediglich der homogene Anteil von $\mathbf{g}$ entfernt. Da $\mathbf{q}$ divergenzfrei ist und $\mathbf{L}_0 = l_0\mathbf{I}$ ein konstantes Vielfaches des Einstensors, ist auch $\mathbf{L}_0^{-1}\mathbf{q} = \mathbf{q}/l_0$ divergenzfrei, so dass $\mathbf{\Gamma}_{.\nabla}\{\mathbf{q}\}/l_0 = \mathbf{o}$ ist. Wir erhalten

$$\mathbf{\Gamma}_{.\nabla}\{\mathbf{L}_0^{-1}\mathbf{p}\} = -\tilde{\mathbf{g}} = -\mathbf{g} + \overline{\mathbf{g}}. \tag{12.78}$$

Dies können wir nach $\mathbf{g} = \overline{\mathbf{g}} - \mathbf{\Gamma}\{\mathbf{p}\}$ umstellen und mit den Abkürzungen $\mathbf{\Gamma}\{\cdot\} = \mathbf{\Gamma}_{.\nabla}\{\mathbf{L}_0^{-1}\{\cdot\}\}$ und $\Delta\mathbf{L} = \mathbf{L} - \mathbf{L}_0$ in die Ausgangsgleichung (12.74) einsetzen,

$$\mathbf{p} = \Delta\mathbf{L}\overline{\mathbf{g}} - \Delta\mathbf{L}\mathbf{\Gamma}\{\mathbf{p}\}. \tag{12.79}$$

Dies kann nach $\mathbf{p}$ aufgelöst werden,

$$(\mathbf{I} + \Delta\mathbf{L}\mathbf{\Gamma})\,\{\mathbf{p}\} = \Delta\mathbf{L}\overline{\mathbf{g}} \tag{12.80}$$

$$\mathbf{p} = (\mathbf{I} + \Delta\mathbf{L}\mathbf{\Gamma})^{-1}\,\{\Delta\mathbf{L}\overline{\mathbf{g}}\}. \tag{12.81}$$

Man beachte, dass die Inverse keine Tensorinverse, sondern die Umkehrung des Operators in den runden Klammern ist. Da $l_0$ frei wählbar ist, kann die Invertierbarkeit gewährleistet werden. Als Nächstes wird $\mathbf{\Gamma}_0\{\mathbf{p}\} = \overline{\mathbf{p}}$ angewendet,

$$\overline{\mathbf{p}} = \mathbf{\Gamma}_0\{(\mathbf{I} + \Delta\mathbf{L}\mathbf{\Gamma})^{-1}\,\{\Delta\mathbf{L}\overline{\mathbf{g}}\}\}. \tag{12.82}$$

In letzterer Gleichung kann $\overline{\mathbf{g}}$ als Konstante ausgeklammert werden. Schließlich können wir dieses Ergebnis für $\overline{\mathbf{p}}$ mit Gl. (12.76) gleichsetzen,

$$\overline{\mathbf{q}} - \mathbf{L}_0\overline{\mathbf{g}} = \mathbf{\Gamma}_0\{(\mathbf{I} + \Delta\mathbf{L}\mathbf{\Gamma})^{-1}\,\{\Delta\mathbf{L}\}\}\overline{\mathbf{g}} \tag{12.83}$$

$$\overline{\mathbf{q}} = (\mathbf{L}_0 + \mathbf{\Gamma}_0\{(\mathbf{I} + \Delta\mathbf{L}\mathbf{\Gamma})^{-1}\,\{\Delta\mathbf{L}\}\})\overline{\mathbf{g}}. \tag{12.84}$$

Damit ist $\mathbf{L}^*$ in $\overline{\mathbf{q}} = \mathbf{L}^*\overline{\mathbf{g}}$ identifizierbar,

$$\mathbf{L}^* = \mathbf{L}_0 + \mathbf{\Gamma}_0\{(\mathbf{I} + \Delta\mathbf{L}\mathbf{\Gamma})^{-1}\,\{\Delta\mathbf{L}\}\} \tag{12.85}$$

$$= \mathbf{L}_0 + \langle\, \underbrace{(\mathbf{I} + \Delta\mathbf{L}\mathbf{\Gamma})^{-1}\,\{\Delta\mathbf{L}\}}_{\mathbf{L}_\star}\,\rangle. \tag{12.86}$$

Kennen wir $\mathbf{L}_\star$, können wir leicht $\mathbf{L}^*$ bestimmen. Leider kann diese Gleichung nicht als explizite Tensorgleichung für $\mathbf{L}^*$ aufgefasst werden. Die runde Klammer muss als auf $\Delta\mathbf{L}$ wirkender Operator verstanden werden. Dies wird offensichtlich, wenn man den Korrekturterm $\mathbf{L}_\star$ bestimmen möchte. Da wir $\mathbf{\Gamma}$ nur im Fourierraum haben, müssen alle Felder in Fourierreihen entwickelt werden.

$$(\mathbf{I} + \Delta\mathbf{L}\mathbf{\Gamma})\{\mathbf{L}_\star\} = \Delta\mathbf{L} \tag{12.87}$$

$$\mathbf{L}_\star + \Delta\mathbf{L}\mathbf{\Gamma}\{\mathbf{L}_\star\} = \Delta\mathbf{L} \tag{12.88}$$

$$\sum_{\forall\mathbf{a}} e^{i\mathbf{x}\cdot\mathbf{a}}\hat{\mathbf{L}}_{\star\mathbf{a}} + \sum_{\forall\mathbf{b}} e^{i\mathbf{x}\cdot\mathbf{b}}\Delta\hat{\mathbf{L}}_{\mathbf{b}} \cdot \sum_{\forall\mathbf{k}\neq\mathbf{o}} e^{i\mathbf{x}\cdot\mathbf{k}} l_0^{-1}\mathbf{K}\cdot\hat{\mathbf{L}}_{\star\mathbf{k}} = \sum_{\forall\mathbf{c}} e^{i\mathbf{x}\cdot\mathbf{c}}\Delta\hat{\mathbf{L}}_{\mathbf{c}} \tag{12.89}$$

$$\sum_{\forall \mathbf{a}} e^{i\mathbf{x}\cdot\mathbf{a}} \hat{\mathbf{L}}_{\star\mathbf{a}} + \sum_{\forall \mathbf{b}, \forall \mathbf{k} \neq \mathbf{o}} e^{i\mathbf{x}\cdot(\mathbf{b}+\mathbf{k})} \Delta\hat{\mathbf{L}}_{\mathbf{b}} \cdot l_0^{-1} \mathbf{K} \cdot \hat{\mathbf{L}}_{\star\mathbf{k}} = \sum_{\forall \mathbf{c}} e^{i\mathbf{x}\cdot\mathbf{c}} \Delta\hat{\mathbf{L}}_{\mathbf{c}} \tag{12.90}$$

Der zweite Summand wird als Faltung bezeichnet. Wegen der Vektorsumme $\mathbf{b} + \mathbf{k}$ entstehen Fourierkoeffizienten auf höheren Frequenzen. Rein mathematisch ist dies mit unendlich vielen Reihengliedern wegen $\infty + \infty = \infty$ kein Problem. Allerdings entstehen bei diskreten Fourierreihen Anteile, welche nicht in der ursprünglichen diskreten Fouriertransformierten enthalten sind, siehe Abb. 12.3. Für uns ist dies allerdings kein Problem: periodische diskrete Felder im Realraum bleiben periodische diskrete Felder im Fourierraum. Daher können wir Frequenzen, die außerhalb der ursprünglichen Diskretisierung $d$ liegen, Modulo $d$ nehmen, also den Rest bei Division durch $d$ betrachten. Damit führen wir Punkte außerhalb der Einheitszelle auf die Einheitszelle zurück und realisieren die Periodizität. Ein numerisches Beispiel ist in Abschnitt 12.6.3 zu finden.

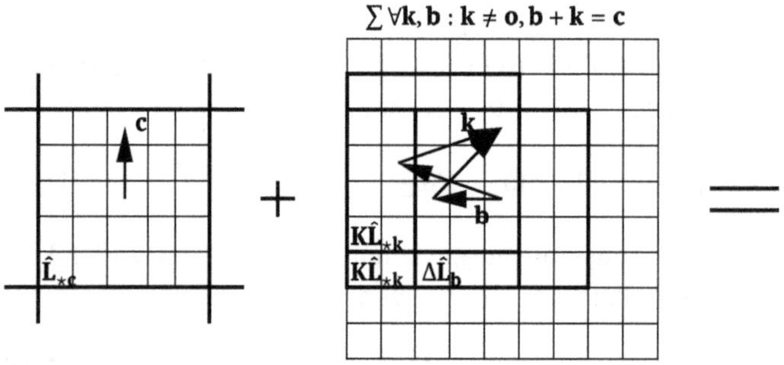

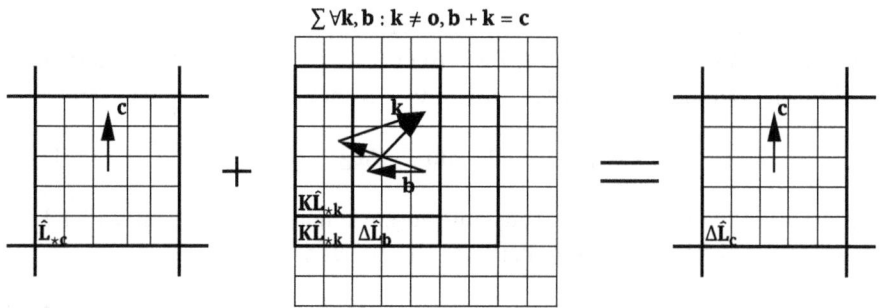

**Abb. 12.3:** Schematische Darstellung von Gl. (12.90). Das Ergebnis einer linearen Faltung zweier Inputvektoren, dargestellt als der zweite Summand, ist größer als beide Inputvektoren. Hier wurden 2D-Funktionen mit 5×5 Fourierkoeffizienten approximiert. Die Fourierkoeffizienten zu den höheren Frequenzen, welche in $e^{i\mathbf{x}\cdot(\mathbf{b}+\mathbf{k})}$ durch die Vektorsumme $\mathbf{b} + \mathbf{k}$ entstehen, entsprechen der periodischen Wiederholung der 5×5-Zelle der diskreten Fourierkoeffizienten.

Wir fahren mit Gl. (12.90) fort. Ein Koeffizientenvergleich bezüglich der gemeinsamen Funktionsbasis $e^{i\mathbf{c}\cdot\mathbf{x}}$ liefert

$$\hat{\mathbf{L}}_{\star\mathbf{c}} + \sum_{\forall \mathbf{k} \neq \mathbf{o}} \Delta\hat{\mathbf{L}}_{\mathbf{c}-\mathbf{k}} \cdot l_0^{-1} \mathbf{K} \cdot \hat{\mathbf{L}}_{\star\mathbf{k}} = \Delta\hat{\mathbf{L}}_{\mathbf{c}} \quad \forall \mathbf{c}. \tag{12.91}$$

Dies ist ein lineares System für die unbekannten Fourierkoeffizienten $\hat{\mathbf{L}}_{\star\mathbf{c}}$. Wir brauchen wegen der Volumenmittelung (siehe Gl. 12.86) nicht die gesamte Lösung, sondern nur die Lösungskomponente $\hat{\mathbf{L}}_{\star\mathbf{o}}$ zu $\mathbf{k} = \mathbf{o}$.

Es lassen sich auf ähnliche Art mit Hilfe von $\mathbf{\Gamma}_{\times\nabla}$ andere Gleichungen für $\mathbf{L}^*$ herleiten. Außerdem lässt sich alternativ an Stelle des linearen Systems eine Reihenentwicklung angeben. Gl. (12.86) kann in eine Potenzreihe entwickelt werden. Wir betrachten nur die Klammer,

$$(\mathbf{I} + \Delta\mathbf{L}\boldsymbol{\Gamma})^{-1} \approx \mathbf{I} - \Delta\mathbf{L}\boldsymbol{\Gamma} + \Delta\mathbf{L}\boldsymbol{\Gamma}\Delta\mathbf{L}\boldsymbol{\Gamma} - \Delta\mathbf{L}\boldsymbol{\Gamma}\Delta\mathbf{L}\boldsymbol{\Gamma}\Delta\mathbf{L}\boldsymbol{\Gamma}\ldots \tag{12.92}$$

Damit ist

$$\mathbf{L}^* = \langle\mathbf{L}\rangle - \langle\Delta\mathbf{L}\boldsymbol{\Gamma}\Delta\mathbf{L}\rangle + \langle\Delta\mathbf{L}\boldsymbol{\Gamma}\Delta\mathbf{L}\boldsymbol{\Gamma}\Delta\mathbf{L}\rangle - \langle\Delta\mathbf{L}\boldsymbol{\Gamma}\Delta\mathbf{L}\boldsymbol{\Gamma}\Delta\mathbf{L}\boldsymbol{\Gamma}\Delta\mathbf{L}\rangle\ldots \tag{12.93}$$

eine mögliche Reihenentwicklung.

### 12.6.2 Ein Zahlenbeispiel: Laminat

Das folgende Zahlenbeispiel verwendet die Gleichungen (12.86) und (12.93), als handele es sich um einfache Matrixmultiplikationen. Dies funktioniert nur bei speziellen Mikrostrukturen. Wir betrachten hier ein Laminat. Für dieses sind alle Wellenvektoren mit Fourierkoeffizienten ungleich Null parallel. Daher taucht nur ein **K**-Tensor auf und man kann die genannten Gleichungen als einfache Matrixmultiplikationen und Matrixinversionen auffassen.

Wir betrachten die Wärmeleitfähigkeit eines Laminats aus isotropen Einzelphasen. Die Wärmeleitfähigkeiten werden passend zum Index festgelegt,

$$\mathbf{L}_1 = \mathbf{I} \tag{12.94}$$

$$\mathbf{L}_2 = 2\mathbf{I}, \tag{12.95}$$

die Phasenverteilung ist

$$\chi_1(x) = \mathrm{H}(\mathrm{mod}(x, 2\pi) - \pi). \tag{12.96}$$

$\mathrm{H}(\cdot)$ ist die Heaviside[8]-Funktion oder der Einheitsschritt, welcher 0 für negative und 1 für positive Argumente ist. Für das Argument Null existieren verschiedene Konventionen, wir benötigen dies hier nicht weiter. Wir erhalten eine Rechteckschwingung als Indikatorfunktion $\chi_1(x_1)$ wie in Abb. 12.4. Wir wählen $\mathbf{L}_0 = \mathbf{L}_2$. Dann ist $\Delta\mathbf{L}|_2 = \mathbf{O}$ in Phase 2 und $\Delta\mathbf{L}|_1 = \mathbf{L}_1 - \mathbf{L}_2$ in Phase 1. Also ist $\Delta\mathbf{L}(\mathbf{x}) = \chi_1(\mathbf{x})(\mathbf{L}_1 - \mathbf{L}_2)$. Die Volumenanteile sind jeweils $v_1 = v_2 = 1/2$.

Da wir die Gamma-Operatoren im Fourierraum haben, müssen wir $\Delta\mathbf{L}$ im Fourierraum darstellen. Es ist klar, dass die Rechteckschwingung in $x_1$-Richtung nur Wellenvektoren parallel zu $\mathbf{e}_1$ enthält. Die Fourierreihe unserer Rechteckschwingung ist

$$\chi_1(x_1) = \frac{1}{2} - \frac{2}{\pi}\left(\sin(x_1) + \frac{\sin(3x_1)}{3} + \frac{\sin(5x_1)}{5}\ldots\right), \tag{12.97}$$

8 Oliver Heaviside, 1850–1925.

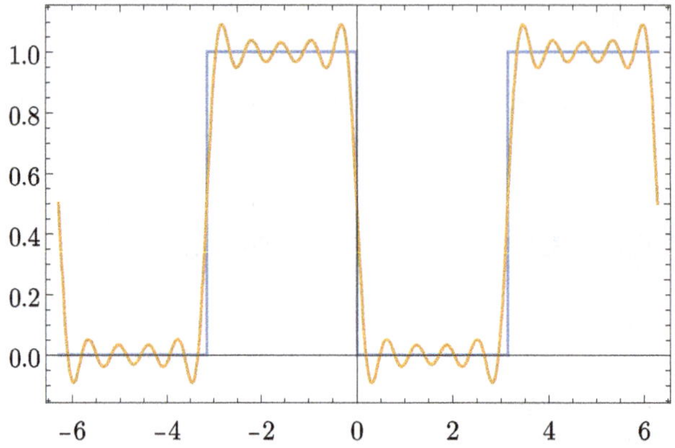


**Abb. 12.4:** Indikatorfunktion gemäß Gl. (12.96) mit Fourierreihe bis zum 10. Glied.

oder in der Exponentialschreibweise

$$\chi_1(x_1) = \frac{1}{2} - \frac{\mathrm{i}e^{-\mathrm{i}x_1}}{\pi} + \frac{\mathrm{i}e^{\mathrm{i}x_1}}{\pi} - \frac{\mathrm{i}e^{-3\mathrm{i}x_1}}{3\pi} + \frac{\mathrm{i}e^{3\mathrm{i}x_1}}{3\pi} - \frac{\mathrm{i}e^{-5\mathrm{i}x_1}}{5\pi} + \frac{\mathrm{i}e^{5\mathrm{i}x_1}}{5\pi} \dots \tag{12.98}$$

siehe Abb. 12.4. Die Form wird komplexer, wenn von 1/2 abweichende Volumenanteile verwendet werden. Damit kann man die Wellenvektoren $\mathbf{k}$ und die Fourierkoeffizienten $\hat{\chi}_{1\mathbf{k}}$ identifizieren,

$$\mathbf{k} = \{0, \pm 1, \pm 3, \pm 5 \dots\}\mathbf{e}_1 \tag{12.99}$$

$$\hat{\chi}_{1k} = \{1/2, \pm\mathrm{i}(\pi)^{-1}, \pm\mathrm{i}(3\pi)^{-1}, \pm\mathrm{i}(5\pi)^{-1} \dots\}. \tag{12.100}$$

Man sieht, dass für $\mathbf{k} = \mathbf{o}$ der Fourierkoeffizient $\hat{\chi}_{1,0} = 1/2$ der homogene Anteil von $\chi_1(x_1)$ ist, also der Volumenanteil $v_1$ der ersten Phase. Dieser wird von $\mathbf{\Gamma}$, welches in den rotationsfreien Fluktuationsanteil abbildet, entfernt,

$$\mathbf{\Gamma} = \mathbf{\Gamma}_{\times\nabla}\mathbf{L}_0^{-1} \tag{12.101}$$

$$= v_2(2\mathbf{k}\cdot\mathbf{k})^{-1}\mathbf{k}\otimes\mathbf{k} \tag{12.102}$$

$$= \frac{1}{4}\mathbf{e}_1\otimes\mathbf{e}_1. \tag{12.103}$$

Der $\mathbf{\Gamma}_0$-Operator erhält den homogenen Anteil $v_1$ und entfernt den fluktuierenden Anteil $v_2$,

$$\mathbf{\Gamma}_0 = v_1\mathbf{I}. \tag{12.104}$$

Die Ausdrücke sind einfach, weil wir nur einen Wellenvektor haben. Normalerweise muss über alle Wellenvektoren integriert werden. Die Integration kann über Strahlen entlang der Vektoren $\mathbf{k}/|\mathbf{k}|$ von der Einheitskugel zerlegt werden. Hier fällt die Integration über die Einheitskugel weg, da wir nur $\mathbf{k}/|\mathbf{k}| = \pm\mathbf{e}_1$ haben. Wir müssen also lediglich die Fourierkoeffizienten in Gl. (12.100) ohne den homogenen Anteil $k = 0$ aufsummieren, gemäß der Definition des Skalarproduktes im Fourierraum,

$$\sum_{k=-\infty\ldots\infty,k\neq 0} \hat{\chi}_{1k}\hat{\chi}_{1k}^{\dagger} = 2\left(\frac{1}{\pi^2} + \frac{1}{3^2\pi^2} + \frac{1}{5^2\pi^2}\ldots\right) = \frac{1}{4}, \tag{12.105}$$

wobei der Faktor 2 wegen der Gleichheit der Summanden bei $k$ und $-k$ auftaucht. Dies ist schlicht das Produkt $v_1 v_2$. Der Faktor $v_2$ ergibt sich aus der Tatsache, dass wir $\hat{\chi}_1$ betrachten, der Faktor $v_1$ ergibt sich durch das Weglassen des homogenen Anteils.

### Die exakte Lösung

Wir haben alle Terme vorbereitet, und setzen diese nun in Gl. (12.86) ein.

$$\mathbf{L}^* = \mathbf{L}_0 + \mathbf{\Gamma}_0\,(\mathbf{I} + \Delta\mathbf{L}\mathbf{\Gamma})^{-1}\,\Delta\mathbf{L} \tag{12.106}$$

$$= 2\mathbf{I} + \frac{1}{2}\mathbf{I}(\mathbf{I} + (-\mathbf{I})\frac{1}{4}\mathbf{e}_1 \otimes \mathbf{e}_1)^{-1}(-\mathbf{I}) \tag{12.107}$$

$$= 2\mathbf{I} - \frac{1}{2}\mathbf{I}(\mathbf{I} - \frac{1}{4}\mathbf{e}_1 \otimes \mathbf{e}_1)^{-1} \tag{12.108}$$

$$= 2\mathbf{I} - \frac{1}{2}\mathbf{I}(\mathbf{I} + \frac{1}{3}\mathbf{e}_1 \otimes \mathbf{e}_1) \tag{12.109}$$

$$= \begin{bmatrix} 2-\frac{2}{3} & & \\ & 2-\frac{1}{2} & \\ & & 2-\frac{1}{2} \end{bmatrix} = \mathrm{diag}(4/3, 3/2, 3/2). \tag{12.110}$$

Dies entspricht der bekannten analytischen Lösung, wobei in $x_1$-Richtung eine Reihenschaltung der Leitfähigkeiten $(v_1 L_1^{-1} + v_2 L_2^{-1})^{-1} = 4/3$ und senkrecht dazu die Parallelschaltung $v_1 L_1 + v_2 L_2 = 3/2$ erfolgt. Das Mathematica-Skript in Listing 12.3 führt diese Berechnungen aus.

**Listing 12.3:** Mathematica-Code für das Zahlenbeispiel der Laminatleitfähigkeit, Teil 1.

```
Remove["Global`*"]

(* Ausgangsgrößen *)
l1 = 1; (* Leitfähigkeiten *)
l2 = 2;
L1 = l1 IdentityMatrix[3];
L2 = l2 IdentityMatrix[3];
DL = L1 - L2;
v1 = 1/2;  (* Volumenanteile *)
v2 = 1 - v1;

(* Indikatorfunktion für Phase 1 *)
ID = UnitStep[Mod[x1, 2 Pi] - Pi 2 v2];

(* Die Fourierreihe wird nicht gebraucht, trägt aber zum Verständnis bei *)
```

```
ord = 10;  (* Koeffizienten bis +- 10 mitnehmen *)
koeffs =  Table[FourierCoefficient[ID, x1, i], {i, -ord, ord}]
exp = Plot[{ID, Sum[Exp[I i x1] koeffs[[i + ord + 1]], {i, -ord, ord}]},
           {x1, -2 Pi, 2 Pi}]

Print["Der 0-Fourierkoeffizient entspricht dem Vol.-Anteil v_1"];
Print["koeffs[[ord+1]]-v1=", koeffs[[ord + 1]] - v1];
koeffs = Delete[koeffs, ord + 1]; (* Null-Koeffizienten entfernen *)
Print["Die Summe über die Amplituden der anderen Koeffizienten strebt gegen das Produkt v_1 v_2"
     ];
Print["koeffs.Conjugate[koeffs]-v1 v2//N=", koeffs.Conjugate[koeffs] - v1 v2 // N];

(* Einziger relevanter normierter Wellenvektor *)
k = {1, 0, 0};
GAMMA = v2 Outer[Times, k, k]/l2; (* Durch Referenzleitfähigkeit l0=l2 teilen *)

(* Exakte Lösung mit L0=L2 als Referenzleitfähigkeit *)
L2 + v1 Inverse[IdentityMatrix[3] + DL.GAMMA].DL
```

**Die Reihenentwicklung**

Die Reihenentwicklung ist nach Gl. (12.93)

$$\mathbf{L}^* = \mathbf{L}_1 - \mathbf{L}_2 + \mathbf{L}_3 - \mathbf{L}_4 \ldots \tag{12.111}$$

mit den Termen

$$\mathbf{L}_1 = \langle \mathbf{L} \rangle = v_1 \mathbf{L}_1 + v_2 \mathbf{L}_2 = \mathrm{diag}(3/2, 3/2, 3/2) \tag{12.112}$$

$$\mathbf{L}_2 = v_1 \mathbf{\Gamma} \Delta \mathbf{L} \mathbf{\Gamma} = \mathrm{diag}(1/8, 0, 0) \tag{12.113}$$

$$\mathbf{L}_3 = v_1 \mathbf{\Gamma} \Delta \mathbf{L} \mathbf{\Gamma} \Delta \mathbf{L} \mathbf{\Gamma} = \mathrm{diag}(-1/32, 0, 0) \tag{12.114}$$

$$\mathbf{L}_4 = v_1 \mathbf{\Gamma} \Delta \mathbf{L} \mathbf{\Gamma} \Delta \mathbf{L} \mathbf{\Gamma} \Delta \mathbf{L} \mathbf{\Gamma} = \mathrm{diag}(1/128, 0, 0) \tag{12.115}$$

$$\vdots$$

Man kann sich davon überzeugen, dass die Addition aller $\mathbf{L}_i$-Terme gegen die exakte Lösung strebt. Die Ergänzung zu Listing 12.3 ist Listing 12.4.

**Listing 12.4:** Mathematica-Code für das Zahlenbeispiel der Laminatleitfähigkeit, Teil 2.

```
(* Reihenentwicklung *)
Lreihe1 = v1  L1 + v2 L2
Lreihe2 = v1 DL.GAMMA.DL
Lreihe3 = v1 DL.GAMMA.DL.GAMMA.DL
Lreihe4 = v1 DL.GAMMA.DL.GAMMA.DL.GAMMA.DL
Lreihe5 = v1 DL.GAMMA.DL.GAMMA.DL.GAMMA.DL.GAMMA.DL
Lreihe6 = v1 DL.GAMMA.DL.GAMMA.DL.GAMMA.DL.GAMMA.DL.GAMMA.DL
Lreihe7 = v1 DL.GAMMA.DL.GAMMA.DL.GAMMA.DL.GAMMA.DL.GAMMA.DL.GAMMA.DL
Print["========"]
Lreihe1 // N
Lreihe1 - Lreihe2 // N
Lreihe1 - Lreihe2 + Lreihe3 // N
```

```
Lreihe1 - Lreihe2 + Lreihe3 - Lreihe4 // N
Lreihe1 - Lreihe2 + Lreihe3 - Lreihe4 + Lreihe5 // N
Lreihe1 - Lreihe2 + Lreihe3 - Lreihe4 + Lreihe5 - Lreihe6 // N
Lreihe1 - Lreihe2 + Lreihe3 - Lreihe4 + Lreihe5 - Lreihe6 + Lreihe7 // N
```

es liefert die Ausgabe

```
{{3/2,0,0},{0,3/2,0},{0,0,3/2}}
{{1/8,0,0},{0,0,0},{0,0,0}}
{{-(1/32),0,0},{0,0,0},{0,0,0}}
{{1/128,0,0},{0,0,0},{0,0,0}}
{{-(1/512),0,0},{0,0,0},{0,0,0}}
{{1/2048,0,0},{0,0,0},{0,0,0}}
{{-(1/8192),0,0},{0,0,0},{0,0,0}}
========
{{1.5,0.,0.},{0.,1.5,0.},{0.,0.,1.5}}
{{1.375,0.,0.},{0.,1.5,0.},{0.,0.,1.5}}
{{1.34375,0.,0.},{0.,1.5,0.},{0.,0.,1.5}}
{{1.3359375,0.,0.},{0.,1.5,0.},{0.,0.,1.5}}
{{1.333984375,0.,0.},{0.,1.5,0.},{0.,0.,1.5}}
{{1.33349609375,0.,0.},{0.,1.5,0.},{0.,0.,1.5}}
{{1.33337402344,0.,0.},{0.,1.5,0.},{0.,0.,1.5}}
```

### 12.6.3 Diskrete Mikrostrukturen

Der Charme der Fouriermethode liegt darin, dass für gerasterte Mikrostrukturdaten schnelle Transformationen zur Verfügung stehen. In Mathematica können wir z. B. die Funktion `Fourier` auf ein 3D-Gitter mit Datenpunkten anwenden, was genau so viele Fourier-Koeffizienten wie Datenpunkte liefert. Ähnliche Funktionen stehen in anderen Computer Aided Mathematics (CAM)-Programmen wie z. B. MatLab zur Verfügung.

Als Beispiel betrachten wir eine periodische Mikrostruktur ohne Rotationssymmetrie wie im Bild 12.5. Die Leitfähigkeiten der Einzelphasen sind

$$\mathbf{L}_1 = \begin{bmatrix} 3 & 1 & 2 \\ 1 & 3 & 1 \\ 2 & 1 & 3 \end{bmatrix} \mathbf{e}_i \otimes \mathbf{e}_j, \quad \mathbf{L}_2 = \begin{bmatrix} 2 & 0 & 1 \\ 0 & 2 & 1 \\ 1 & 1 & 2 \end{bmatrix} \mathbf{e}_i \otimes \mathbf{e}_j. \tag{12.116}$$

Beide Leitfähigkeiten sind orthotrop und nicht mit den Würfelkanten der Einheitszelle ausgerichtet. Dies ist der allgemeinste Fall, der in diesem Rahmen untersucht werden kann: Bei Tensoren 2. Stufe ist die orthotrope Symmetriegruppe die kleinste Symmetriegruppe.

Die Referenzleitfähigkeit wird zu $\mathbf{L}_0 = l_0\mathbf{I}$ mit $l_0 = 3$ gewählt. Der Wert liegt nahe an den Leitfähigkeiten $\mathbf{L}_{1,2}$. Bei Reihenentwicklungen oder Iterationsverfahren (siehe Abschnitt 12.7.2) hängt die Konvergenzrate von der Wahl von $\mathbf{L}_0$ ab. Bei uns ist das Ergebnis insensitiv gegen $\mathbf{L}_0$ da wir die für diese Fourier-Diskretisierung exakte Lösung ermitteln. Für die Kondition des linearen Gleichungssystems ist es aber auch hier sinnvoll, die Referenzleitfähigkeit nahe den Leitfähigkeiten der Einzelphasen zu wählen. Der Mathematica-Code in Listing 12.5 erzeugt die Fourier-Koeffizienten des $\Delta\mathbf{L}$-Feldes.

**Listing 12.5:** Mathematica-Code zur Berechnung der Fourierkoeffizienten für eine zweiphasige Mikrostruktur.

```
Remove["Global`*"]
(* Lokale Leitfähigkeiten und Referenzleitfähigkeit *)
L1 = {{3, 1, 2}, {1, 3, 1}, {2, 1, 3}};
L2 = {{2, 0, 1}, {0, 2, 1}, {1, 1, 2}};
l0 = 3;
L0 = l0 IdentityMatrix[3];

(* Diskretisierung festlegen *)
size = 13;


(* Indikatorfunktion ID der Mikrostruktur *)
radius = 0.4;
center = (size + 1)/2;
unitcell[x_] := Boole[((x[[1]] + 3 x[[2]])/4 - center)^2 +
                      ((x[[2]] + 3 x[[3]] - 2 x[[1]])/4 - center)^2 +
                      (x[[3]] - center)^2 <= (radius size)^2];
shifts = Tuples[{-size, 0, size}, 3]; (* Periodische Verschiebung *)
(* Einheitszelle und Nachbarzellen *)
ID[x_] := Max[Table[unitcell[x + shifts[[i]]], {i, 1, 27}]]

(* Darstellung der Mikrostruktur *)
image = RegionPlot3D[
    ID[{x, y, z}] > 0, {x, 1 - 0.5, size + 0.5}, {y, 1 - 0.5,
    size + 0.5}, {z, 1 - 0.5, size + 0.5}]

(* Rasterung der Mikrostruktur und Darstellung *)
ind = Table[ID[{i, j, k}], {k, 1, size}, {j, 1, size}, {i, 1, size}];
image = Image3D[ind, Boxed -> True]

(* Fourierkoeffizienten der Leitfähigkeiten *)
data = Table[ID[{i, j, k}] (L2 - L1) + L1 - L0, {i, 1, size}, {j, 1, size}, {k, 1, size}];
fdata = Table[Fourier[data[[;; , ;; , ;; , i, j]],
            FourierParameters -> {1, 1}]/size^3, {i, 1, 3}, {j, 1, 3}];

(* Offsetkorrektur für die Darstellung *)
RL[arg_] := RotateLeft[arg, center];
fdataOK = Table[RL[Map[RL, fdata[[i, j, ;; , ;; , ;;]], 2]], {i, 1, 3}, {j, 1, 3}];
ListDensityPlot3D[Abs[fdataOK[[1, 1, ;; , ;; , ;;]]]]
```

Die Rekonstruktion der Indikatorfunktion aus den Fourierdaten zeigt, dass die diskrete Fouriertransformation die Stützstellen exakt reproduziert. In Abb. 12.6 ist $\Delta L_{11}$ kan-

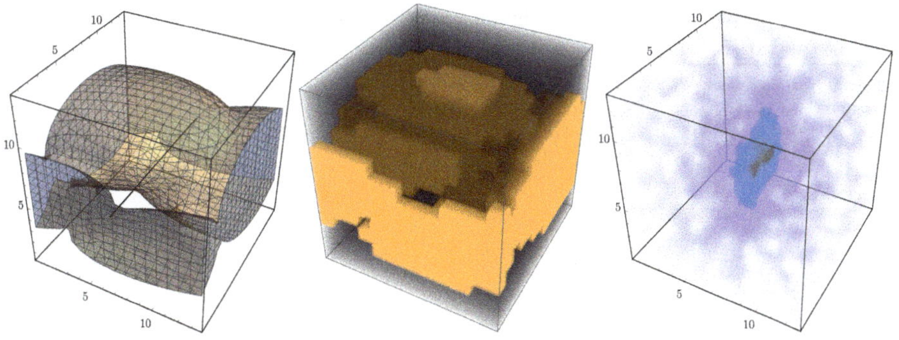

**Abb. 12.5:** Eine Einheitszelle der Mikrostruktur. Links: analytisch, Mitte: gerastert, rechts: Betrag der Fourierkoeffizienten.

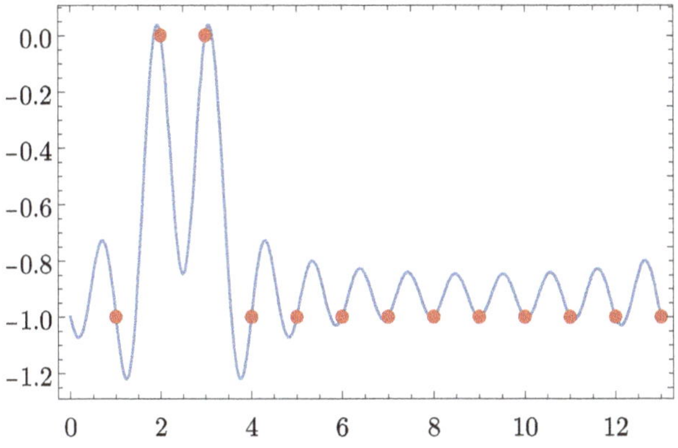


**Abb. 12.6:** Rekonstruktion der gerasterten Daten aus den Fourierkoeffizienten entlang eines Strahls durch die Einheitszelle.

tenparallel durch die Mitte der Einheitszelle geplottet, entlang des Strahls in Abb. 12.5 links. Dies wird nicht benötigt, ist aber instruktiv.

**Listing 12.6:** Rekonstruktion der Mikrostruktur aus den diskreten Fourierdaten (Abb. 12.6), Fortsetzung von Listing 12.5.

```
f[x1_, x2_, x3_] = Sum[Exp[-I {i-1, j-1, k-1}.{x1-1, x2-1, x3-1} 2 Pi/size] fdata[[1, 1, i, j, k
     ]],
                  {i, 1, size}, {j, 1, size}, {k, 1, size}];
p = Show[Plot[Re[f[center, x2, center]], {x2, 0, size}, PlotRange -> All, Frame -> True],
          Graphics[Join[{Red, PointSize[Large]},
                  Table[Point[{i, data[[center, i, center, 1, 1]]}], {i, 1, size}]]]]
```

Als Nächstes bauen wir das lineare System gemäß Gl. (12.91) auf, siehe Listing 12.7. Dies ist der Kern der Methode. Dabei werden Indizes außerhalb des gerasterten Gebietes Modulo der Diskretisierung genommen, gemäß der periodischen Fortsetzung sowohl im Real- als auch im Fourierraum.

**Listing 12.7:** Aufbauen des linearen Systems für die diskrete Fouriermethode, Fortsetzung von Listing 12.5.

```
(* Variablen anlegen *)
vars = Table[Lstar[Min[{m, n}], Max[{m, n}], i, j, k],
        {i, 1, size}, {j, 1, size}, {k, 1, size},
        {m, 1, 3}, {n, 1, 3}];
(* Projektor K anlegen *)
K[k_] := Outer[Times, k, k]/k.k;
(* Alle möglichen c- und k-Vektoren außer k={0,0,0} anlegen *)
clist = Flatten[   Table[{i, j, k}, {i, 1, size}, {j, 1, size}, {k, 1, size}], 2];
klist = DeleteCases[clist, {1, 1, 1}];
(* Erzeuge tensorielle Gleichungen, Mod wegen der Periodizität im Fourierraum *)
eqs = {};
Table[
    AppendTo[eqs, vars[[c[[1]], c[[2]], c[[3]]]]+
        Sum[fdata[[;; , ;; ,
                Mod[c[[1]] - k[[1]], size] + 1,
                Mod[c[[2]] - k[[2]], size] + 1,
                Mod[c[[3]] - k[[3]], size] + 1]].
            K[k - {1, 1, 1}].vars[[k[[1]], k[[2]], k[[3]]]]/l0, {k, klist}]
        -fdata[[;; , ;; , c[[1]], c[[2]], c[[3]]]]],
    {c, clist}];
(* Es sollten size^3 tensorielle Gleichungen sein *)
{Length[eqs], size^3}
(* Es sollten 6 * size^3 skalare Gleichungen und Variablen sein *)
eqlst = Flatten[Table[eqs[[i, m, n]] == 0, {i, 1, Length[eqs]}, {m, 1, 3}, {n, m, 3}]];
6 size^3
Length[eqlst]
varlst = DeleteDuplicates[Flatten[vars]];
Length[varlst]
```

Die Lösung dieses linearen Systems wird mit Mathematica-Bordmitteln erzeugt, siehe Listing 12.8.

**Listing 12.8:** Lösung des linearen Systems und Ergebnisausgabe.

```
erg = Solve[eqlst, varlst];
LEFF = L0 + {
    {erg[[1, 1, 2]], erg[[1, 2, 2]], erg[[1, 3, 2]]},
    {erg[[1, 2, 2]], erg[[1, 4, 2]], erg[[1, 5, 2]]},
    {erg[[1, 3, 2]], erg[[1, 5, 2]], erg[[1, 6, 2]]}
    };
MatrixForm[LEFF // Chop]
```

### 12.6.4 Ein linearer Löser für einzelne Komponenten

Beim linearen System im vorherigen Abschnitt gibt es eine Besonderheit: Wir interessieren uns wegen der finalen Mittelwertbildung in Gl. (12.86) nur für den Null-Frequenzanteil des $\mathbf{L}_*$-Feldes, also nur 6 der $6\times$`size`$^3$ Variablen. Standardlöser geben den gesamten Lösungsvektor an. Daher soll noch die Lösungsmethode von Lee, Ozdaglar und Shah (2014) vorgestellt werden. Es handelt sich um eine Jacobi-Iteration nach einzelnen Komponenten des Lösungsvektors. Wir schreiben das lineare System als

$$\mathbf{M} \cdot \mathbf{x} = \mathbf{f}, \tag{12.117}$$

mit der Matrix **M**, den Unbekannten **x** und der rechten Seite **f**. Notwendig für die Konvergenz ist die positive Definitheit der Koeffizientenmatrix. Hinreichend für die Konvergenz ist strenge Diagonaldominanz, die Methode kann aber auch ohne Diagonaldominanz konvergieren. Wir führen eine Jacobi-Vorkonditionierung aus und definieren die Iterationsmatrix **G**

$$\mathbf{J} = \operatorname{diag}(\mathbf{M}) \tag{12.118}$$

$$\mathbf{G} = -\mathbf{J}^{-1}(\mathbf{M} - \mathbf{J}) \tag{12.119}$$

welche Teil einer Neumann[9]-Reihenentwicklung von **x** ist. Die Iteration wird ausgeführt, indem der Startvektor $\mathbf{r}_0$ überall mit Nullen gefüllt wird außer an der Stelle der gesuchten Lösung mit dem Index $k$, an der $r_k = 1$ ist. Anschließend wird wiederholt die Iterationsmatrix angewandt,

$$\mathbf{r}_i = \mathbf{r}_{i-1}\mathbf{G}, \tag{12.120}$$

$$\mathbf{r}_n = \mathbf{r}_0\mathbf{G}^n \tag{12.121}$$

bis $\mathbf{r}_n$ hinreichend nah am Nullvektor ist. Wegen $\mathbf{G}^n$ kann Konvergenz garantiert werden, wenn der betragsmäßig größte Eigenwert von **G** (Spektralradius) kleiner als 1 ist. Die gesuchte Lösungskomponente ist dann

$$x_k = \left(\sum_{i=0}^{n} \mathbf{r}_i\right) \cdot \mathbf{J}^{-1} \cdot \mathbf{f}. \tag{12.122}$$

Es ist leicht zu sehen, dass dies effizienter ist als eine direkte Lösung des linearen Systems, z. B. mit einer LU-Zerlegung. Letztere benötigt ungefähr $2N^3/3$ Rechenoperationen (Addition und Multiplikation) bei voll besetzten linearen Systemen der Größe $N$. Eine Iteration benötigt im gleichen Fall $2N^2$ Operationen. Da wir nur 6 Lösungskomponenten suchen und deutlich weniger als $N$ Iterationen benötigen, können wir einiges an Rechenzeit einsparen. Die Methode ist in Listing 12.9 implementiert.

**9** Carl Gottfried Neumann, 1832–1925.

**Listing 12.9:** Numerische Lösung des linearen Systems für die diskrete Fouriermethode nach den gesuchten Lösungskomponenten $\mathbf{L}_*$.

```
(* Extraktion der Koeffizientenmatrix und der rechten Seite *)
ms = CoefficientArrays[eqlst, varlst];
(* Matrixplot der Systemmatrix *)
plot = MatrixPlot[ms[[2]], PlotLegends -> True]
(* Iteration vorbereiten *)
Jaci = SparseArray[DiagonalMatrix[Table[ms[[2, i, i]], {i, 1, Length[ms[[1]]]}]]];
InvJaci = SparseArray[DiagonalMatrix[1/Table[ms[[2, i, i]], {i, 1, Length[ms[[1]]]}]]];
G = -InvJaci.(ms[[2]] - Jaci);
z = - InvJaci.ms[[1]] (* Das Minus ist notwendig, da CoefficientArrays
                        die Felder in Normalform r + M.x = 0 ausgibt *)
(* Gesuchte Matrix der effektiven Leitfähigkeit anlegen *)
Leff = Table[0, 3, 3];
(* Die 6 gesuchten Lösungskomponenten iterieren *)
For[ii = 1, ii <= 3, ii++,
    For[jj = ii, jj <= 3, jj++,
        (* Index raussuchen *)
        index = Position[varlst, Lstar[ii, jj, center, center, center]][[1,1]];
        (* Startvektor anlegen *)
        p = SparseArray[Table[0, {i, 1, Length[ms[[1]]]}]];
        r = p;
        r[[index]] = 1;
        (* Iterieren *)
        While[Norm[r] > 0.000001,
             p = p + r;
             r = r.G];
        result = p.z;
        Leff[[ii, jj]] = Chop[L0[[ii, jj]] + result];
        Leff[[jj, ii]] = Leff[[ii, jj]];
        ]]
Leff//MatrixForm
```

## 12.7 Spektrallöser: Fourier-Fixpunktiteration für Randwertprobleme

Die im vorherigen Abschnitt präsentierte Methode hat den Nachteil, dass als Zwischenschritt ein sehr großes, in aller Regel voll besetztes unsymmetrisches lineares Gleichungssystem mit komplexen Koeffizienten gelöst werden muss. Die Größe des linearen Systems ist dabei $kn^3$, mit der Kantendiskretisierung $n$ und der Anzahl der Koeffizienten im zu homogenisierenden Konstitutivtensor, z. B. $k = 6$ bei Fourierscher Wärmeleitung und $k = 21$ bei linearer Elastizität. Mit Real- und Imaginärteil einzeln müssen dann $2(kn^3)^2$ Gleitkommazahlen in der Koeffizientenmatrix gespeichert werden. Auch für kleine $n$ ist dies schwierig. Daher wird im Folgenden eine iterative, geläufigere Fouriermethode präsentiert. Diese kommt ohne den Aufbau eines großen linearen Systems aus, außerdem werden spezifische Randwertprobleme gelöst, welche jeweils die teilweise Identifikation des effektiven Konstitutivtensors erlauben. Dadurch wird der Rechenaufwand gegenüber der vorherigen Methode erheblich reduziert, bei der die gesamte Lösung in einem Berechnungsschritt ermittelt wird.

### 12.7.1 Fixpunktiteration zum Lösen einer Dgl. an einem 1D-Beispiel

Bevor wir uns dem 3D-Fall zuwenden, ist es sinnvoll, ein einfaches 1D-Beispiel zu betrachten. Wir sind an der effektiven Leitfähigkeit eines 1D-Komposites interessiert. Der Wärmefluss $q(x)$ ist proportional zu der positiven lokalen Leitfähigkeit $l(x)$, aber entgegengesetzt zum Temperaturgradienten $T'(x)$,

$$q(x) = -l(x)T'(x). \tag{12.123}$$

Im stationären Fall ist

$$q'(x) = 0. \tag{12.124}$$

Beides zusammen liefert

$$0 = (l(x)T'(x))' \tag{12.125}$$

$$= l'(x)T'(x) + l(x)T''(x). \tag{12.126}$$

Als Randbedingungen geben wir uns die Temperaturen $T(x_0) = T_0$ und $T(x_1) = T_1$ mit $x_0 < x_1$ vor.

**Die analytische Lösung**

Wir substituieren $T'(x) = P(x)$ und haben damit eine lineare gewöhnliche Dgl. erster Ordnung,

$$P'(x) = [-l'(x)/l(x)]P(x). \tag{12.127}$$

Deren Lösung ist

$$P(x) = P_0 \exp\left(\int -l'(x)/l(x)\,\mathrm{d}x\right), \tag{12.128}$$

was wegen des speziellen Integranden vereinfacht werden kann,

$$P(x) = P_0 \exp(-\ln(l(x))) = \frac{P_0}{l(x)}. \tag{12.129}$$

Der Wärmefluss ist

$$q(x) = -l(x)T'(x) = -P_0 = \overline{q}. \tag{12.130}$$

Er hängt nicht vom Ort $x$ ab, anderenfalls wäre $q'(x) = 0$ nicht erfüllbar. Dies ist eine Besonderheit im 1D-Fall. Einmaliges integrieren von $P(x)$ liefert $T(x)$ und die Integrationskonstante $T_0$.

$$T(x) = \int P(x)\mathrm{d}x = P_0 \int_{x_0}^{x} 1/l(\underline{x})\mathrm{d}\underline{x} + T_0. \tag{12.131}$$

Letztere wird zusammen mit $P_0$ an die Randbedingungen angepasst. Zieht man $T_0$ ab und setzt $x = x_1$ ein, erhält man links die Temperaturdifferenz $\Delta T = T_1 - T_0$. Rechts wird mit $\Delta x/\Delta x$ erweitert, wobei $\Delta x = x_1 - x_0$ ist. Schließlich ersetzen wir noch $P_0 = -\overline{q}$,

$$\Delta T = -\overline{q}\frac{\Delta x}{\Delta x}\int_{x_0}^{x_1} 1/l(\underline{x})\mathrm{d}\underline{x}. \tag{12.132}$$

Nun kann $\Delta T/\Delta x$ zu $\overline{T'}$ zusammengefasst werden,

$$-\overline{q} = \overline{T'}\underbrace{\left(\frac{1}{\Delta x}\int_{x_0}^{x_1} l(\underline{x})^{-1}\mathrm{d}\underline{x}\right)^{-1}}_{l^*}. \tag{12.133}$$

Wir identifizieren die effektive Leitfähigkeit $l^*$ als das Reuss-Mittel der lokalen Leitfähigkeit $l(x)$. Dies ist das erwartete Ergebnis, im 1D-Fall ist nur eine Reihenschaltung möglich.

#### Fixpunktiteration

Wie könnte man sich eine Näherungslösung für $T(x)$ verschaffen, ohne die Dgl. analytisch zu lösen? Wir können die Dgl. (12.126) über $T''(x)$ durch zweimalige Integration nach $T(x)$ auflösen und dies als Fixpunktiteration auffassen,

$$T_{n+1}(x) = -\int\int l'(x)T_n'(x)/l(x)\,\mathrm{d}x\,\mathrm{d}x, \tag{12.134}$$

wobei nach der Integration immer die Integrationskonstanten an die Randbedingungen anzupassen sind. Mit jeder Iteration werden die Ausdrücke für $T_2(x), T_3(x)\ldots$ komplizierter, und lassen sich kaum noch von Hand herleiten. Mit einem Computeralgebrasystem ist dies jedoch ohne Weiteres möglich. In Listing 12.10 ist eine Implementierung für eine linear anwachsende Leitfähigkeit $l(x) = K_0 + K_1 x$ und Einheitsintervalle $x = 0\ldots 1$, $T(0) = 0$, $T(1) = 1$ gegeben. Als Startlösung nehmen wir $T_1(x) = x$, was diese Randbedingungen erfüllt. Physikalische Einheiten sind der Übersicht halber weggelassen. Das Ergebnis ist in Abb. 12.7 dargestellt. Man erkennt Konvergenz gegen die Lösung $T(x) = \frac{\ln(K_0+K_1x)}{\ln(K_0+K_1)}$. Damit ist $l^* = K_1/\ln(K_0 + K_1)$. Für $K_1 = 30$ und $K_0 = 1$ ist damit $l^* \approx 8.7362$. Die effektive Leitfähigkeit der iterierten Lösung kann durch $T_n'(x)l(x)$ an einer beliebigen Stelle im Intervall $x = 0\ldots 1$ abgegriffen werden.

**Listing 12.10:** Mathematica-Skript zur Fixpunktiteration eines einfachen 1D-Randwertproblems.

```
K = 30; T0 = 0; T1 = 1;
l[x_] = K x + 1;
refsol = DSolve[{D[l[x] T'[x], x] == 0, T[0] == 0, T[1] == 1}, T[x], x][[1, 1, 2]] //
    FullSimplify
```

```
D[refsol, x] l[x] // N
current = x;  (* Startlösung *)
list = {current};
plist = {};
Do[ expr = Integrate[-D[current, x] D[l[x], x]/l[x], x, x] + c1 x + c2;
   current = (expr /. Solve[{(expr /. {x -> 0}) == 0, (expr /. {x -> 1}) == 1}, {c1, c2}][[1]])
     // N; (* RB anpassen *)
   Print[D[current, x]*l[x] /. x -> 0.5]; (* Approximierte Leitfähigkeit ausgeben *)
   AppendTo[list, current], 10]; (* Abspeichern, 10 mal wiederholen *)
```

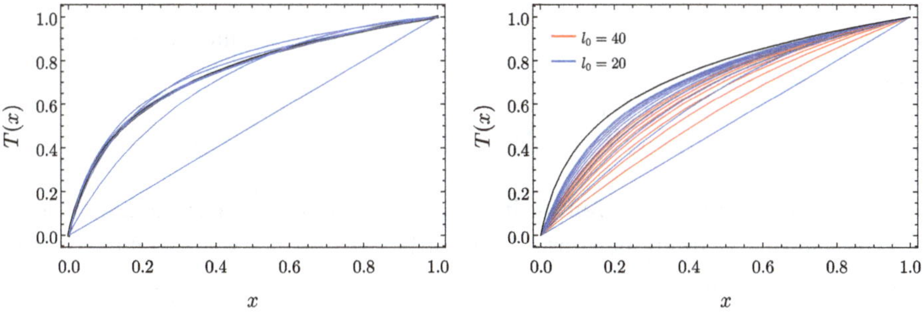


**Abb. 12.7:** Konvergenz der Fixpunktiteration, links nach Gl. (12.134) und rechts nach Gl. (12.136), ausgehend von $T_1(x) = x$ gegen die Lösung $T(x) = \ln(1 + Kx)/\ln(1 + K)$ mit $K = 30$. Bei der zweiten Variante lässt sich die Konvergenz in Grenzen mit $l_0$ einstellen.

### Einstellen der Konvergenz mit Hilfe der Vergleichsleitfähigkeit

Die obige Fixpunktiterationsvorschrift hat den Nachteil, dass Konvergenz nicht garantiert werden kann. Abhilfe schafft hier die Betrachtung des Differenzproblems. Dann kann die Konvergenz gegebenenfalls mit Hilfe der Vergleichsleitfähigkeit $l_0$ verbessert werden. Mit der Zerlegung $l(x) = l_0 + \tilde{l}(x)$ wird die Dgl. (12.126) zu

$$0 = \tilde{l}'(x)T'(x) + (l_0 + \tilde{l}(x))T''(x), \qquad (12.135)$$

was nach dem zu $l_0$ gehörendem $T''(x)$ umgestellt eine Iterationsvorschrift für $T(x)$ liefert,

$$T_{n+1}(x) = -\int\int \frac{-\tilde{l}'(x)T_n'(x) - \tilde{l}(x)T_n''(x)}{l_0}\,\mathrm{d}x\,\mathrm{d}x. \qquad (12.136)$$

Man sieht, dass $l_0$ den nichtlinearen Anteil kontrolliert, welcher zusätzlich zum linearen Anteil $C_1x + C_2$ aus den Integrationskonstanten kommt. Für große Werte von $l_0$ konvergiert das Verfahren langsamer, wie beispielhaft in Abb. 12.7 rechts dargestellt ist.

### 12.7.2 Fixpunktiteration mit Spektrallöser

Wie in Abschnitt 4.4 diskutiert wurde, wird häufig ein periodisch fortsetzbares Volumenelement als virtuelle Materialprobe verwendet. Der Funktionsraum der periodischen Fourierfunktionen ist für derartige Randwertprobleme optimal geeignet. Beispielsweise muss man keine periodischen Randbedingungen einpflegen, wenn von vornherein periodische Felder als Ansätze für die Lösung verwendet werden. Wir werden dies am Beispiel der 3D Wärmeleitung disukutieren. Ausgangspunkt ist

$$\mathbf{q} \cdot \nabla = 0 \qquad \mathbf{q} = \mathbf{L} \cdot \mathbf{g} \qquad \mathbf{g} = \nabla T. \tag{12.137}$$

Alle Felder sind ortsabhängig. Wir werten die Divergenz des Wärmeflusses mit der Zerlegung $\mathbf{L} = \mathbf{L}_0 + \tilde{\mathbf{L}}$ aus,

$$\mathbf{q} \cdot \nabla = (\mathbf{L}_0 \cdot \mathbf{g}) \cdot \nabla + \underbrace{(\tilde{\mathbf{L}} \cdot \mathbf{g})}_{\boldsymbol{\tau}} \cdot \nabla, \tag{12.138}$$

wobei wir den fluktuierenden Teil wie im Differenzproblem als $\boldsymbol{\tau}$ schreiben. Als Nächstes ersetzen wir die Funktionen durch ihre Fourier-Darstellung, was hier mit dem Hütchen angezeigt wird,

$$\hat{\mathbf{q}} \cdot \nabla = (\mathbf{L}_0 \cdot \hat{\mathbf{g}}) \cdot \nabla + \hat{\boldsymbol{\tau}} \cdot \nabla. \tag{12.139}$$

In der Fourierdarstellung können wir $\nabla$ durch $\mathrm{i}\mathbf{k}$ ersetzen,

$$\mathrm{i}\hat{\mathbf{q}} \cdot \mathbf{k} = \mathrm{i}(\mathbf{L}_0 \cdot \hat{\mathbf{g}}) \cdot \mathbf{k} + \mathrm{i}\hat{\boldsymbol{\tau}} \cdot \mathbf{k}. \tag{12.140}$$

Entsprechend ist $\hat{\mathbf{g}} = \mathrm{i}\hat{T}\mathbf{k}$, und wir können nach $\hat{T}$ umstellen,

$$\mathrm{i}\hat{\mathbf{q}} \cdot \mathbf{k} = -(\mathbf{L}_0 \cdot \hat{T}\mathbf{k}) \cdot \mathbf{k} + \mathrm{i}\hat{\boldsymbol{\tau}} \cdot \mathbf{k} \tag{12.141}$$

$$(\mathbf{L}_0 : \mathbf{k} \otimes \mathbf{k})\hat{T} = \mathrm{i}(\hat{\boldsymbol{\tau}} \cdot \mathbf{k} - \hat{\mathbf{q}} \cdot \mathbf{k}) \tag{12.142}$$

$$\hat{T} = \mathrm{i}(\hat{\boldsymbol{\tau}} \cdot \mathbf{k} - \hat{\mathbf{q}} \cdot \mathbf{k})/\kappa, \qquad \kappa = \mathbf{L}_0 : \mathbf{k} \otimes \mathbf{k}. \tag{12.143}$$

Wenn wir mit $\mathrm{i}\mathbf{k}$ multiplizieren, erhalten wir links wieder den Temperaturgradienten,

$$\hat{\mathbf{g}} = -(\hat{\boldsymbol{\tau}} \cdot \mathbf{k} - \hat{\mathbf{q}} \cdot \mathbf{k})\mathbf{k}/\kappa. \tag{12.144}$$

Jetzt erst benutzen wir die Gleichgewichtsbedingung $\hat{\mathbf{q}} \cdot \mathbf{k} = 0$. Dann ist an der Stelle der Lösung

$$\hat{\mathbf{g}} = -\hat{\boldsymbol{\tau}} \cdot \mathbf{k} \otimes \mathbf{k}/\kappa. \tag{12.145}$$

Wir ersetzen damit in Gl. (12.144) den $\hat{\boldsymbol{\tau}}$-Term, womit $\hat{\mathbf{g}}$ zweimal in Gl. (12.144) auftaucht. Dies können wir auf zwei Arten als Fixpunktiterationsvorschrift auffassen,

$$\hat{\mathbf{g}}_{n+1} = \hat{\mathbf{g}}_n + \hat{\mathbf{q}} \cdot \mathbf{k} \otimes \mathbf{k}/\kappa \tag{12.146}$$

$$\hat{\mathbf{g}}_n = \hat{\mathbf{g}}_{n+1} + \underbrace{\hat{\mathbf{q}} \cdot \mathbf{k} \otimes \mathbf{k}/\kappa}_{\Delta\hat{\mathbf{g}}}. \tag{12.147}$$

Der Update-Term ist dabei $\hat{\mathbf{q}}\cdot\mathbf{k}\otimes\mathbf{k}/\kappa$. Für $\mathbf{k} = \mathbf{o}$ wird er nicht ausgewertet, da dieser Fourierkoeffizient dem vorgegebenem homogenen Anteil $\overline{\mathbf{g}}$ entspricht. Um den Update-Term zu bestimmen, muss für ein gegebenes $\mathbf{g}$-Feld erst das Materialgesetz $\mathbf{q} = \mathbf{L}\cdot\mathbf{g}$ im Realraum ausgewertet werden. Anschließend findet eine Fouriertransformation statt und der Update-Term $\hat{\mathbf{q}}\cdot\mathbf{k}\otimes\mathbf{k}/\kappa$ wird angewendet, um ein verbessertes $\hat{\mathbf{g}}$-Feld zu iterieren. Nach Rücktransformation in den Realraum beginnt der nächste Iterationsschritt. Integrationskonstanten oder Randbedingungen müssen nicht angepasst werden, da wir eine periodisch fortsetzbare Einheitszelle annehmen. Die Iteration erfordert ein ständiges Umschalten zwischen Real- und Fourierraum. Im Realraum ist die Auswertung des Materialgesetzes $\mathbf{q} = \mathbf{L}\cdot\mathbf{g}$ lokal, im Fourierraum ist die Berechnung von $\Delta\hat{\mathbf{g}}$ lokal. Numerisch ist dies effizient mit der schnellen diskreten Fouriertransformation möglich. Die Fixpunktiteration unter Ausnutzung der schnellen Fouriertransformation wurde von Moulinec und Suquet (1998) vorgestellt.

Beispielimplementierungen in Mathematica und Octave (bzw. MatLab) sind in den Listings 12.11 und 12.12 gegeben. Es wird dasselbe Wärmeleitungsproblem wie in Abschnitt 12.6.3 betrachtet. Der Term $\|\Delta\mathbf{g}\|/\|\mathbf{g}\|$ konvergiert relativ zügig gegen Null (0.191, 0.016, 0.00266 ...). Die Spektralmethoden konvergieren schlecht, wenn große Phasenkontraste vorliegen.

**Listing 12.11:** Implementierung einer Fixpunktiteration als Spektrallöser.

```
Remove["Global`*"]
size = 16;
(* Mikrostruktur definieren *)
center = (size + 1)/2; radius = 0.4;
unitcell[x_]:=Boole[((x[[1]]+3x[[2]])/4-center)^2+((x[[2]]+3x[[3]]-2x[[1]])/4-center)^2+(x[[3]]-
      center)^2 <= (radius size)^2];
shifts = Tuples[{-size, 0, size}, 3];(* Periodische Verschiebung *)
ID[x_] := Max[Table[unitcell[x + shifts[[i]]], {i, 1, 27}]]
(* Materialien definieren *)
L1 = {{3, 1, 2}, {1, 3, 1}, {2, 1, 3}};
L2 = {{2, 0, 1}, {0, 2, 1}, {1, 1, 2}};
(* Testfall: Laminat isotroper Phasen
   ID[x_]:=Boole[x[[1]]<=size/2];L1=IdentityMatrix[3];L2=2L1; *)
L0 = (L1 + L2)/2;  (* L0 festlegen *)
gmean = {0.0, 0.0, 1.0};(* Initialisierung des Startfeldes *)
g = Table[gmean, size, size, size];
normdeltag = 1;
normg = 1;
While[(normdeltag/normg) > 0.005, (* Abbruch, wenn Norm[Delta g]/Norm[g]<0.005 ist *)
    q = Table[(L2 + ID[{i, j, k}] (L1 - L2)).g[[i, j, k]], {i, 1, size}, {j, 1, size}, {k, 1,
      size}]; (* Wärmefluss ausrechnen *)
    qdach = Table[Fourier[q[[;; , ;; , ;; , i]]], {i, 1, 3}]; (* FT durchführen *)
    deltagdach = Table[  (* Korrekturterm ohne den Null-Term berechnen *)
    kk = {i - 1, j - 1, k - 1};
    If[Total[kk] > 0, kk qdach[[;; , i, j, k]].kk/(kk.L0.kk), {0,0,0}], {i, size}, {j, size}, {k
      , size}];
    deltagdach[[1, 1, 1]] = {0, 0, 0}; (* Null-Koeffizienten ausnehmen *)
    deltag = Re[Table[InverseFourier[deltagdach[[;; , ;; , ;; , i]]], {i, 1, 3}]]; (* inverse FT
      *)
```

```
    normdeltag = Sum[Abs[deltag[[i, j, k, l]]], {i, 1, 3}, {j, 1, size}, {k, 1, size}, {l, 1,
      size}]; (* Norm des Inkrementes *)
    g = g - Table[deltag[[i, j, k, l]], {j, 1, size}, {k, 1, size}, {l, 1, size}, {i, 1, 3}]; (*
      Update des g-Feldes *)
    normg = Sum[Abs[g[[j, k, l, i]]], {i, 1, 3}, {j, 1, size}, {k, 1, size}, {l, 1, size}]; (*
      Norm des g-Feldes *)
    (* Monitoring-Ausgaben *)
    Print["=============="];
    Print[(normdeltag/normg) // Chop];
    Print["Mittleres g: ", Chop[Mean[Flatten[g, 2]]]];
    Print["Mittleres q: ", Chop[Mean[Flatten[q, 2]]]];
    ]
```

**Listing 12.12:** Implementierung einer Fixpunktiteration als Spektrallöser in Octave (MatLab-kompatibel).

```
# Dies ist eine Implementierung des Spektrallösers. Die Wärmeleitungs-Dgl.
#
#   q(x).V = 0         (I)
#
# mit
#
#   q(x)=L(x).g(x)     (II)
#
# mit
#
# g(x) im integralen Mittel vorgeschrieben wird als Fixpunktgleichung aufgefasst.
# Während jeder Iteration muss für (I) q.V berechnet werden. Dies geschieht im
# Fourierraum. Die Auswertung von (II) erfolgt im Realraum. Dann sind beide
# Gleichungen lokal. Der Korrekturterm für g(x) ergibt sich bei jeder Iteration
# aus
#
#   Delta_g = (q_hat.k) / (k.L0.k) k
#
# mit L0 der Referenzleitfähigkeit l0 * Einsmatrix. Die Ref.-Leitfähigkeit wird
# frei gewählt, und entscheidet über die Konvergenzrate. Sie sollte in etwa dem
# Volumenmittel von ||L(x)|| oder ähnlich entsprechen. k ist der Wellenvektor.

clear;
clc;

page_output_immediately(1);

# Größe der periodisch fortsetzbaren Einheitszelle
size        = 20;

# Vektorfelder initialisieren
g           = zeros(3,size,size,size);
q           = zeros(3,size,size,size);
qdach       = zeros(3,size,size,size);
deltagdach  = zeros(3,size,size,size);

# Die Referenzleitfähigkeiten
l0   = 1.5;
L0   = eye(3,3).*l0;
L1   = 1;
L2   = 2;

```

```
# Genauigkeitskriterium
tol  = 1e-8;

# Die eff. Leitfähigkeit ergibt sich aus der Vorschrift des eff. Temp.-Gradienten
# in drei orthogonalen Richtungen.
# Das g-Feld wird homogen initialisiert
for ii = 1:3
  gmean        = zeros(3,1);
  gmean(ii,1) = 1;
  for jj = 1:size
    for kk = 1:size
      for ll = 1:size
          g(1:3,jj,kk,ll)=gmean;
      end
    end
  end


# Beginn der Fixpunktiteration
  residuum = 1;
  while residuum > tol
# lokalen wärmefluss ausrechnen
    for jj = 1:size
      for kk = 1:size
        for ll = 1:size
# Die If-Bedingung codiert die Verteilung L(x), hier ein Laminat.
          if jj <= size / 2
            q(1:3,jj,kk,ll) = L1*g(1:3,jj,kk,ll);
          elseif jj > size /2
            q(1:3,jj,kk,ll) = L2*g(1:3,jj,kk,ll);
          end
        end
      end
    end

# Fouriertrafo des Wärmeflusses
    qdach(1,:,:,:) = fftn(q(1,:,:,:))./sqrt(size*size*size);
    qdach(2,:,:,:) = fftn(q(2,:,:,:))./sqrt(size*size*size);
    qdach(3,:,:,:) = fftn(q(3,:,:,:))./sqrt(size*size*size);


# Berechnung der Divergenz durch das Skalarprodukt mit k außer für k = (0 0 0)
# Dann soll keine Korrektur an gdach vorgenommen werden, da es sich um den
# vorgeschriebenen integralen Mittelwert handelt.
    for jj = 1:size
      for kk = 1:size
        for ll = 1:size
          if (jj ~= 1 ) || (kk ~= 1) || (ll ~= 1)
            kkk = [ jj-1;
                    kk-1;
                    ll-1 ];
            deltagdach(:,jj,kk,ll) = ( kkk'*qdach(:,jj,kk,ll) )/( kkk'*L0*kkk )*kkk;
          else
            deltagdach(:,jj,kk,ll) = zeros(3,1);
          end
        end
      end
    end

# Fouriertrafo zurücknehmen
```

```
  deltag(1,:,:,:) = ifftn(deltagdach(1,:,:,:)).*sqrt(size*size*size);
  deltag(2,:,:,:) = ifftn(deltagdach(2,:,:,:)).*sqrt(size*size*size);
  deltag(3,:,:,:) = ifftn(deltagdach(3,:,:,:)).*sqrt(size*size*size);

# Iteration ausführen
  g=g-deltag;

# Residuum zwecks Konvergenzfeststellung bestimmen, sg=skalar-g vs
# sd=skalar-Delta-g
  sg=0;
  sd=0;
  for jj = 1:size
   for kk = 1:size
    for ll = 1:size
     sg = sg + sqrt( g(1,jj,kk,ll)^2 + g(2,jj,kk,ll)^2 + g(3,jj,kk,ll)^2 );
     sd = sd + sqrt( deltag(1,jj,kk,ll)^2 + deltag(2,jj,kk,ll)^2 + deltag(3,jj,kk,ll)^2 );
    end
   end
  end
  residuum=sd/sg
 end
 # Entscheidend ist der effektive Wärmefluss, der sich eingestellt hat.
 # Mit ihm kann die effektive Leitfähigkeit identifiziert werden.
 qdach(:,1,1,1)./sqrt(size^3)
end
# Es ergibt sich für die effektive Leitfähigkeit
#
#          [  1.333          ]
# L_mean = [        1.5      ]
#          [            1.5  ]
#
# also das arithmetische Mittel laminatparallel und das harmonische Mittel
# laminatnormal. Dies ist korrekt.
```

Das resultierende Wärmeflussfeld ist in Abb. 12.8 dargestellt. Man erkennt, dass der Wärmefluss sich in einer Phase konzentriert. Der Lösung wird schließlich der homogene Anteil $\overline{\mathbf{q}}$ entnommen. Die Identifikation der effektiven Leitfähigkeit erfolgt, indem effektive Einheitstemperaturgradienten $\mathbf{g}$ in den drei orthogonalen Richtungen $\mathbf{e}_i$ vorgeschrieben werden. Damit kann in

$$\overline{\mathbf{q}} = \mathbf{L}^* \cdot \overline{\mathbf{g}} \tag{12.148}$$

die effektive Leitfähigkeit spaltenweise identifiziert werden.

### Anmerkung zur Zuordnung von $\mathbf{g}_n$ und $\mathbf{g}_{n+1}$

Es ist klar, dass nur eine der Iterationen (12.146, 12.147) konvergieren kann. Dies ist typisch für Fixpunktiterationen. Man betrachte als Beispiel $x - x^2 = 0$, $x \geq 0$ mit den Nullstellen 0 und 1. Es gibt zwei einfache Fixpunktiterationsvorschriften, nämlich

$$x_{m+1} = x_m^2 \tag{12.149}$$

$$x_{m+1} = \sqrt{x_m}, . \tag{12.150}$$

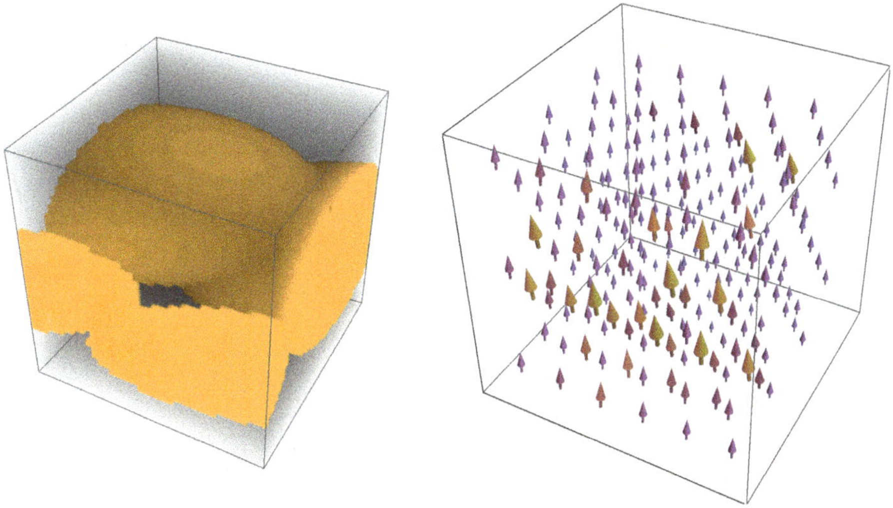

**Abb. 12.8:** Links: Diskretisierung der Mikrostruktur für den Spektrallöser auf einem Raster der Größe $40^3$ unter Ausblendung der zweiten Phase, siehe auch Abb. 12.5. Rechts: Wärmeflussfeld bei $\mathbf{L}_1 = \mathbf{I}$, $\mathbf{L}_2 = 10\mathbf{L}_1$ und $\overline{\mathbf{g}} = \mathbf{e}_z$. Man erkennt eine Konzentration des Wärmeflusses in der zweiten Phase.

Beide haben die Fixpunkte 0 und 1. Die erste Iterationsvorschrift konvergiert gegen 0 für Startwerte $x_0 < 1$ und divergiert für $x_0 > 1$, die Zweite konvergiert gegen 1 für Startwerte ungleich Null. In unübersichtlichen Fällen findet man die passende Zuordnung am einfachsten durch Probieren, z. B. indem man das Vorzeichen von $\mathbf{L}_0$ variiert.

## 12.8 Greensche Methode

### 12.8.1 Die Greensche Methode am Beispiel des Laplace-Operators

Bei der Greenschen Methode[10] handelt es sich um die Lösung einer linearen Dgl. $L(u(x)) = f(x)$, bei welcher die rechte Seite $f(x)$ als Überlagerung von Einheitssprüngen dargestellt ist. Die Ableitung des Einheitssprunges ist die Dirac-Distribution,

$$f(x) = \int \delta(x - x')f(x')\,\mathrm{d}x'. \tag{12.151}$$

Die Lösung ist dann die Überlagerung der Lösungen zu den Dirac-Impulsen $L(G(x, x')) = \delta(x - x')$, welche als Greensche Funktion bezeichnet wird.

Betrachten wir das isotrope, normierte (Leitfähigkeit 1) homogene Wärmeleitungsproblem

$$\nabla^2 T(\mathbf{x}) = f(\mathbf{x}). \tag{12.152}$$

10 Der gleiche George Green, der die Existenz einer elastischen Energie postulierte.

Die Lösung $G(\mathbf{x}-\mathbf{x}')$ von

$$\nabla^2 G(\mathbf{x}-\mathbf{x}') = \delta(\mathbf{x}-\mathbf{x}') \tag{12.153}$$

wird als Fundamentallösung oder Eigenfunktion des Laplace[11]-Operators $\nabla^2 T(\mathbf{x}) = T_{,jj}(\mathbf{x})$ bezeichnet. Da wir Randbedingungen ausblenden, haben wir eine Translationsinvarianz. Wir ersetzen $\mathbf{r} = \mathbf{x} - \mathbf{x}'$. Die Lösung dieser Gleichung erfolgt mit Hilfe der Fouriertransformation und der Fourier-Rückstransformation nach Gl. (12.27) und (12.28). Wir setzen die noch unbekannte fouriertansformierte Green-Funktion in Gl. (12.153) ein und erhalten

$$\nabla_{\mathbf{r}}^2 \frac{1}{(2\pi)^{3/2}} \int e^{i\mathbf{k}\cdot\mathbf{r}} \hat{G}(\mathbf{k})\, d\mathbf{k} = \frac{1}{(2\pi)^{3/2}} \int \left[\frac{1}{(2\pi)^{3/2}}\right] e^{i\mathbf{k}\cdot\mathbf{r}}\, d\mathbf{k}. \tag{12.154}$$

Dabei ist die eckige Klammer die Fouriertransformation des Diracimpulses gemäß unserer Konvention bezüglich der Vorfaktoren bei der Fouriertransformation. Die Anwendung des Laplace-Operators $\nabla_{\mathbf{r}}^2$ liefert

$$\int [-\mathbf{k}\cdot\mathbf{k}\hat{G}(\mathbf{k})] e^{i\mathbf{k}\cdot\mathbf{r}}\, d\mathbf{k} = \int \left[\frac{1}{(2\pi)^{3/2}}\right] e^{i\mathbf{k}\cdot\mathbf{r}}\, d\mathbf{k}. \tag{12.155}$$

Da die Fourier-Basisfunktionen eine vollständige Orthonormalbasis bilden (siehe Gl. 12.6) sind diese Integrale gleich, wenn die einzelnen Komponenten bzw. Integranden gleich sind. Ein Komponentenvergleich liefert also

$$\hat{G}(\mathbf{k}) = -(\mathbf{k}\cdot\mathbf{k}\,(2\pi)^{3/2})^{-1}. \tag{12.156}$$

Das größte Problem ist in aller Regel die Rücktransformation zu $G(\mathbf{r})$. Für diese einfache Green-Funktion lässt sich unter Ausnutzung der Isotropie von $\hat{G}(\mathbf{k})$ in $\mathbf{k}$ eine Lösung angeben,

$$G(\mathbf{r}) = \frac{-1}{(2\pi)^{3/2}} \int \frac{1}{(2\pi)^{3/2}} \frac{e^{i\mathbf{k}\cdot\mathbf{r}}}{\mathbf{k}\cdot\mathbf{k}}\, d\mathbf{k}. \tag{12.157}$$

Am einfachsten wird dies, wenn man $\mathbf{k} = k_i \mathbf{e}_i$ mit Kugelkoordinaten parametrisiert, wobei $\mathbf{r} = r\mathbf{e}_3$ in Richtung des Nordpols zeigt, mit

$$k_1 = k \sin\theta \cos\phi, \tag{12.158}$$

$$k_2 = k \sin\theta \sin\phi, \tag{12.159}$$

$$k_3 = k \cos\theta. \tag{12.160}$$

Das Skalarprodukt $\mathbf{k}\cdot\mathbf{r}$ ist

$$\mathbf{k}\cdot\mathbf{r} = kr\cos\theta. \tag{12.161}$$

11 Pierre-Simon Laplace, 1749–1827.

Die Integration über die Kugelkoordinaten erfordert das Einfügen der Funktionaldeterminante

$$J = \det(\partial k_{1,2,3}/\partial(k,\theta,\phi)) = k^2 \sin\theta, \tag{12.162}$$

deren Herkunft in Abschnitt 13.5 an einem anderen Beispiel erklärt ist. Wir erhalten

$$G(\mathbf{r}) = \frac{-1}{(2\pi)^3} \int_0^\infty \int_0^\pi \int_0^{2\pi} \frac{e^{i\mathbf{k}\cdot\mathbf{r}}}{\mathbf{k}\cdot\mathbf{k}} k^2 \sin\theta \, d\phi \, d\theta \, dk \tag{12.163}$$

$$= \frac{-1}{(2\pi)^3} \int_0^\infty \int_0^\pi \int_0^{2\pi} e^{ikr\cos\theta} \sin\theta \, d\phi \, d\theta \, dk. \tag{12.164}$$

Das innere Integral über $\phi$ kann sofort ausgeführt werden. Anschließend substituieren wir $\cos\theta = s$, also ist $ds = -\sin\theta \, d\theta$. Die Grenzen entsprechen $\theta = 0 \to s = 1$ und $\theta = \pi \to s = -1$, was auf

$$G(\mathbf{r}) = \frac{1}{(2\pi)^2} \int_0^\infty \int_1^{-1} e^{ikrs} \, ds \, dk = \frac{-1}{(2\pi)^2} \int_0^\infty \left[ \frac{e^{ikrs}}{ikr} \right]_{-1}^{1} dk \tag{12.165}$$

$$= \frac{-1}{(2\pi)^2} \int_0^\infty \frac{e^{ikr} - e^{-ikr}}{ikr} \, dk \tag{12.166}$$

führt. Mit $e^{iz} = \cos z + i \sin z$ und der Antisymmetrie der Sinusfunktion $\sin(-z) = -\sin z$ sieht man, dass der Zähler des Integranden $e^{ikr} - e^{-ikr} = 2i\sin(kr)$ ist, wobei wir den Faktor 2i kürzen können,

$$G(\mathbf{r}) = \frac{-1}{2\pi^2} \int_0^\infty \frac{\sin(kr)}{kr} \, dk. \tag{12.167}$$

Eine letzte Substitution $t = kr$ mit $dt = r \, dk$ liefert

$$G(\mathbf{r}) = \frac{-1}{2\pi^2 r} \int_0^\infty \frac{\sin t}{t} \, dt. \tag{12.168}$$

Letzteres Integral ist ein Dirichlet-Integral. Es liefert $\pi/2$, so dass

$$G(\mathbf{r}) = \frac{-1}{4\pi r} \tag{12.169}$$

ist. Damit ist die formale Lösung von Gl. (12.152) ohne Randbedingungen

$$T(\mathbf{x}) = \int \frac{-1}{4\pi} \frac{f(\mathbf{x}')}{|\mathbf{x} - \mathbf{x}'|} \, d\mathbf{x}'. \tag{12.170}$$

### 12.8.2 Die Fixpunktiteration im Realraum als Integralgleichung

Leider passt der Greensche Lösungsansatz nicht direkt zum Randwertproblem der Homogenisierung, da es sich um eine Dgl. mit nicht konstanten Koeffizienten handelt, und die rechte Seite Null ist. Beides steht im Gegensatz zum obigen Ansatz. Allerdings hat das Eigendehnungsproblem die zum Green-Ansatz passende Struktur, siehe Gl. (8.9). Bezogen auf das inhomogene Wärmeleitungsproblem haben wir

$$\nabla \cdot \mathbf{q} = 0, \quad \text{mit } \mathbf{q}(\mathbf{x}) = \mathbf{L}^0\mathbf{g}(\mathbf{x}) + \Delta\mathbf{L}(\mathbf{x})\mathbf{g}(\mathbf{x}) \quad \text{und } \Delta\mathbf{L}(\mathbf{x}) = \mathbf{L}(\mathbf{x}) - \mathbf{L}^0. \tag{12.171}$$

Stellt man dies nach $\mathbf{L}^0\mathbf{g}(\mathbf{x})$ um und ersetzt $\mathbf{g}(\mathbf{x}) = \nabla T(\mathbf{x})$, kann diese Gleichung in eine mit dem Green-Ansatz kompatible Form gebracht werden,

$$\mathbf{L}^0\nabla T(\mathbf{x}) = \mathbf{q}(\mathbf{x}) - \Delta\mathbf{L}(\mathbf{x})(\nabla T(\mathbf{x})). \tag{12.172}$$

Wir bilden als Nächstes die Divergenz $\cdot\nabla$, was auf

$$\mathbf{L}^0 : (\nabla T(\mathbf{x}) \otimes \nabla) = \mathbf{q}(\mathbf{x}) \cdot \nabla - \underbrace{[\Delta\mathbf{L}(\mathbf{x})(\nabla T(\mathbf{x}))]}_{\boldsymbol{\tau}(\mathbf{x})} \cdot\nabla \tag{12.173}$$

führt. An der Stelle der Lösung ist $\mathbf{q}(\mathbf{x}) \cdot \nabla = 0$, so dass

$$\mathbf{L}^0 : (\nabla T(\mathbf{x}) \otimes \nabla) = -[\Delta\mathbf{L}(\mathbf{x})(\nabla T(\mathbf{x}))] \cdot \nabla \tag{12.174}$$

ist. Jetzt haben wir links eine partielle Dgl. mit konstanten Koeffizienten, die rechte Seite fassen wir als Störfunktion auf. Eigentlich ist die rechte Seite unbekannt, da sie die gesuchte Funktion enthält. Formal können wir trotzdem die Lösung $T(\mathbf{x})$ mit dem Green-Ansatz als Funktion von $T(\mathbf{x})$ hinschreiben, um eine Integralgleichung für $T(\mathbf{x})$ zu erhalten. Dies ist ein Fredholmsches Integral der zweiten Art, und von der Struktur her ähnlich der Lippmann-Schwinger-Gleichung für Quantenstreuung. Für $\mathbf{L}^0 = l_0\mathbf{I}$ erhalten wir beispielsweise

$$\nabla^2 T(\mathbf{x}) = -l_0^{-1}[\Delta\mathbf{L}(\mathbf{x})(\nabla T(\mathbf{x}))] \cdot \nabla, \tag{12.175}$$

womit wir die Green-Lösung des Laplace-Operators anwenden können,

$$T(\mathbf{x}) = \frac{1}{4\pi l_0}\int \frac{[\Delta\mathbf{L}(\mathbf{x}')(\nabla_{\mathbf{x}'}T(\mathbf{x}'))] \cdot \nabla_{\mathbf{x}'}}{|\mathbf{x}-\mathbf{x}'|}\,\mathrm{d}\mathbf{x}'. \tag{12.176}$$

Da wir nicht am Temperaturfeld, sondern am effektiven Zusammenhang zwischen dem Temperaturgradienten und dem Wärmefluss interessiert sind, bilden wir den Gradienten mit $\nabla_{\mathbf{x}}$. Diese Ableitung kann rechts ins Integral gezogen und ausgeführt werden,

$$\mathbf{g}(\mathbf{x}) = \frac{1}{4\pi l_0}\int \frac{[\Delta\mathbf{L}(\mathbf{x}')\mathbf{g}(\mathbf{x}')] \cdot \nabla_{\mathbf{x}'}}{|\mathbf{x}-\mathbf{x}'|^3}(\mathbf{x}-\mathbf{x}')\,\mathrm{d}\mathbf{x}'. \tag{12.177}$$

Das wiederholte Rückwärtseinsetzen von Gl. (12.177) führt zum Auftauchen der Korrelationsfunktionen. Bei jeder Anwendung des Green-Integrals taucht ein neuer Ortsvektor $\mathbf{x}''$, $\mathbf{x}'''$ ... auf. Dies führt für diskrete Phasen auf Integrale über Produkte von Indikatorfunktionen, die wir als Mehrpunktkorrelationen bezeichnet haben, siehe Abschnitt 3.3. In Milton (2002) Kapitel 15 ist eine ausführliche Darstellung zu finden.

Derartige Iterationen sind vor allem wegen ihres Schrankencharakters interessant. Für bestimmte $\mathbf{L}_0$ lässt sich zeigen, dass die Iteration von oben oder unten gegen den exakten Wert konvergiert. Für reale Approximationen ist die numerische Auswertung dieser Integrale äußerst mühsam und daher nicht empfehlenswert, unter anderem, weil die Integrale singulär sind (siehe der Nenner im Integranden in Gl. 12.177) und daher einer Renormalisierung (siehe Torquato (1997)) oder einer Bestimmung des Cauchyschen Hauptwertes bedürfen. Außerdem sind die Korrelationsfunktionen meist nicht verfügbar. Dazu kommt, dass die Rücktransformation der Green-Funktion in den Realraum nicht für alle $\mathbf{L}^0$ geschlossen notiert werden kann. Insbesondere in der Elastizitätstheorie sind anisotrope Steifigkeiten problematisch, siehe z. B. Abschnitt 5 in Mura (1987) für eine Übersicht.

# 13 Orientierungsmittel

Sehr oft ist das Materialverhalten auf Mikroebene anisotrop. Man denke an Polykristalle, faserverstärkte Kunststoffe, Holzfaserplatten und Polymere, welche kristalline Phasen mit starker Anisotropie bilden können. Nur wenige Materialien sind auf molekularer Ebene isotrop, z. B. regellos verschlungene Molekülketten in Polymeren oder glasartigen Stoffe.

Dennoch rechnen Ingenieure selbstverständlich mit isotropen Eigenschaften. Für Stahl wird z. B. üblicherweise ein Elastizitätsmodul[1] von 210 GPa und eine Querdehnungszahl[2] von 0.3 angenommen, obwohl der Elastizitätsmodul des Eiseneinkristalls je nach Zugrichtung Werte zwischen ca. 280 GPa in 111-Richtung und 130 GPa in 100-Richtung annehmen kann. Wir können bei bekannten Orientierungsverteilungen aus den Einkristalleigenschaften mit Hilfe der Orientierungsmittelung effektive Polykristalleigenschaften abschätzen. Allerdings müssen wir uns zuerst ein paar mathematische Werkzeuge zurechtlegen. Im Folgenden wird eine Einführung zu Drehungen und Orientierungen im dreidimensionalen Raum gegeben. Hierzu gibt es bereits umfangreiche Literatur, von der ich ganz besonders die Bücher Brannon (2018) und Popko (2012), (beide eher anschaulich), und Morawiec (2004) (mathematisch grundlegender) empfehlen kann. Des Weiteren gibt es sehr gute Vorlesungsmitschnitte von Prof. V. Balakrishnan (The rotation group and all that, part 1 to 3), siehe https://www.youtube.com/watch?v=wIn_dlmD8sk.

## 13.1 Orientierungen und Drehungen

SO(3) steht für die spezielle orthogonale Gruppe über dem dreidimensionalen Raum. Es handelt sich um die Menge aller linearer Transformationen (also 3×3-Matrizen), welche das Skalarprodukt zweier Vektoren unverändert lassen. Geometrisch kann es sich somit nur um Drehungen und Spiegelungen handeln. Die Gruppeneigenschaften werden aus der Anschauung klar: Die Hintereinanderschaltung zweier Drehungen kann zu einer Drehung zusammengefasst werden (Abgeschlossenheit von SO(3)), zu jeder Drehung gibt es eine Umkehroperation (jedes Element hat ein Inverses in SO(3)), die Identität ist ebenfalls Teil von SO(3) (**I** ist eine Drehung um Null Grad). Die Matrixmultiplikation ist von sich aus assoziativ. Somit sind alle Gruppenaxiome erfüllt. Üblicherweise werden Elemente aus SO(3) mit **Q** oder **R** (für Rotation) bezeichnet. Mit

$$\mathbf{a}' = \mathbf{Q} \cdot \mathbf{a} \tag{13.1}$$

$$\mathbf{b}' = \mathbf{Q} \cdot \mathbf{b} \tag{13.2}$$

1 Auch Youngs Modul (Thomas Young, 1773–1829).

2 Auch Poissonzahl (Siméon Denis Poisson, 1781–1840).

https://doi.org/10.1515/9783110719499-013

folgt aus der Erhaltung des Skalarproduktes

$$\mathbf{a}' \cdot \mathbf{b}' = \mathbf{a} \cdot \mathbf{b} = \mathbf{a} \cdot \mathbf{Q}^T \cdot \mathbf{Q} \cdot \mathbf{b}, \tag{13.3}$$

was nur für beliebige **a** und **b** gilt, wenn

$$\mathbf{Q}^T \mathbf{Q} = \mathbf{I}, \quad \mathbf{Q}^T = \mathbf{Q}^{-1} \tag{13.4}$$

ist. Man sieht, dass $\det(\mathbf{Q}^T) = \det(\mathbf{Q}^{-1})$ sein muss. Wegen der Determinantenregeln $\det(\mathbf{Q}^{-1}) = \det(\mathbf{Q})^{-1}$ und $\det(\mathbf{Q}) = \det(\mathbf{Q}^T)$ muss $\det(\mathbf{Q}) = \pm 1$ sein. Wir wollen Spiegelungen ausschließen, weswegen wir uns auf Drehungen mit $\det(\mathbf{Q}) = 1$ beschränken.

Aus Gl. (13.4) ergeben sich 6 unabhängige Gleichungen, die jedes **Q** erfüllen muss. Folglich kann **Q** nur drei unabhängige Komponenten haben. Die Parametrisierung von SO(3) erfordert also drei Koordinaten. Wir werden sehen, dass es keine einfache kartesische Parametrisierung von SO(3) geben kann. Eine für die Parametrisierung wichtige Eigenschaft ist die Kontinuität von SO(3). Nur dann ist eine Beschreibung mit kontinuierlichen Koordinaten möglich. Man spricht dann von einer Lie-Gruppe. Eine kontinuierliche Parametrisierung bedeutet, dass man durch differenzielle Änderungen jedes Element von SO(3) mit jedem Anderen verbinden kann, ohne dabei die Gruppe zu verlassen. Folglich existieren differenzielle Generatoren. Die Generatoren einer Gruppe sind ein nicht eindeutig festgelegter Satz Urelemente, aus welchen sich alle Elemente der Gruppe erzeugen lassen. Betrachten wir eine Rotation um die $\mathbf{e}_3$-Achse:

$$\mathbf{Q}_{\omega \mathbf{e}_3} = \begin{bmatrix} \cos\omega & -\sin\omega & 0 \\ \sin\omega & \cos\omega & 0 \\ 0 & 0 & 1 \end{bmatrix} \mathbf{e}_i \otimes \mathbf{e}_j. \tag{13.5}$$

Man beachte die beiden Rechte-Hand-Regeln, dargestellt in Abb. 13.1: die Erste legt die Orientierung der Basisvektoren zueinander fest, die Zweite definiert den positiven Drehsinn.

Es ist anschaulich klar, dass wir die Drehung in $n$ kleinere Einzeldrehungen mit dem Drehwinkel $\omega/n$ unterteilen können. Linearisieren wir an der Stelle $\omega = 0$ mit $\sin\omega/n \approx \omega/n$ und $\cos\omega/n \approx 1$ für kleine $\omega/n$, erhalten wir

$$\mathbf{Q}_{\Delta\omega \mathbf{e}_3} \approx \mathbf{I} + \underbrace{\frac{\omega}{n} \begin{bmatrix} 0 & -1 & 0 \\ 1 & 0 & 0 \\ 0 & 0 & 0 \end{bmatrix} \mathbf{e}_i \otimes \mathbf{e}_j}_{\mathbf{W}_3}. \tag{13.6}$$

Dem Tensor $\mathbf{W}_3$ kommt besondere Bedeutung zu. Er ist mit $\mathbf{W}_3^T = -\mathbf{W}_3$ antisymmetrisch. Er kann mit Hilfe des Permutationssymbols mit $\mathbf{e}_3$ geschrieben werden

$$\mathbf{W}_3 = -\overset{\langle 3 \rangle}{\boldsymbol{\varepsilon}} \cdot \mathbf{e}_3 \tag{13.7}$$

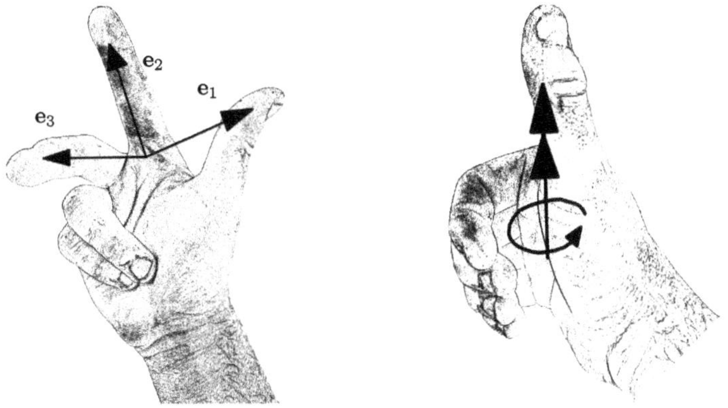


**Abb. 13.1:** Die beiden Rechte-Hand-Regeln für die Definition einer rechtshändigen Basis und des positiven Drehsinn.

und wirkt wie das Kreuzprodukt mit $\mathbf{e}_3$,

$$\mathbf{W}_3 \cdot \mathbf{x} = \mathbf{e}_3 \times \mathbf{x}. \tag{13.8}$$

Umgekehrt gilt

$$\mathbf{e}_3 = -\frac{1}{2} \overset{\langle 3 \rangle}{\boldsymbol{\varepsilon}} : \mathbf{W}_3. \tag{13.9}$$

Wir zerlegen nun die Drehung $\mathbf{Q}_{\omega \mathbf{e}_3}$ in das Produkt der Einzeldrehungen mit $\omega/n$ und betrachten anschließend den Grenzübergang $n \to \infty$:

$$\mathbf{Q}_{\omega \mathbf{e}_3} = \prod_{i=1}^{n} \mathbf{Q}_{\omega/n \mathbf{e}_3} \tag{13.10}$$

$$= (\mathbf{I} + \omega/n\, \mathbf{W}_3)^n \tag{13.11}$$

$$= \binom{n}{0}\mathbf{I} + \binom{n}{1}\left(\frac{\omega}{n}\mathbf{W}_3\right)^1 + \cdots + \binom{n}{n}\left(\frac{\omega}{n}\mathbf{W}_3\right)^n \tag{13.12}$$

$$= \sum_{k=0}^{n} \binom{n}{k}\left(\frac{\omega}{n}\mathbf{W}_3\right)^k . \tag{13.13}$$

Die Binomialkoeffizienten lassen sich als $\binom{n}{k} = n!/k!/(n-k)!$ schreiben. Wir erhalten für die $n$ Summanden den Ausdruck

$$\binom{n}{k}\left(\frac{\omega}{n}\mathbf{W}_3\right)^k = \frac{(n-k+1)(n-k+2)\dots(n)}{k!\, n^k}(\omega \mathbf{W}_3)^k \qquad \leftarrow \text{Zähler ausmultiplizieren}$$

$$= \frac{n^k + \alpha n^{k-1} + \beta n^{k-2} + \cdots + \zeta n^0}{k!\, n^k} (\omega \mathbf{W}_3)^k . \tag{13.14}$$

Man sieht nun, dass bei $n \to \infty$ vom Produkt im Zähler nur der Term $n^k$ eingeht, und alle anderen von niedrigerer Potenz sind. Beim Grenzübergang bleibt nur der Term mit $n^k/n^k/k!$ übrig,

$$\lim_{n\to\infty} \frac{n^k + \alpha n^{k-1} + \beta n^{k-2} + \cdots + \zeta n^0}{k!\, n^k} (\omega \mathbf{W}_3)^k = \frac{1}{k!} (\omega \mathbf{W}_3)^k . \tag{13.15}$$

Damit können wir die gesamte Summe als die Exponentialfunktion identifizieren,

$$\mathbf{Q}_{\omega \mathbf{e}_3} = \lim_{n\to\infty} \sum_{k=0}^{n} \binom{n}{k} \left(\frac{\omega}{n} \mathbf{W}_3\right)^k \tag{13.16}$$

$$= \sum_{k=0}^{n} \frac{1}{k!} (\omega \mathbf{W}_3)^k \tag{13.17}$$

$$= \exp(\omega \mathbf{W}_3). \tag{13.18}$$

Die Anwendung der Exponentialfunktion wird am besten in der Spektraldarstellung ausgeführt. $\omega \mathbf{W}_3$ hat die folgenden Eigenwerte und Rechts- und Linkseigenvektoren:

$$\lambda_1 = \mathrm{i}\omega \qquad \mathbf{r}_1 = \mathrm{i}\mathbf{e}_1 + \mathbf{e}_2 \qquad \mathbf{l}_1 = -\mathrm{i}\mathbf{e}_1 + \mathbf{e}_2 \tag{13.19}$$

$$\lambda_2 = -\mathrm{i}\omega \qquad \mathbf{r}_2 = -\mathrm{i}\mathbf{e}_1 + \mathbf{e}_2 \qquad \mathbf{l}_2 = \mathrm{i}\mathbf{e}_1 + \mathbf{e}_2 \tag{13.20}$$

$$\lambda_3 = 0 \qquad \mathbf{r}_3 = \mathbf{e}_3 \qquad \mathbf{l}_3 = \mathbf{e}_3. \tag{13.21}$$

In der Spektraldarstellung ist

$$\mathbf{Q}_{\omega \mathbf{e}_3} = \sum_{i=1}^{3} \frac{\exp(\lambda_i)}{\mathbf{l}_i \cdot \mathbf{r}_i} \mathbf{r}_i \otimes \mathbf{l}_i . \tag{13.22}$$

Die Division durch das Skalarprodukt dient der Normierung der Eigenprojektoren. Wir erhalten

$$\exp(\omega \mathbf{W}_3) = \frac{\mathrm{e}^{\mathrm{i}\omega}}{2} \begin{array}{c|ccc} & -\mathrm{i} & 1 & 0 \\ \hline \mathrm{i} & & & \\ 1 & & & \\ 0 & & & \end{array} + \frac{\mathrm{e}^{-\mathrm{i}\omega}}{2} \begin{array}{c|ccc} & \mathrm{i} & 1 & 0 \\ \hline -\mathrm{i} & & & \\ 1 & & & \\ 0 & & & \end{array} + \begin{array}{c|ccc} & 0 & 0 & 1 \\ \hline 0 & & & \\ 0 & & & \\ 1 & & & \end{array} \tag{13.23}$$

$$= \frac{\mathrm{e}^{\mathrm{i}\omega}}{2} \begin{bmatrix} 1 & \mathrm{i} & 0 \\ -\mathrm{i} & 1 & 0 \\ 0 & 0 & 0 \end{bmatrix} + \frac{\mathrm{e}^{-\mathrm{i}\omega}}{2} \begin{bmatrix} 1 & -\mathrm{i} & 0 \\ \mathrm{i} & 1 & 0 \\ 0 & 0 & 0 \end{bmatrix} + \begin{bmatrix} 0 & 0 & 0 \\ 0 & 0 & 0 \\ 0 & 0 & 1 \end{bmatrix} . \tag{13.24}$$

Mit der Rechenregel $\exp(\pm \mathrm{i}\omega) = \cos\omega \pm \mathrm{i}\sin\omega$ ergibt sich

$$\mathbf{Q}_{\omega \mathbf{e}_3} = \frac{\cos\omega + \mathrm{i}\sin\omega}{2} \begin{bmatrix} 1 & \mathrm{i} & 0 \\ -\mathrm{i} & 1 & 0 \\ 0 & 0 & 0 \end{bmatrix} + \frac{\cos\omega - \mathrm{i}\sin\omega}{2} \begin{bmatrix} 1 & -\mathrm{i} & 0 \\ \mathrm{i} & 1 & 0 \\ 0 & 0 & 0 \end{bmatrix} + \begin{bmatrix} 0 & 0 & 0 \\ 0 & 0 & 0 \\ 0 & 0 & 1 \end{bmatrix}$$

$$= \begin{bmatrix} \cos\omega & -\sin\omega & 0 \\ \sin\omega & \cos\omega & 0 \\ 0 & 0 & 1 \end{bmatrix} . \tag{13.25}$$

Es ist interessant, über eine symbolische Verallgemeinerung für beliebige Drehachsen nachzudenken. Man sieht, dass $\mathbf{Q}_{\omega \mathbf{e}_3}$ auch als

$$\mathbf{Q}_{\omega \mathbf{e}_3} = \cos\omega(\mathbf{I} - \mathbf{e}_3 \otimes \mathbf{e}_3) - \sin\omega \overset{\langle 3\rangle}{\boldsymbol{\varepsilon}} \cdot \mathbf{e}_3 + \mathbf{e}_3 \otimes \mathbf{e}_3 \tag{13.26}$$

geschrieben werden kann. Wir können hier nun $\mathbf{e}_3$ durch eine beliebige Drehachse $\mathbf{r}$ ersetzen, wobei allerdings auf die Normiertheit von $\mathbf{r}$ geachtet werden muss. Eine geometrische Interpretation von Gl. (13.26) ist in Abb. 13.2 gegeben. Daraus ergeben sich mehrere elegante Methoden, wie wir die Drehungen SO(3) durch drei Parameter darstellen können.

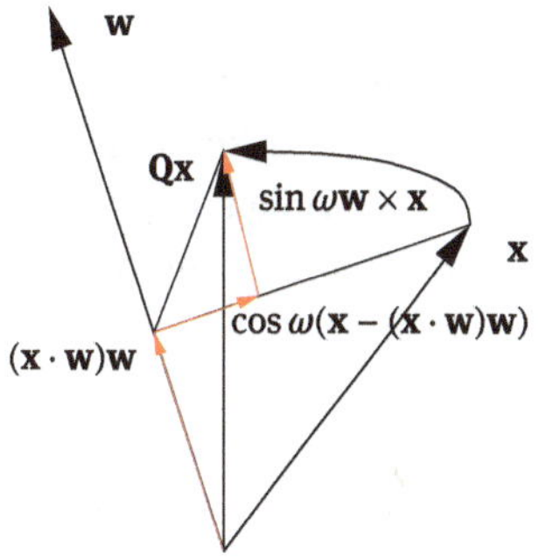


**Abb. 13.2:** Geometrische Deutung der Formel für finite Drehungen (Gl. 13.26).

### 13.1.1 Achse-Winkel-Parametrisierung

Es liegt nahe, die Drehachse mit zwei Winkeln zu parametrisieren, z. B. mit dem Längengrad $\phi$ und dem Breitengrad $\theta$,

$$\mathbf{w} = \cos\phi\cos\theta\mathbf{e}_1 + \sin\phi\cos\theta\mathbf{e}_2 + \sin\theta\mathbf{e}_3. \tag{13.27}$$

Damit wird ein antisymmetrischer Tensor $-\overset{\langle 3\rangle}{\boldsymbol{\varepsilon}} \cdot \mathbf{w} = \mathbf{W}$ konstruiert. Dieser wird mit dem Drehwinkel $\omega$ multipliziert. Die Exponentialfunktion liefert den zu dieser Drehung gehörenden orthogonalen Tensor. Die explizite Darstellung führt auf die Rodrigues[3]-Formel für finite Rotationen

$$\mathbf{Q}_{\omega\mathbf{w}} = \exp(-\omega \overset{\langle 3\rangle}{\boldsymbol{\varepsilon}} \cdot \mathbf{w}) \tag{13.28}$$

$$= \cos\omega(\mathbf{I} - \mathbf{w} \otimes \mathbf{w}) - \sin\omega \overset{\langle 3\rangle}{\boldsymbol{\varepsilon}} \cdot \mathbf{w} + \mathbf{w} \otimes \mathbf{w}. \tag{13.29}$$

3 Olinde Rodrigues, 1795–1851.

Wir sehen, dass wegen der Normiertheit von **w** und der Spurfreiheit von **W**

$$\mathrm{sp}(\mathbf{Q}_{\omega\mathbf{w}}) = 2\cos\omega + 1 \tag{13.30}$$

gilt, so dass

$$\omega = \arccos\left(\frac{\mathrm{sp}(\mathbf{Q}_{\omega\mathbf{w}}) - 1}{2}\right) \tag{13.31}$$

ist. Des Weiteren sieht man, dass Drehungen um 180° die einfache Form

$$\mathbf{Q}_{\pi\mathbf{w}} = -\mathbf{I} + 2\mathbf{w} \otimes \mathbf{w} \tag{13.32}$$

annehmen.

Fassen wir $\omega$ mit **w** zusammen, ergibt sich ein anschauliches geometrisches Bild von SO(3). Jeder Punkt einer Kugel mit dem Radius $\pi$ entspricht einer Rotation, wobei der Richtungsvektor die Drehachse und der Betrag den Drehwinkel angibt. Der Definitionsbereich wird aufgrund der Periodizität in $\omega$ auf $0 \leq \omega \leq \pi$ beschränkt. 180°-Drehungen sind auf dem Kugelrand bei $\omega = \pi$ doppelt vorhanden, nämlich jeweils antipodisch.

Damit ist SO(3) ein topologisch interessanter Raum. Ein geschlossener Pfad, der *ein* mal durch die Oberfläche der 180°-Drehungen geht, kann nicht zu einem Punkt zusammengezogen werden, wie etwa bei der Umrundung eines Torusses. Ein geschlossener Pfad, der *zwei* mal die 180°-Fläche schneidet, kann zu einem Punkt zusammengezogen werden, wie in Abb. 13.3 skizziert. Diese Beobachtung lässt sich jeweils auf alle geschlossenen Pfade mit ungerad- und geradzahliger Anzahl von Schnitten durch die 180°-Fläche übertragen. Obwohl SO(3) dreidimensional ist, können wir keinen geometrischen Körper mit einer derartigen Topologie konstruieren. Man sagt, SO(3) ist doppelt verbunden, da wir zwei Arten von geschlossenen Pfaden

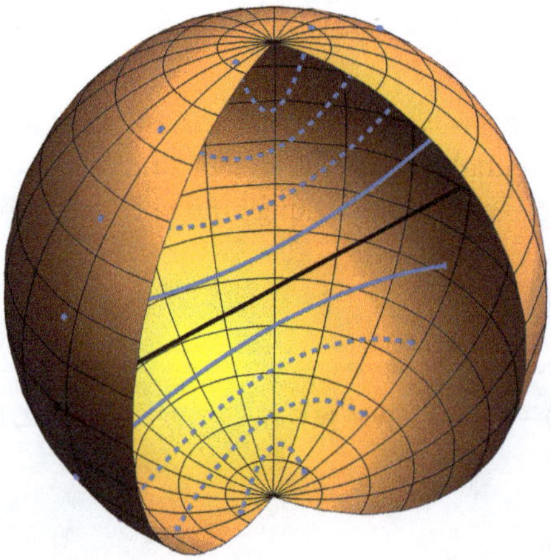

**Abb. 13.3:** Die schwarze gerade Linie stellt einen einfachen zyklischen Pfad durch SO(3) dar, der nicht zu einem Punkt zusammengezogen werden kann. Die beiden blauen gekrümmten Linien stellen einen doppelten zyklischen Pfad durch SO(3) dar, der zwar beliebig dicht am einfachen zyklischen Pfad entlanglaufen kann, aber zu einem Punkt zusammengezogen werden kann.

konstruieren können, die sich zu Punkten zusammenziehen lassen, nämlich Pfade innerhalb der SO(3)-Kugel und Pfade mit einer geraden Anzahl an Durchstoßpunkten durch die 180°-Oberfläche. Dadurch ist eine kartesische Parametrisierung von SO(3) ausgeschlossen.

### 13.1.2 Eulerwinkel-Parametrisierung

Man kann jede Drehung durch Hintereinanderschaltung dreier Elementardrehungen um drei fest gewählte Achsen erzeugen. Es liegt zum Beispiel nahe, $\mathbf{W}_1$ und $\mathbf{W}_2$ in Analogie zu $\mathbf{W}_3 = -\overset{\langle 3\rangle}{\boldsymbol{\varepsilon}} \cdot \mathbf{e}_3$ zu verwenden. Dabei ist die Reihenfolge nicht beliebig, den Rechenregeln mit der Exponentialfunktion sind also Grenzen gesetzt,

$$\mathbf{Q} = \mathbf{Q}_{\phi_1\mathbf{e}_1}\mathbf{Q}_{\phi_2\mathbf{e}_2}\mathbf{Q}_{\phi_3\mathbf{e}_3} \tag{13.33}$$

$$= \exp(\phi_1\mathbf{W}_1)\exp(\phi_2\mathbf{W}_2)\exp(\phi_3\mathbf{W}_3) \tag{13.34}$$

$$\neq \exp(\phi_1\mathbf{W}_1 + \phi_2\mathbf{W}_2 + \phi_3\mathbf{W}_3). \tag{13.35}$$

#### Konvention

Mit Beachtung der Reihenfolge und der Möglichkeit, raumfeste Achsen oder mitdrehende Achsen zu verwenden, ergeben sich eine Vielzahl an Kombinationsmöglichkeiten. Am gebräuchlichsten ist die $z-x-z$-Konvention. Man dreht erst mit $\phi_1$ um die raumfeste $\mathbf{e}_3$-Achse, dann mit $\Phi$ um die raumfeste $\mathbf{e}_1$-Achse, und dann mit $\phi_2$ um die raumfeste $\mathbf{e}_3$-Achse,

$$\mathbf{Q} = \mathbf{Q}_{\phi_2\mathbf{e}_3}\mathbf{Q}_{\Phi\mathbf{e}_1}\mathbf{Q}_{\phi_1\mathbf{e}_3}. \tag{13.36}$$

Vorteil dieser Konvention ist, dass sich leicht die Umkehrdrehung konstruieren lässt, man braucht nur die Vorzeichen der Drehwinkel zu wechseln und $\phi_1$ und $\phi_2$ zu vertauschen. Außerdem vermeidet man die $\mathbf{e}_2$-Achse, bei welcher der positive Drehsinn einen Vorzeichenwechsel im Kreuzprodukt verursacht.

#### Vorteile

Allen Eulerwinkel[4]-Parametrisierungen ist gemein, dass man $\mathbf{Q}$ leicht bezüglich orthogonaler Basen $\mathbf{e}_i$ notieren kann. In der hier gewählten $z-x-z$-Konvention ist

$$\mathbf{Q} = \mathbf{Q}_{\phi_2\mathbf{e}_3}\mathbf{Q}_{\Phi\mathbf{e}_1}\mathbf{Q}_{\phi_1\mathbf{e}_3} \tag{13.37}$$

$$= \begin{bmatrix} c_2 & -s_2 & 0 \\ s_2 & c_2 & 0 \\ 0 & 0 & 1 \end{bmatrix} \cdot \begin{bmatrix} 1 & 0 & 0 \\ 0 & c & -s \\ 0 & s & c \end{bmatrix} \cdot \begin{bmatrix} c_1 & -s_1 & 0 \\ s_1 & c_1 & 0 \\ 0 & 0 & 1 \end{bmatrix}$$

4 Leonhard Euler, 1707–1783.

$$= \begin{bmatrix} c_1c_2 - cs_1s_2 & -c_2s_1 - cc_1s_2 & ss_2 \\ cc_2s_1 + c_1s_2 & cc_1c_2 - s_1s_2 & -c_2s \\ ss_1 & c_1s & c \end{bmatrix} \tag{13.38}$$

mit

$$s_1 = \sin\phi_1 \qquad s_2 = \sin\phi_2 \qquad s = \sin\Phi \tag{13.39}$$

$$c_1 = \cos\phi_1 \qquad c_2 = \cos\phi_2 \qquad c = \cos\Phi. \tag{13.40}$$

Integrationen über SO(3) in Eulerwinkeln werden dann zu Integrationen über Winkelfunktionen, was sich in aller Regel gut lösen lässt. Hierzu später mehr.

**Nachteile**

Die Parametrisierung ist für Drehungen um $\mathbf{e}_3$ nicht eindeutig. Letztere können beliebig zwischen $\phi_1$ und $\phi_2$ aufgeteilt werden. Die Parametrisierung kann für alle anderen Drehungen eindeutig gemacht werden, indem die Definitionsbereiche der Winkel angepasst werden, nämlich $0 \le \phi_1 < 2\pi$, $0 \le \Phi \le \pi$, $0 \le \phi_2 < 2\pi$. Die Einschränkung von $\Phi$ auf das Intervall $0 \ldots \pi$ ist notwendig, da anderenfalls zwei Parametersätze für $\phi_1, \Phi, \phi_2$ auf die gleiche Rotation führen, nämlich

$$\phi'_{1,2} = \phi_{1,2} + \pi \tag{13.41}$$

$$\Phi' = 2\pi - \Phi. \tag{13.42}$$

Der Übergang auf die $'$-Winkel verursacht einen reinen Vorzeichenwechsel bei $s_{1,2}$ und $c_{1,2}$ sowie einen Vorzeichenwechsel bei $s$. Man kann sich davon überzeugen, dass diese die Matrix in Gl. (13.38) unverändert lassen.

Außerdem sind sequenzielle Eulerdrehungen zwar effizient im $\mathbf{x}$-Koordinatenraum, können aber einen ziemlichen Umweg in SO(3) darstellen (Stichwort Robotertanz, Abschnitt 15.8.1. in Brannon (2018)).

### 13.1.3 Rodrigues-Parametrisierung

Sei $\mathbf{Q}$ eine Rotationsmatrix, welche $\mathbf{x}$ auf $\mathbf{x}' = \mathbf{Q}\mathbf{x}$ abbildet. Seien

$$\mathbf{y} = \mathbf{x} - \mathbf{x}' = (\mathbf{I} - \mathbf{Q})\mathbf{x} \tag{13.43}$$

$$\mathbf{z} = \mathbf{x} + \mathbf{x}' = (\mathbf{I} + \mathbf{Q})\mathbf{x}, \tag{13.44}$$

siehe Abb. 13.4. Wir können $\mathbf{y}$ durch $\mathbf{z}$ ausdrücken,

$$\mathbf{y} = (\mathbf{I} - \mathbf{Q})\mathbf{x} \tag{13.45}$$

$$= \underbrace{(\mathbf{I} - \mathbf{Q})(\mathbf{I} + \mathbf{Q})^{-1}}_{\mathbf{W}_\mathrm{R}}\mathbf{z}, \tag{13.46}$$

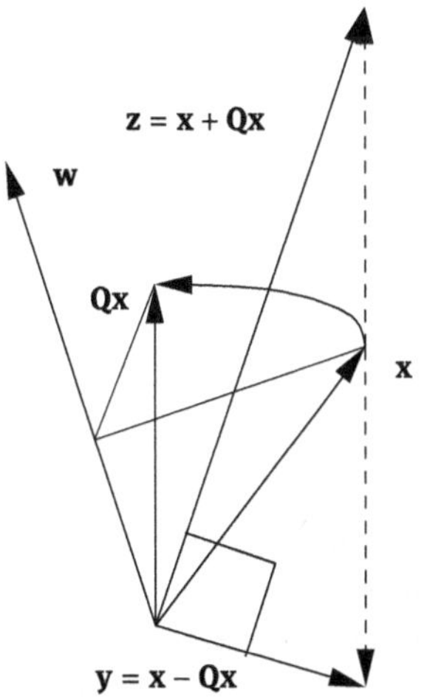


**Abb. 13.4:** Darstellung der Hilfsgrößen $\mathbf{z} = \mathbf{x} + \mathbf{Q}\mathbf{x}$ und $\mathbf{y} = \mathbf{x} - \mathbf{Q}\mathbf{x}$ bei der Herleitung der Rodrigues-Parametrisierung.

wobei wir die Invertierbarkeit von $\mathbf{I} + \mathbf{Q}$ annehmen. Dies ist für alle Drehungen um Winkel ungleich 180° ($+z360°$ mit $z \in \mathbb{Z}$) der Fall. Man erkennt, dass $\mathbf{z}$ und $\mathbf{y}$ senkrecht aufeinander stehen, weswegen $\mathbf{z} \cdot \mathbf{y} = \mathbf{z} \cdot \mathbf{W}_\mathrm{R} \cdot \mathbf{z} = 0$ ist. Dies muss für alle $\mathbf{x}$, und mit der vorausgesetzten Invertierbarkeit von $\mathbf{I} + \mathbf{Q}$ auch für alle $\mathbf{z}$ gelten. Damit ist klar, dass $\mathbf{W}_\mathrm{R}$ antisymmetrisch ist. Der antisymmetrische Anteil wirkt wie das Kreuzprodukt, weswegen $\mathbf{W}_\mathrm{R}\mathbf{z}$ senkrecht auf $\mathbf{z}$ steht. Ein symmetrischer Anteil hat reelle Eigenwerte und reelle Eigenrichtungen, so dass $\mathbf{z} \cdot \mathbf{W}_\mathrm{R} \cdot \mathbf{z}$ nur dann Null für alle Vektoren $\mathbf{z}$ sein kann, wenn der symmetrische Anteil verschwindet. Wir können

$$\mathbf{W}_\mathrm{R} = (\mathbf{I} - \mathbf{Q})(\mathbf{I} + \mathbf{Q})^{-1} \tag{13.47}$$

nach $\mathbf{Q}$ umstellen, indem wir von rechts mit $\mathbf{I} + \mathbf{Q}$ multiplizieren, alle Terme mit $\mathbf{Q}$ auf eine Seite bringen, $\mathbf{Q}$ ausklammern und mit der inversen Klammer multiplizieren, was auf

$$\mathbf{Q} = (\mathbf{I} + \mathbf{W}_\mathrm{R})^{-1}(\mathbf{I} - \mathbf{W}_\mathrm{R}) \tag{13.48}$$

führt. Die antisymmetrische Matrix $\mathbf{W}_\mathrm{R}$ kann mit drei unabhängigen Parametern dargestellt werden,

$$\mathbf{W}_\mathrm{R} = -\overset{\langle 3 \rangle}{\boldsymbol{\varepsilon}} \cdot \mathbf{w}_\mathrm{R}. \tag{13.49}$$

Dies ist eine weitere, offenbar nichtperiodische Parametrisierung von $\mathbf{Q}$ mit drei Koordinaten. Interessanterweise ist $\mathbf{I} + \mathbf{W}_\mathrm{R}$ immer invertierbar. Das kann nur heißen, dass nicht der gesamte Raum der Drehungen erfasst wird, da die 180°-Drehungen doppelt vorkommen müssen. Anschaulich entspricht die Rodrigues-Parametrisierung dem Aufblähen der SO(3)-Kugel der Achse-Winkel-Parametrisierung in Abb. 13.3, indem der 180°-Rand radial nach $+\infty$ gestreckt wird. Damit kommt man der Periodizität bei, verliert aber die 180°-Drehungen. Diese sind nur als gerichtete Grenzwerte für $\| \pm \mathbf{w}_\mathrm{R}\| \to \infty$ enthalten. Dann verschwinden die Eigenwerte von $\mathbf{I}$ gegenüber den Eigenwerten von $\mathbf{W}_\mathrm{R}$, so dass $\mathbf{I} + \mathbf{W}_\mathrm{R}$ nicht invertierbar ist.

## 13.2 Drehung von Tensoren höherer Stufe

Die Drehung eines Vektors $\mathbf{v}$ ist

$$\mathbf{v}' = \mathbf{Q} \cdot \mathbf{v} = Q_{ij}\mathbf{e}_i \otimes \mathbf{e}_j \cdot v_k \mathbf{e}_k = \underbrace{Q_{ij}v_j}_{v_i'}\, \mathbf{e}_i = v_j \underbrace{Q_{ij}\mathbf{e}_i}_{\mathbf{e}_j'} . \tag{13.50}$$

Meist wird bei der Reihenfolge der Produkte erst $Q_{ij}$ mit $v_j$ zu $v_i'$ assoziiert und als Komponente zu $\mathbf{e}_i$ aufgefasst. Man kann aber auch $Q_{ij}$ mit $\mathbf{e}_i$ zu $\mathbf{e}_j'$ assoziieren, und dies als Basis zu $v_j$ auffassen. Man kann also den gedrehten Vektor durch Umrechnen der Komponenten bei festgehaltener Basis, oder durch Umrechnen der Basis bei festgehaltenen Komponenten erzeugen. Letztere Darstellung kann leicht auf Tensoren beliebiger Stufe $s$ verallgemeinert werden. Hierfür definieren wir das Rayleighprodukt

$$\overset{\langle s\rangle}{\mathbb{A}}{}' = \mathbf{Q} * \overset{\langle s\rangle}{\mathbb{A}} = A_{ij\dots mn}(\mathbf{Q}\cdot\mathbf{e}_i)\otimes\cdots\otimes(\mathbf{Q}\cdot\mathbf{e}_n), \tag{13.51}$$

mit den Komponenten

$$A_{ij\dots mn} = \overset{\langle s\rangle}{\mathbb{A}} \cdots\cdot\, \mathbf{e}_i \otimes \cdots \otimes \mathbf{e}_n. \tag{13.52}$$

Es ist

- homogen vom Grad $s$ im ersten Faktor, $(\alpha\mathbf{Q}) * \overset{\langle s\rangle}{\mathbb{A}} = \alpha^s(\mathbf{Q} * \overset{\langle s\rangle}{\mathbb{A}})$,
- assoziativ im ersten Faktor bezüglich der Multiplikation,

$$(\mathbf{Q}_1\mathbf{Q}_2) * \overset{\langle s\rangle}{\mathbb{A}} = \mathbf{Q}_1 * (\mathbf{Q}_2 * \overset{\langle s\rangle}{\mathbb{A}}) \tag{13.53}$$

- und linear im zweiten Faktor. Letzteres erlaubt es, das Rayleighprodukt als lineare Abbildung mit einem Tensor der Stufe $2s$ zu schreiben,

$$\overset{\langle s\rangle}{\mathbb{A}}{}' = \overset{\langle 2s\rangle}{\mathbb{Q}}(\mathbf{Q}) \underbrace{\cdots\cdot}_{s\text{ Punkte}} \overset{\langle s\rangle}{\mathbb{A}}. \tag{13.54}$$

In dieser Darstellung ist die Linearität offenkundig, und lässt sich leichter mit anderen linearen Operationen verrechnen.

## 13.3 Das anisotrope Hookesche Gesetz

Dem Neumann[5]-Curie[6]-Prinzip nach manifestieren sich räumliche Symmetrien der materiellen Struktur in den physikalischen Gesetzen (Curie, 1894; Neumann, 1885).

5 Franz Ernst Neumann, 1798–1895.

6 Pierre Curie, 1859–1906.

Ist z. B. ein Atomgitter invariant unter der Drehung $\mathbf{Q}$, so ist auch die Steifigkeit $\mathbb{C}$ invariant unter dieser Rotation,

$$\mathbb{C} = \mathbf{Q} * \mathbb{C}. \tag{13.55}$$

Räumliche Symmetrien werden durch Symmetriegruppen $\mathcal{G} = \{\mathbf{Q}_1, \mathbf{Q}_2 \dots \mathbf{Q}_n\}$ als Untergruppen von SO(3) beschrieben. Eine allgemeine Analyse der Untergruppen von SO(3) ist z. B. in Auffray, He und Quang (2019) und Weyl (1939) zu finden. Die Gruppenaxiome sind Assoziativität, Abgeschlossenheit, die Existenz inverser Elemente innerhalb der Gruppe zu allen Gruppenmitgliedern und die Identität $\mathbf{I}$ als Gruppenmitglied,

$$(\mathbf{Q}_1\mathbf{Q}_2)\mathbf{Q}_3 = \mathbf{Q}_1(\mathbf{Q}_2\mathbf{Q}_3) = \mathbf{Q}_4, \quad \mathbf{Q}_{1,2,3,4} \in \mathcal{G} \tag{13.56}$$

$$\mathbf{Q}_1\mathbf{Q}_1^{-1} = \mathbf{I}, \quad \mathbf{Q}_1, \mathbf{Q}_1^{-1}, \mathbf{I} \in \mathcal{G}. \tag{13.57}$$

Die Elemente einer Gruppe können aus einem nicht eindeutigen Satz von Generatoren $\{\mathbf{Q}_{\mathrm{G1}}, \mathbf{Q}_{\mathrm{G2}}, \dots \mathbf{Q}_{\mathrm{G}m}\}$ mit $m \leq n$ erzeugt werden. Die Symmetrieeinschränkungen werden gemäß

$$\mathbb{C} = \mathbf{Q}_i * \mathbb{C} \quad \forall \mathbf{Q}_i \in \mathcal{G} \tag{13.58}$$

vorgenommen. Aufgrund der Assoziativität des Rayleighproduktes im ersten Faktor und der Darstellung aller $\mathbf{Q}_i$ durch beispielsweise zwei Generatoren $\mathbf{G}_{\mathrm{G1,G2}}$

$$\mathbb{C} = \mathbf{Q}_i * \mathbb{C} \tag{13.59}$$

$$= (\mathbf{Q}_{\mathrm{G1}}\mathbf{Q}_{\mathrm{G2}} \dots \mathbf{Q}_{\mathrm{G1}}) * \mathbb{C} \tag{13.60}$$

$$= \mathbf{Q}_{\mathrm{G1}} * (\mathbf{Q}_{\mathrm{G2}} * \dots (\mathbf{Q}_{\mathrm{G1}} * \mathbb{C})), \tag{13.61}$$

kann jede Symmetrietransformation $\mathbf{Q}_i$ auf die Wirkung der Generatoren $\mathbf{Q}_{\mathrm{G1,G2}}$ reduziert werden. Gl. (13.58) muss also nur für einen Satz von Generatoren der Gruppe ausgewertet werden. Darüber hinaus ist Gl. (13.55) ein lineares homogenes Gleichungssystem für $\mathbb{C}$, da das Rayleighprodukt linear im zweiten Faktor ist,

$$\mathbb{C} = \mathbf{Q}_i * \mathbb{C} \tag{13.62}$$

$$\mathbf{Q}_i * \mathbb{C} - \mathbb{C} = \mathbb{O} \tag{13.63}$$

$$\underbrace{(\overset{\langle 8\rangle}{\mathbb{Q}} - \overset{\langle 8\rangle}{\mathbb{I}})}_{\mathbb{L}} :: \mathbb{C} = \mathbb{O} \quad \text{mit} \quad \overset{\langle 8\rangle}{\mathbb{Q}} = Q_{im}Q_{jn}Q_{ko}Q_{lp}\mathbf{e}_i \otimes \mathbf{e}_j \otimes \mathbf{e}_k \otimes \mathbf{e}_l \otimes \mathbf{e}_m \otimes \mathbf{e}_n \otimes \mathbf{e}_o \otimes \mathbf{e}_p.$$

Der Lösungsraum für $\mathbb{C}$ hängt von $\mathbb{L}$ ab. Aufgrund der Tatsache, dass $\mathbf{Q}$ in vierter Potenz auftaucht und der Tatsache, dass Potenzen $n$ von Winkelfunktionen durch Linearkombinationen von Winkelfunktionen mit Perioden $2\pi/n$ geschrieben werden können, ergeben sich spezielle $\mathbb{L}$ nur für Drehungen mit Winkeln $2\pi/k$ mit $k = 1 \dots 4$. Für derartige Winkel gibt es einen Rankabfall in $\mathbb{L}$, so dass der Lösungsraum für $\mathbb{C}$ größer wird. Oder anders ausgedrückt, die Anzahl der linearen Zwänge zwischen den Komponenten von $\mathbb{C}$ wird durch den Rankabfall von $\mathbb{L}$ für Drehungen mit Winkeln $2\pi/k$ kleiner, so dass mehr unabhängige Komponenten in $\mathbb{C}$ enthalten sind.

Für höherzählige Drehungen mit $k = 5\ldots\infty$ stellt sich kein weiterer Rankabfall ein, so dass alle höherzähligen Symmetrien mit der kontinuierlichen Drehsymmetrie (Transversalisotropie) zusammenfallen. Dies wurde in Hermann (1934)[7] in einem sehr lesenswerten Artikel beschrieben, und ist in Listing 13.2 demonstriert.

Dies ist eine bemerkenswerte Aussage: Sie impliziert, dass lineare Gesetze höherzählige Symmetrien nicht unterscheiden können. Beispielsweise schließt dies die wenig intuitive Aussage ein, dass für den Wärmeleitungstensor 2. Stufe maximal zweizählige Symmetrien unterschieden werden können, weswegen insgesamt nur 5 Symmetrieklassen unterscheidbar sind. Zum Beispiel fällt die kubische Wärmeleitung mit der isotropen Wärmeleitung zusammen. Messungen zeigen allerdings, dass bei niedrigen Temperaturen unter 30 Kelvin in kubischen Kristallen die Wärmeleitfähigkeit richtungsabhängig ist (McCurdy, Maris und Elbaum, 1970). Lineare Gesetze sind dann nicht anwendbar.

In der linearen Elastizitätstheorie können nur 8 Symmeterieklassen unterschieden werden, siehe Tabelle 13.1. Die größte Symmetriegruppe ist SO(3) selbst, die kleinste Gruppe ist die trikline Symmetriegruppe $\{\mathbf{I}\}$. Betrachten wir letztere als triviales Beispiel: Es können keine Einschränkungen der Komponenten von $\mathbb{C}$ vorgenommen werden. Daher ist triklines elastisches Materialverhalten durch alle $21 = 1+2+3+4+5+6$ unabhängigen Komponenten einer symmetrischen 6×6-Matrix in der Voigt-Mandel-Notation charakterisiert. Es empfiehlt sich eine Zerlegung der Komponenten in Orientierungsanteil und Elastizitätsanteil wie in Kowalczyk-Gajewska und Ostrowska-Maciejewska (2009). Die Orientierungsinformation einer triklinen Zelle erfordert drei Winkel. Die Elastizitätsinformation ist in der Spektraldarstellung von $\mathbb{C}$ enthalten, siehe Tabelle 1 in Cowin und Mehrabadi (1992). Für triklines Material findet man 6 Eigenwerte (Kelvin-Moduli) und 12 Koppelparameter (auch *elastic distributors* genannt), welche die Eigenprojektoren zueinander orientieren. Eine Übersicht ist in Tabelle 13.1 gegeben.

Es ist bemerkenswert, dass die üblicherweise angegebene Anzahl unabhängiger Komponenten nicht konsistent ist. So enthalten die für trikline Steifigkeit normalerweise angegebenen 21 unabhängigen Komponenten die 3 Orientierungsparameter ($21 = 18 + 3$), die 13 Parameter für monoklines Verhalten nur einen von drei Orientierungsparametern ($12 + 1 = 13$), und alle anderen keinen Orientierungsparameter. Die klassischerweise angegebene Anzahl unabhängiger Komponenten ist in Tabelle 13.1 in Spalte 3 in Klammern angegeben (z. B. Ting (1996)).

7 Carl Hermann, 1898–1961.

**Tab. 13.1:** Die Symmetriegruppen der Elastizität. In der dritten Spalte ist in Klammern die klassische Anzahl an Freiwerten angegeben, welche sich bei Weglassen der Spezifizierung der Generatoren ergibt. Beispielsweise ergibt sich die Differenz 15 − 13 = 2 bei monokliner Symmetrie durch die fehlende Parametrisierung der Drehachse des Generators $\mathbf{Q}_{\mathbf{e}_1}^{\pi}$, welche hier auf $\mathbf{e}_1$ festgelegt ist, mit zwei Winkeln. Bei trikliner Symmetrie werden keine Parameter für den Generator benötigt. Bei Transversalisotropie und $n$-gonaler Symmetrie reicht die Spezifizierung der transversalisotropen Richtung (2 Winkel). Die differenziellen Generatoren bei Isotropie sind beliebig (keine Parameter). Orthotrope, kubische, trigonale und tetragonale Generatoren müssen mit drei Parametern spezifiziert werden.

| **Symmetrie** | **Erzeugende (Bsp.)** | **Eigenwerte + Koppelparameter + Ori.-Parameter = unabh. Komp. in $\mathbb{C}$** | $\lvert\mathcal{G}\rvert$ |
|---|---|---|---|
| triklin | $\mathbf{I}$ | $6 + 12 + 3 = 21\ (21)$ | 1 |
| monoklin | $\mathbf{Q}_{\mathbf{e}_1}^{\pi}$ | $6 + 6 + 3 = 15\ (13)$ | 2 |
| orthotrop | $\mathbf{Q}_{\mathbf{e}_1}^{\pi}, \mathbf{Q}_{\mathbf{e}_2}^{\pi}$ | $6 + 3 + 3 = 12\ (9)$ | 4 |
| trigonal | $\mathbf{Q}_{\mathbf{e}_2}^{\pi}, \mathbf{Q}_{\mathbf{e}_3}^{2\pi/3}$ | $4 + 2 + 3 = 9\ (6)$ | 6 |
| tetragonal | $\mathbf{Q}_{\mathbf{e}_1}^{\pi}, \mathbf{Q}_{\mathbf{e}_3}^{2\pi/4}$ | $4 + 2 + 3 = 9\ (6)$ | 8 |
| $n$-gonal | $\mathbf{Q}_{\mathbf{e}_1}^{\pi}, \mathbf{Q}_{\mathbf{e}_3}^{2\pi/n}, n > 4$ | $4 + 1 + 2 = 7\ (5)$ | $2n$ |
| trans.-iso. | $\mathbf{Q}_{\mathbf{e}_1}^{\pi}, \mathbf{Q}_{\mathbf{e}_3}^{\mathrm{d}\phi}$ | $4 + 1 + 2 = 7\ (5)$ | $\infty$ |
| kubisch | $\mathbf{Q}_{\mathbf{e}_1}^{3\pi/2}, \mathbf{Q}_{\frac{1}{\sqrt{3}}(\mathbf{e}_1+\mathbf{e}_2+\mathbf{e}_3)}^{2\pi/3}$ | $3 + 0 + 3 = 6\ (3)$ | 24 |
| isotrop | 2 diff. Generatoren $\mathbf{Q}_{\mathbf{e}_1}^{\mathrm{d}\phi}, \mathbf{Q}_{\mathbf{e}_2}^{\mathrm{d}\theta}$ siehe Abschnitt 13.5 | $2 + 0 + 0 = 2\ (2)$ | $\infty$ |

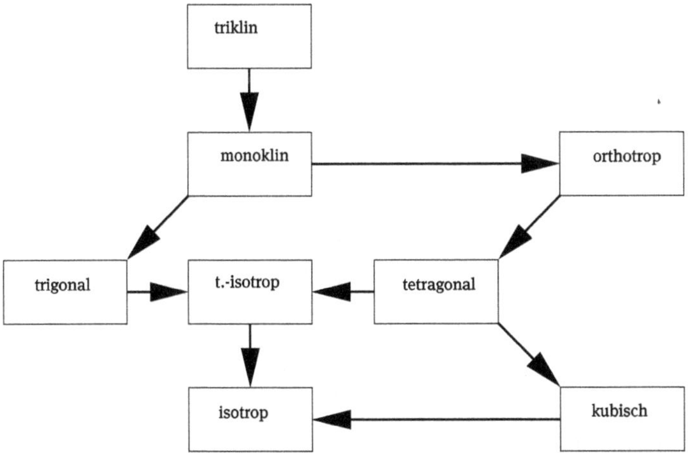


**Abb. 13.5:** Untermengenbeziehungen der Symmetriegruppen der Elastizität. Die Pfeile gehen von der Übergruppe zur Untergruppe, wenn man sich auf die Menge der Steifigkeitstetraden mit entsprechender Symmetrie bezieht. Man erkennt beispielsweise, dass jedes transversalisotrope Material auch trigonal ist, und dass die Schnittmenge zwischen transversalisotropen Materialien und kubischen Materialien die isotropen Materialien sind. Die Umkehrung für die Gruppen $\mathcal{G}$ der orthogonalen Tensoren gilt nicht.

In Listing 13.1 ist gezeigt, wie diese Informationen mit Hilfe von Mathematica von den Generatoren ausgehend gewonnen werden. Das Beispiel für die kubische Symmetrie zeigt, dass die Symmetriegruppe 24 Elemente enthält, bei festgelegten Generatoren 3 Freiwerte in $\mathbb{C}$ verbleiben, und eine mögliche Darstellung von $\mathbb{C}$ in der ausgegebenen Form mit den Freiwerten C2222, C2332 und C2233 ist.

**Listing 13.1:** Mathematica-Listing zum Aufbau der Symmetriegruppe aus den Generatoren und zur Elimination abhängiger Komponenten in $\mathbb{C}$.

```
Remove["Global`*"]
(* Die Sym.-Gruppe besteht anfangs aus den Generatoren *)
id = IdentityMatrix[3];
Liste1 = {id};                                                          (* triklin *)
Liste2 = {-id+{{2,0,0},{0,0,0},{0,0,0}}};                                (* monoklin *)
Liste3 = {-id+{{2,0,0},{0,0,0},{0,0,0}},-id+{{0,0,0},{0,2,0},{0,0,0}}}; (* orthotrop *)
Liste4 = {RotationMatrix[2Pi/3,{0,0,1}],RotationMatrix[Pi,{1,0,0}]};    (* trigonal *)
Liste5 = {RotationMatrix[Pi/2,{0,0,1}],-id+{{2,0,0},{0,0,0},{0,0,0}}};  (* tetragonal *)
Liste6 = {RotationMatrix[Pi/3,{0,0,1}],-id+{{2,0,0},{0,0,0},{0,0,0}}};  (* hexagonal *)
Liste7 = {RotationMatrix[Pi/2,{1,0,0}],RotationMatrix[2Pi/3,{1,1,1}]};  (* kubisch *)

(* Beispiel kubische Symmetrie *)
Liste = Liste7;
init = Length[Liste];
outit = 100000;
(* Solange Elemente erzeugen, bis keine neuen dazukommen *)
While[
 init != outit,
 init = Length[Liste];
 For[i = 1, i <= init, i += 1,
  For[j = 1, j <= init, j += 1,
    AppendTo[Liste, FullSimplify[Liste[[i]].Liste[[j]]]]
    ];
  ];
 Liste = DeleteDuplicates[Liste];
 outit = Length[Liste];
 Print["Anzahl der Elemente in G: ", outit]]

(* Tensor 4. Stufe anlegen *)
c=Table[ToExpression[StringJoin["C",ToString[i],ToString[j],ToString[k],ToString[l]]],
    {i,1,3},{j,1,3},{k,1,3},{l,1,3}];
(* Rotationssymmetrien *)
Q=Liste[[1]];
eqs1=Table[c[[m,n,o,p]]==Sum[c[[i,j,k,l]]Q[[m,i]] Q[[n,j]] Q[[o,k]] Q[[p,l]],
    {i,1,3},{j,1,3},{k,1,3},{l,1,3}],{m,1,3},{n,1,3},{o,1,3},{p,1,3}];
Q=Liste[[2]];
eqs2=Table[c[[m,n,o,p]]==Sum[c[[i,j,k,l]] Q[[m,i]] Q[[n,j]] Q[[o,k]] Q[[p,l]],
    {i,1,3},{j,1,3},{k,1,3},{l,1,3}],{m,1,3},{n,1,3},{o,1,3},{p,1,3}];
(* Subsymmetrien und Hauptsymmetrie *)
eqs4=Table[c[[m,n,o,p]]==c[[m,n,p,o]],{m,1,3},{n,1,3},{o,1,3},{p,1,3}];
eqs5=Table[c[[m,n,o,p]]==c[[o,p,m,n]],{m,1,3},{n,1,3},{o,1,3},{p,1,3}];
(* Gleichungen zusammenfassen *)
eqs=Flatten[{eqs1,eqs2,eqs4,eqs5}];
(* 3^4 minus Anzahl der unabhängigen Gleichungen (Rank der Koeff.-Matrix) liefert die *)
(* Anzahl der unabhängigen Komponenten bezüglich dieser Sym.-Gruppe. Letztere muss *)
(* ggf. mit Orientierungsparametern spezifiziert werden, z. B. die Orientierung des *)
(* Dreibeins bei kubischer Symmetrie (3 Parameter) oder die Orientierung der *)
(* 180 Grad Drehachse bei monokliner Symmetrie (2 Parameter). *)
```

```
Print["Anzahl unabh. Komponenten: ", 81-MatrixRank[CoefficientArrays[eqs,Flatten[c]][[2]]]]

(* Steifigkeit ohne abhängige Komponenten anzeigen. *)
erg = Solve[eqs, Flatten[c]];
Set @@@ erg[[1]];
c
----------------------------------------
Ergebnis:
Steifigkeitstetrade
Anzahl der Elemente in G: 6
Anzahl der Elemente in G: 18
Anzahl der Elemente in G: 24
Anzahl der Elemente in G: 24
Anzahl unabh. Komponenten: 3
{{{{C2222,0,0},{0,C2233,0},{0,0,C2233}},
{{0,C2332,0},{C2332,0,0},{0,0,0}},
{{0,0,C2332},{0,0,0},{C2332,0,0}}},
{{{0,C2332,0},{C2332,0,0},{0,0,0}},
{{C2233,0,0},{0,C2222,0},{0,0,C2233}},
{{0,0,0},{0,0,C2332},{0,C2332,0}}},
{{{0,0,C2332},{0,0,0},{C2332,0,0}},
{{0,0,0},{0,0,C2332},{0,C2332,0}},
{{C2233,0,0},{0,C2233,0},{0,0,C2222}}}}
```

**Listing 13.2:** Mathematica-Listing zur Demonstration des Rankabfalls bis zu $n$-zähliger Symmetrie bei Tensoren der Stufe $n$. Es ergibt sich für einen Tensor der Stufe $n$ die Aussage, dass Vereinfachungen bis zur Periode $2\pi/n$ möglich sind.

```
Remove["Global`*"]
stufe = 2; (* Tensorstufe *)
komps = 3^stufe;
CC = Array[C, ConstantArray[3, stufe]]; (* Symbolischen Tensor anlegen *)
Q = RotationMatrix[omega, {0, 0, 1}] (* Drehmatrix anlegen *);
(* Definition Rayleighprodukt für beliebige Stufe *)
Rayleigh[rotmat_, arg_] := Module[
  {depth, tmp},
  depth = Depth[arg] - 2;
  tmp = arg;
  For[i = 1, i <= depth, i++,
   tmp = Transpose[tmp, 1 <-> i];
   tmp = rotmat.tmp;
   tmp = Transpose[tmp, 1 <-> i];
   ];
  tmp
  ]
(* Systemmatrix extrahieren und begutachten *)
matrix = CoefficientArrays[{Flatten[Rayleigh[Q, CC] - CC]},
    Flatten[CC]][[2, 1]];
MatrixForm[matrix]
rank = MatrixRank[matrix];
Print["Dimension des Tensorraumes: ", 3^stufe]
Print["Anzahl unabhängiger Gleichungen durch Symmetrieforderung: ", rank]
Print["Anzahl unabhängiger Komponenten: ", 3^stufe - rank]
erg = Solve[Flatten[Rayleigh[Q, CC] == CC], Flatten[CC]] // FullSimplify
CC /. erg[[1]] // MatrixForm
Print["Für diese Winkel gibt es einen Rankabfall: "]
Map[Solve[#1 == 0, omega] &, Eigenvalues[matrix]] // DeleteDuplicates
```

## 13.4 Vom Volumenmittel zum Orientierungsmittel

Das Voigt-Mittel der Steifigkeit ist

$$\overline{\mathbb{C}} = \frac{1}{V_\Omega} \int\limits_\Omega \mathbb{C}(\mathbf{x})\, \mathrm{d}\mathbf{x}. \tag{13.64}$$

Wir können jede Steifigkeit $\mathbb{C}(\mathbf{x})$ als ortsabhängige Drehung einer Referenzsteifigkeit $\mathbb{C}_\#$ schreiben,

$$\overline{\mathbb{C}} = \frac{1}{V_\Omega} \int\limits_\Omega \mathbf{Q}(\mathbf{x}) * \mathbb{C}_\#\, \mathrm{d}\mathbf{x}. \tag{13.65}$$

An jedem Raumpunkt treffen wir genau eine Orientierung an, aber jede Orientierung kann an verschiedenen Raumpunkten auftreten. Die Funktion $\mathbf{Q}(\mathbf{x})$ ist also nicht invertierbar. Allerdings interessieren wir uns beim Volumenmittel auch nicht für die genaue Anordnung, sondern nur für die Volumenanteile. Dies ist daran erkennbar, dass $\mathbf{x}$ im Integranden in Gl. (13.65) nur indirekt auftaucht.

Wir führen die Wahrscheinlichkeitsdichte $d(\mathbf{Q})$ im Orientierungsraum ein, um das Volumenintegral in ein Orientierungsintegral umzuschreiben: Sei $\Delta$SO(3) ein Ausschnitt aus SO(3) mit dem Volumenanteil $g_{\Delta \mathrm{SO}(3)}$ und $\Delta\Omega$ ein Ausschnitt aus dem Realraum der Probe mit dem Volumenanteil $v_{\Delta\Omega}$. Dann gibt der Quotient $d = g_{\Delta \mathrm{SO}(3)}/v_{\Delta\Omega}$ an, wie groß der Volumenanteil im Realraum im Verhältnis zum Volumenanteil im Orientierungsraum sein muss, damit die Wahrscheinlichkeit, an einem zufällig gewählten Punkt der Probe in $\Delta\Omega$ zu liegen, der Wahrscheinlichkeit entspricht, dass eine zufällig gewählte Orientierung im Ausschnitt $\Delta$SO(3) liegt. Die genaue Verteilung des Ausschnittes $\Delta\Omega$ ist nicht relevant, nur dessen Größe ist wichtig, weswegen jede Abhängigkeit von $\mathbf{x}$ wegfällt. Allerdings interessiert uns die Lage von $\Delta\mathbf{Q}$ im Orientierungsraum. Dessen Ort in SO(3) wird durch $\mathbf{Q} * \ldots$ im Integranden bestimmt, $\mathrm{d}\mathbf{Q}$ ist das umgebende differenzielle Volumenelement in SO(3). Wir schreiben also

$$\frac{\mathrm{d}\mathbf{x}}{V_\Omega} = d(\mathbf{Q})\, \mathrm{d}\mathbf{Q}, \tag{13.66}$$

mit der Wahrscheinlichkeitsdichte $d(\mathbf{Q})$. Wir ersetzen das Integral über das Probenvolumen durch ein Integral über den gesamten Orientierungsraum,

$$\overline{\mathbb{C}} = \int\limits_{\mathrm{SO}(3)} d(\mathbf{Q})\mathbf{Q} * \mathbb{C}_\#\, \mathrm{d}\mathbf{Q}. \tag{13.67}$$

Das Integral über einen Ausschnitt A $\subset$ SO(3)

$$\mathrm{A} = [\phi_1 \ldots \phi_1 + \Delta\phi_1, \Phi \ldots \Phi + \Delta\Phi, \phi_2 \ldots \phi_2 + \Delta\phi_2] \tag{13.68}$$

aus dem Orientierungsraum gibt damit die Wahrscheinlichkeit an, dass die Orientierung eines zufällig gewählten Probenpunktes **x** in diesem Ausschnitt liegt:

$$p(\mathbf{Q}(\mathbf{x}) \in \mathrm{A}) = \frac{1}{8\pi^2} \int_{\phi_2}^{\phi_2+\Delta\phi_2} \int_{\Phi}^{\Phi+\Delta\Phi} \int_{\phi_1}^{\phi_1+\Delta\phi_1} \sin\Phi\, g(\phi_1, \Phi, \phi_2)\, \mathrm{d}\phi_1\, \mathrm{d}\Phi\, \mathrm{d}\phi_2. \tag{13.69}$$

Hier wurde eine Eulerwinkelparametrisierung gewählt, der Ausschnitt aus dem Orientierungsraum $p(\mathbf{Q}(\mathbf{x}))$ (von probabilistisch) ist die Wahrscheinlichkeitsverteilung.

Betrachten wir das Beispiel des gewalzten Bleches in Abb. 13.6. Beim Walzen richten sich die Kornorientierungen bezüglich der Walzrichtung aus, so dass beispielsweise gehäuft Orientierungen von ±45° zur Walzrichtung auftreten.

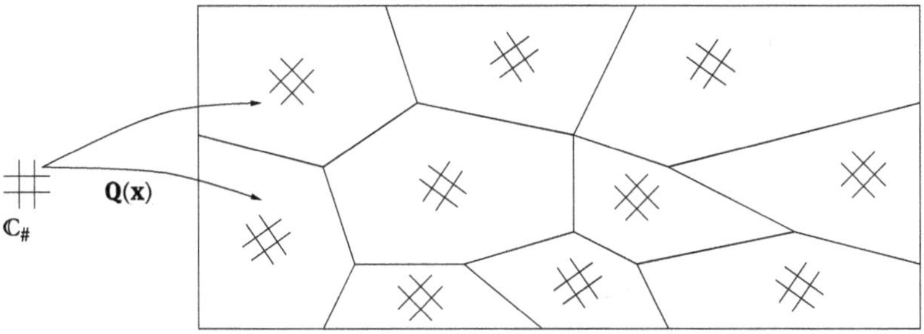


**Abb. 13.6:** Skizze eines Kornverbundes in einem gewalzten Blech. Die Elongation der Körner in Walzrichtung (horizontal) ist nur angedeutet. Die Orientierung ist mit einer eingezeichneten Raute symbolisiert. Es dominieren Kornorientierungen um 45° zur Walzrichtung.

### 13.4.1 Diskrete Orientierungsverteilungen

Für $n$ diskrete Orientierungen ist

$$g = \sum_{i=1\ldots n} g_i \delta(\mathbf{Q} - \mathbf{Q}_i), \tag{13.70}$$

mit der Dirac-Distribution $\delta(\mathbf{Q})$. Bei Integration wird hieraus

$$\overline{\mathbb{C}} = \sum_{i=1\ldots n} g_i \mathbf{Q}_i * \mathbb{C}_{\#}. \tag{13.71}$$

Die $g_i$ entsprechen den Volumenanteilen $V_{\mathbf{Q}_i}/V_\Omega$. Wir könnten nun die 10 Körner in Abb. 13.6 ausmessen und ins Verhältnis zum Gesamtvolumen setzen.

### 13.4.2 Kontinuierliche Orientierungsverteilungen

Kontinuierliche Orientierungsverteilungen werden mit Hilfe der Wahrscheinlichkeitsdichte $d(\mathbf{Q})$ spezifiziert. Deren Eigenschaften können aus den Eigenschaften der Anteile $g_i$ bzw. $v_i$ abgeleitet werden:

$$\text{Normiertheit:} \int_{SO(3)} d(\mathbf{Q})\, \mathrm{d}\mathbf{Q} = 1 \tag{13.72}$$

$$\text{Positivität: } d(\mathbf{Q}) > 0\ \forall\, \mathbf{Q} \in SO(3). \tag{13.73}$$

In unserem Beispiel könnte $d(\mathbf{Q})$ in etwa einer Gaußschen Glockenkurve entsprechen, zentriert um die Drehung ±45° bezüglich der Walzrichtung. Eine Normalverteilung auf der Einheitskugel im $\mathbb{R}_n$ ist die von Mises[8]-Fisher[9]-Verteilung, siehe Abschnitt 5.2.1 in Morawiec (2004). Auf der Einheitskugel des $\mathbb{R}_3$ ist

$$p(\mathbf{x}) = \frac{\kappa}{2\pi(\mathrm{e}^{\kappa} - \mathrm{e}^{-\kappa})}\mathrm{e}^{\kappa \mathbf{x}\cdot\mathbf{d}}, \tag{13.74}$$

mit $\|\mathbf{x}\| = \|\mathbf{d}\| = 1$, wobei $\mathbf{d}$ der Mittelpunkt der Verteilung auf der Einheitskugel und $\kappa$ der Konzentrationsparameter ist. Sie ist in Abb. 13.7 für eine sehr niedrige und eine sehr hohe Konzentration dargestellt. Man gelangt von der Verteilung auf der Einheitskugel im $\mathbb{R}_3$ zu einer Verteilung im Orientierungsraum, indem drei voneinander abhängige Mises-Fisher-Verteilungen für die umorientierten Basisvektoren angegeben werden, oder die Korrespondenz der Kugelkoordinaten mit zwei Eulerwinkeln ausgenutzt wird, wie der folgende Abschnitt zeigt.

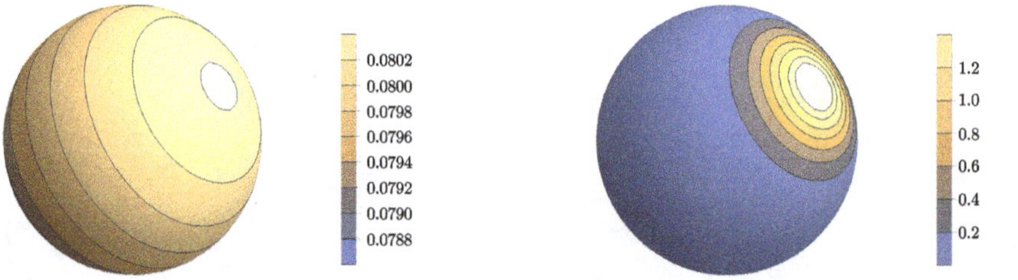


**Abb. 13.7:** Von-Mises-Fisher-Verteilungen mit $\kappa = 0.01$ (links) und $\kappa = 10$ (rechts). Die geringe Konzentration führt auf eine nahezu isotrope Wahrscheinlichkeitsdichte mit $p \approx 1/4/\pi \approx 0.0796$.

8 Richard von Mises, 1883–1953.

9 Sir Ronald Aylmer Fisher, 1890–1962.

## 13.5 Integration über SO(3)

Wir werden Orientierungsverteilungen über SO(3) integrieren. Hierfür benötigen wir erstmal den Begriff des Volumens von SO(3). Bisher haben wir abstrakt

$$\int_{SO(3)} \mathrm{d}\mathbf{Q} \tag{13.75}$$

geschrieben. Für konkrete Berechnungen müssen wir das von der Parametrisierung abhängige differenzielle Volumenelement $\mathrm{d}\mathbf{Q}$ angeben. Dies ist etwas schwieriger als bei gewöhnlichen Volumenintegralen im $\mathbb{R}_3$.

**Krummlinige Koordinaten im $\mathbb{R}_3$**

Im $\mathbb{R}_3$ können wir uns immer auf $\mathrm{d}V = \mathrm{d}x\,\mathrm{d}y\,\mathrm{d}z$ zurückziehen. Möchte man nun den $\mathbb{R}_3$ mit Zylinderkoordinaten parametrisieren, so lässt sich der Koordinatenwechsel

$$x = r\cos\phi \tag{13.76}$$

$$y = r\sin\phi \tag{13.77}$$

$$z = z \tag{13.78}$$

angeben. Man bestimmt nun die Tangentenbasis $\mathbf{g}_i$ entlang der Koordinatenlinien durch Ableiten des Ortsvektors nach den Koordinaten:

$$\mathbf{x} = x\mathbf{e}_x + y\mathbf{e}_y + z\mathbf{e}_z \tag{13.79}$$

$$\mathbf{g}_r = \frac{\partial \mathbf{x}}{\partial r} = \cos\phi\mathbf{e}_x + \sin\phi\mathbf{e}_y \tag{13.80}$$

$$\mathbf{g}_\phi = \frac{\partial \mathbf{x}}{\partial \phi} = -r\sin\phi\mathbf{e}_x + r\cos\phi\mathbf{e}_y \tag{13.81}$$

$$\mathbf{g}_z = \frac{\partial \mathbf{x}}{\partial z} = \mathbf{e}_z \tag{13.82}$$

Ein differenzielles Volumen ist nun das Spatprodukt aus $\mathrm{d}r\,\mathbf{g}_r$, $\mathrm{d}\phi\,\mathbf{g}_\phi$ und $\mathrm{d}z\,\mathbf{g}_z$, siehe Abb. 13.8. Dieses ist linear in den Differenzialen, so dass gilt

$$\mathrm{d}V = [\mathbf{g}_r, \mathbf{g}_\phi, \mathbf{g}_z]\,\mathrm{d}r\,\mathrm{d}\phi\,\mathrm{d}z. \tag{13.83}$$

Das Spatprodukt $[\mathbf{g}_r, \mathbf{g}_\phi, \mathbf{g}_z]$ ist damit die Determinante der Jacobimatrix, welche den Basiswechsel zwischen der kartesischen Basis und der Zylinderbasis beschreibt,

$$[\mathbf{g}_r, \mathbf{g}_\phi, \mathbf{g}_z] = \det \underbrace{\begin{bmatrix} \cos\phi & \sin\phi & 0 \\ -r\sin\phi & r\cos\phi & 0 \\ 0 & 0 & 1 \end{bmatrix}}_{J_{ij}}. \tag{13.84}$$

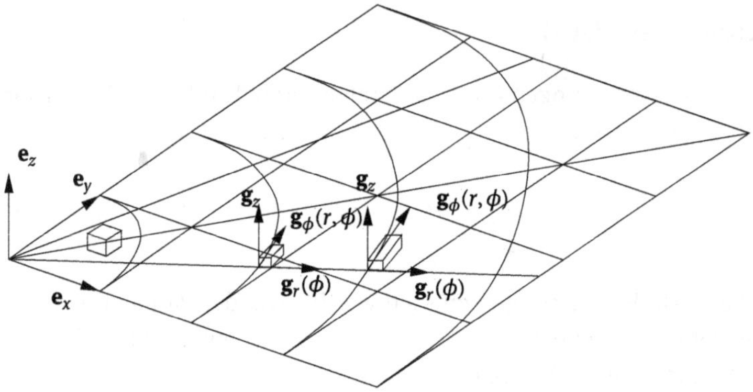


**Abb. 13.8:** Bei kartesischen Koordinaten ist $\mathbf{e}_i$ die ortsunabhängige Basis. Die Koordinaten eines Ortsvektors entsprechen den Komponenten bezüglich der Basis $\mathbf{e}_i$. Das differenzielle Volumenelement $dV = [\,dx\mathbf{e}_x,\ dy\mathbf{e}_y,\ dz\mathbf{e}_z]$ ist überall gleich groß. Bei Zylinderkoordinaten wird der Ort mit den Koordinaten $r, \phi, z$ angegeben. Es gibt keine ortsunabhängige Basis. Die Tangentenbasis ist jeweils das Differenzial des Ortsvektors, wenn man an den Koordinaten wackelt. Dieses hängt bei $\phi$ linear vom Radius ab, die Volumenelemente wachsen daher linear mit $r$.

Des Weiteren gibt es die Metrik, welche die Längen und Winkel der Tangentenbasis enthält:

$$G_{ij} = \begin{bmatrix} \mathbf{g}_r \cdot \mathbf{g}_r & \mathbf{g}_r \cdot \mathbf{g}_\phi & \mathbf{g}_r \cdot \mathbf{g}_z \\ \mathbf{g}_\phi \cdot \mathbf{g}_r & \mathbf{g}_\phi \cdot \mathbf{g}_\phi & \mathbf{g}_\phi \cdot \mathbf{g}_z \\ \mathbf{g}_z \cdot \mathbf{g}_r & \mathbf{g}_z \cdot \mathbf{g}_\phi & \mathbf{g}_z \cdot \mathbf{g}_z \end{bmatrix} = \begin{bmatrix} 1 & 0 & 0 \\ 0 & r^2 & 0 \\ 0 & 0 & 1 \end{bmatrix}. \tag{13.85}$$

Man sieht, dass sich die Zylinderkoordinatenlinien immer unter 90° schneiden und die Tangentenbasis bis auf $\mathbf{g}_\phi$ normiert ist. Man erkennt an der Struktur leicht, dass $G_{ij} = J_{ik}J_{kj}^T$ ist. Damit ist wegen der Determinantenregel

$$\det(J_{ij}) = \sqrt{\det(G_{ij})}. \tag{13.86}$$

## Krummlinige Koordinaten in SO(3)

Wenn man nun versucht, diese Rechnung auf SO(3) zu übertragen, wird man schnell auf Probleme stoßen, da man sich nicht auf eine kartesische Parametrisierung von SO(3) berufen kann. Eine solche kann es aufgrund der doppelt verbundenen Topologie von SO(3) nicht geben. Wir können lediglich versuchen, zwischen nicht-kartesischen Koordinatenwechseln umzurechnen.

Ursache und Lösung des Problems liegen in der Tatsache, dass SO(3) eine Lie[10]-Gruppe ist. Dieser liegt eine Lie-Algebra zugrunde. Die Unterschiede zwischen infinitesimalen Drehungen sind keine Differenzen wie im Fall von $\mathbb{R}_3$, sondern Produkte. Man

10 Sophus Lie, 1842–1899.

denke an die differenziellen Generatoren in Abschnitt 13.1. Die differenziellen Änderungen von $\mathrm{d}\mathbf{Q}(c_1, c_2, c_3)$, die sich beim Wackeln an den Koordinaten $c_i$ ergeben, sind selbst keine Elemente von SO(3), sondern antisymmetrische Tensoren. Letztere lassen sich auf axiale Vektoren im $\mathbb{R}_3$ zurückführen. Diese bilden mit dem Kreuzprodukt eine Lie-Algebra. Des Weiteren existiert zwischen ihnen das Skalarprodukt, so dass wir die Metrik wie in Gl. (13.85) auch für ein Koordinatensystem in SO(3) angeben können. Damit können wir letztlich auch die Determinante von $J_{ij}$ angeben, welche wir für die Volumenintegrale benötigen.

Die für uns wichtige Parametrisierung sind die Eulerwinkel. Differenzdrehungen werden in SO(3) durch Produkte mit inversen Drehungen realisiert. Z. B. ist

$$\begin{aligned}\mathbf{W}_{\phi_1} &= \left.\frac{\partial \mathbf{Q}(\phi_1, \Phi, \phi_2)^T \mathbf{Q}(\phi_1 + \Delta\phi_1, \Phi, \phi_2)}{\partial \Delta\phi_1}\right|_{\Delta\phi_1 = 0} \\ &= \mathbf{Q}(\phi_1, \Phi, \phi_2)^T \frac{\partial \mathbf{Q}(\phi_1, \Phi, \phi_2)}{\partial \phi_1} = \begin{bmatrix} 0 & -1 & 0 \\ 1 & 0 & 0 \\ 0 & 0 & 0 \end{bmatrix}. \end{aligned} \tag{13.87}$$

Analog ergeben sich

$$\begin{aligned}\mathbf{W}_{\Phi} &= \mathbf{Q}(\phi_1, \Phi, \phi_2)^T \frac{\partial \mathbf{Q}(\phi_1, \Phi, \phi_2)}{\partial \Phi} = \begin{bmatrix} 0 & 0 & -\sin\phi_1 \\ 0 & 0 & -\cos\phi_1 \\ \sin\phi_1 & \cos\phi_1 & 0 \end{bmatrix} \\ \mathbf{W}_{\phi_2} &= \mathbf{Q}(\phi_1, \Phi, \phi_2)^T \frac{\partial \mathbf{Q}(\phi_1, \Phi, \phi_2)}{\partial \phi_2} = \begin{bmatrix} 0 & -\cos\Phi & \cos\phi_1 \sin\Phi \\ \cos\Phi & 0 & -\sin\phi_1 \sin\Phi \\ -\cos\phi_1 \sin\Phi & \sin\phi_1 \sin\Phi & 0 \end{bmatrix}. \end{aligned} \tag{13.88}$$

Wir haben nun das Analogon zu der Tangentenbasis $\mathbf{g}_i$ aus dem Beispiel der Zylinderkoordinaten für SO(3) erhalten. Die Skalarprodukte lassen sich jetzt auf verschiedene Arten hinschreiben: Wir können einerseits direkt $\mathbf{W}_i : \mathbf{W}_j$ ausrechnen, andererseits können wir erst die zu $\mathbf{W}_i$ gehörenden axialen Vektoren $\mathbf{w}_i = -\frac{1}{2}\overset{\langle 3\rangle}{\boldsymbol{\varepsilon}} : \mathbf{W}$ (Gl. 13.9) extrahieren und zwischen diesen das Skalarprodukt bestimmen. Je nach Definition kann sich hier das Vorzeichen und der Betrag ändern. Dies ist jedoch egal, da wir das Volumen von SO(3) ohnehin auf 1 normieren werden. Wir bleiben daher bei den Skalarprodukten zwischen den $\mathbf{W}_i$,

$$G_{ij}^{\mathrm{SO(3)_{Euler}}} = \begin{bmatrix} \mathbf{W}_{\phi_1} : \mathbf{W}_{\phi_1} & \mathbf{W}_{\phi_1} : \mathbf{W}_{\Phi} & \mathbf{W}_{\phi_1} : \mathbf{W}_{\phi_2} \\ \mathbf{W}_{\Phi} : \mathbf{W}_{\phi_1} & \mathbf{W}_{\Phi} : \mathbf{W}_{\Phi} & \mathbf{W}_{\Phi} : \mathbf{W}_{\phi_2} \\ \mathbf{W}_{\phi_2} : \mathbf{W}_{\phi_1} & \mathbf{W}_{\phi_2} : \mathbf{W}_{\Phi} & \mathbf{W}_{\phi_2} : \mathbf{W}_{\phi_2} \end{bmatrix} = \begin{bmatrix} 2 & 0 & 2\cos\Phi \\ 0 & 2 & 0 \\ 2\cos\Phi & 0 & 2 \end{bmatrix}.$$

Die Determinante der Metrik ergibt sich zu

$$\det(G_{ij}^{\mathrm{SO(3)_{Euler}}}) = 8(1 - \cos^2\Phi) = 8\sin^2\Phi, \tag{13.89}$$

womit die Determinante der Jacobimatrix wegen der Determinantenregel nach Gl. (13.86)

$$J = \sqrt{G_{ij}^{\mathrm{SO(3)_{Euler}}}} = \sqrt{8}\sin\Phi \tag{13.90}$$

ist.

### Äquivalenz der Jacobideterminante von SO(3) und Kugelkoordinaten

Dies ist ein einigermaßen überraschender Befund. Die Jacobideterminante für die Parametrisierung von SO(3) mit Eulerwinkeln in der $z - x - z$ Konvention ist nach Ergänzung mit dem Faktor $r^2/\sqrt{8}$ identisch zur Parametrisierung des $\mathbb{R}_3$ mit Kugelkoordinaten, wenn der Breitenkreis vom Nordpol aus gemessen wird, siehe Gl. (12.45) oder Gl. (12.164). Wir können also Methoden für Kugelkoordinaten auf SO(3) übertragen, wobei in SO(3) alle drei Koordinaten endliche, periodische Intervalle haben, während im $\mathbb{R}_3$ der Radius gegen unendlich geht. Insbesondere können wir für zwei Koordinaten Kugelflächenfunktionen als Basisfunktionen für die Darstellung von Orientierungsverteilungen verwenden. Dies eröffnet eine ganze Reihe von Möglichkeiten, z. B. auf SO(3) definierte Funktionen in Reihen zu entwickeln. Zwei Pionierarbeiten auf diesem Gebiet sind die Bücher von Wigner (1931)[11] und Bunge (1969).[12]

### Normierung des Volumens von SO(3)

Wir können nun über das Volumen von SO(3) mit Eulerwinkeln integrieren,

$$V_{\mathrm{SO(3)}} = \int_0^{2\pi}\int_0^{\pi}\int_0^{2\pi} \sqrt{8}\sin\Phi \,\mathrm{d}\phi_1\,\mathrm{d}\Phi\,\mathrm{d}\phi_2 \tag{13.91}$$

$$= 16\sqrt{2}\pi^2. \tag{13.92}$$

Zur Normierung können wir die Jacobideterminante also mit $(16\sqrt{2}\pi^2)^{-1}$ erweitern, womit wir letztlich

$$\int_{\mathrm{SO(3)}} \cdot\,\mathrm{d}V = \frac{1}{8\pi^2}\int_0^{2\pi}\int_0^{\pi}\int_0^{2\pi} \cdot\sin\Phi\,\mathrm{d}\phi_1\,\mathrm{d}\Phi\,\mathrm{d}\phi_2 \tag{13.93}$$

für Integrale über SO(3) mit der Eulerwinkelparametrisierung erhalten. Das folgende Mathematica-Listing 13.3 liefert diese Ergebnisse.

11 Eugene Paul Wigner, 1902–1995.

12 Hans-Joachim Bunge, 1929–2004.

**Listing 13.3:** Mathematica-Code zum Erzeugen der Jacobideterminante bei Integration über SO(3) in Eulerwinkeln.

```
Remove["Global`*"];
W={0,0,0}; (* In dieser leeren Liste sammeln wir die Tangetenbasis *)
Q[args_]:=(* Es folgt die Parametrisierung von Q in Eulerwinkeln *)
RotationMatrix[args[[3]],{0,0,1}].
RotationMatrix[args[[2]],{1,0,0}].
RotationMatrix[args[[1]],{0,0,1}];
QT = Transpose[Q[{phi1, phi, phi2}]];
Q = Q[{phi1, phi, phi2}];
W[[1]] = QT.D[Q, phi1] // FullSimplify;
W[[2]] = QT.D[Q, phi] // FullSimplify;
W[[3]] = QT.D[Q, phi2] // FullSimplify;
Metrik=Table[FullSimplify[Tr[W[[i]].Transpose[W[[j]]]]],{i,1,3},{j,1,3}];
Print["Jacobideterminante für normiertes Volumen in Eulerwinken:"]
Jacobi=Sqrt[Simplify[Det[Metrik]]]
Print["Volumen SO(3) für die Eulerwinkelparametrisierung:"]
Integrate[Sqrt[Det[Metrik]],{phi1,0,2 Pi},{phi2,0,2Pi},{phi,0,Pi}]
```

**Listing 13.4:** Anpassung von Listing 13.3 für die Rodrigues-Parametrisierung.

```
Q[args_]:=(* Es folgt die Rodrigues-Parametrisierung von Q *)
(WR=-LeviCivitaTensor[3].args;
id=IdentityMatrix[3];
Inverse[id+WR].(id-WR))
```

Für die Rodrigues-Parametrisierung erhalten wir analog durch eine Anpassung der Parametrisierung der Drehung **Q** (siehe Listing 13.4) die Metrik und die normierte Jacobi-Determinante.

$$G_{ij}^R = \frac{1}{(1+w_1^2+w_2^2+w_3^2)^2}\begin{bmatrix} 8\left(w_2^2+w_3^2+1\right) & -8w_1w_2 & -8w_1w_3 \\ -8w_1w_2 & 8\left(w_1^2+w_3^2+1\right) & -8w_2w_3 \\ -8w_1w_3 & -8w_2w_3 & 8\left(w_1^2+w_2^2+1\right)\end{bmatrix}$$

$$\int\limits_{SO(3)} \cdot \, dV = \frac{1}{\pi^2}\int\limits_{-\infty}^{\infty}\int\limits_{-\infty}^{\infty}\int\limits_{-\infty}^{\infty} \cdot \sqrt{\frac{1}{(1+w_1^2+w_2^2+w_3^2)^4}}\, dw_1\, dw_2\, dw_3 \tag{13.94}$$

Für die Achse-Winkel-Parametrisierung eskaliert diese Rechnung aufgrund der verschachtelten Sinus- und Exponentialfunktion.

## 13.6 Darstellung von Orientierungsverteilungen

Die Darstellung von Orientierungsverteilungen ist aufgrund der Topologie von SO(3) und der Dimensionalität 3 herausfordernd. Man könnte zum Beispiel an eine Intensität oder Dichte im kartesischen Achse-Winkel-Raum in der Kugel mit dem Radius $\pi$ denken. In diesem sind Drehungen um kleine Winkel ein kleineres Volumen (Kugelmitte) zugeordnet als Drehungen um 180° (Kugelrand), weswegen in dieser Darstellung eine homogene Verteilung in SO(3) keiner homogenen Dichte im Achse-Winkel-Koordinatenraum entspricht.

Eine geläufige Darstellung sind Polfiguren. Dabei werden die Endpunkte gedrehter Einheitsvektoren von einer Kugeloberfläche in die Äquatorialebene gemäß Abb. 13.9 stereographisch projiziert. Diese werden auch tatsächlich gemessen, z. B. mit von-Laue[13]-Aufnahmen, weswegen diese Darstellung günstig für den direkten Vergleich mit Experimenten ist. Allerdings ist diese Projektion nicht flächentreu, so dass homogene Intensitäten auf der Kugelfläche in der Polfigur inhomogen erscheinen. Zur Veranschaulichung der Anisotropie ist daher die flächentreue Azimutal- oder Lambert[14]-Projektion besser geeignet. Dabei wird ein differenziell kleines Flächenelement von der Einheitskugel $\mathrm{d}A = \cos\theta \, \mathrm{d}\theta \, \mathrm{d}\phi$ mit dem Winkel $\theta$ gemessen vom Äquator mit einem differenziell kleinen Flächenelement in der Projektionsebene parallel zur Äquatorebene in Polarkoordinaten $\mathrm{d}A = r \, \mathrm{d}r \, \mathrm{d}\phi$ gleichgesetzt. Man findet nach Kürzen von $\mathrm{d}\phi$

$$\cos\theta \mathrm{d}\theta = r \mathrm{d}r \tag{13.95}$$

$$r'(\theta) = \frac{\cos\theta}{r}. \tag{13.96}$$

Diese Dgl. kann mit der Randbedingung $r(\pi/2) = 0$, also dass der Nordpol in der Mitte der Ebene liegt, nach $r(\theta)$ gelöst werden. Man findet

$$r(\theta) = \sqrt{2 - 2\sin\theta}. \tag{13.97}$$

Bildet man das Gradnetz der Kugelkoordinaten mit dieser Projektion ab erhält man ein Schmidt[15]-Netz.

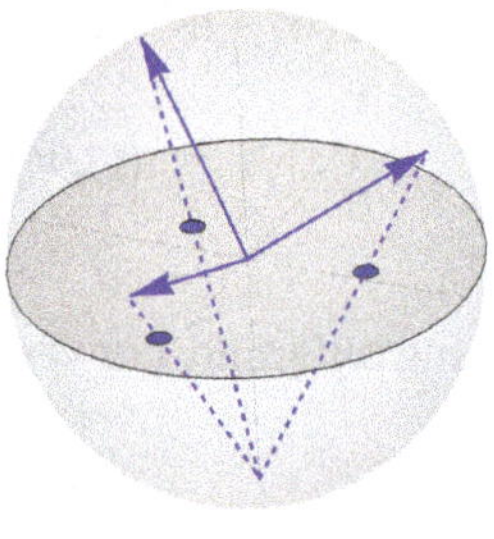

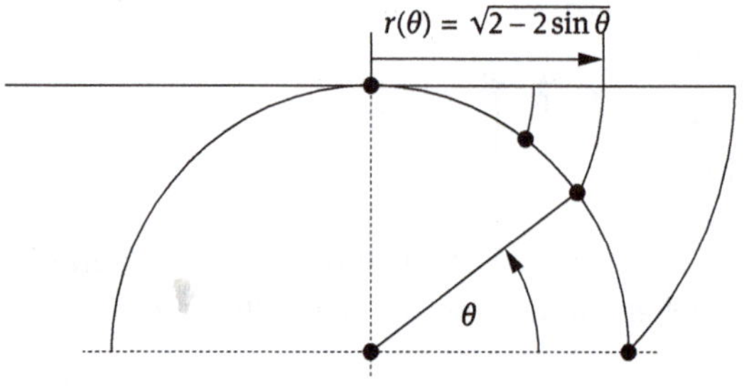


**Abb. 13.9:** Links: Stereografische Projektion der Endpunkte einer gedrehten Basis in die Äquatorebene. Rechts: Flächentreue Azimutalprojektion entlang von Kreisbahnen um den Nordpol.

13 Max von Laue, 1879–1960.
14 Johann Heinrich Lambert, 1728–1777.
15 Walter Schmidt, 1885–1945.

Eine andere Darstellung sind Intensitätsplots von Schnitten aus dem Eulerwinkelraum. Diese sind weniger anschaulich, und die Polregionen mit $\Phi = 0$ und $\Phi = \pi$ erscheinen stark verzerrt und überrepräsentiert. Allerdings gelang die Umrechnung von Intensitäten von Polfiguren in den Orientierungsraum erstmals Roe (1965) und Bunge (1965) in Form von Eulerwinkeln, weswegen diese Darstellung immer noch etabliert ist, siehe z. B. Böhlke (2005).

## 13.7 Erzeugung diskreter isotroper Verteilungen in SO(3)

Man könnte nun fragen, wie eine isotrope Orientierungsverteilung erzeugt werden kann. Es ist offensichtlich, dass eine uniforme Verteilung einer Zufallsgröße bei jedweder Wahl der Koordinaten problematisch ist, da alle Koordinatensysteme für SO(3) krummlinig sind. Folglich gibt es Gebiete unterschiedlicher Dichten der Koordinatenlinien, so wie die Meridiane des Gradnetzes der Erde sich an den Polen verdichten. Die Lösung des Problems liegt darin, die Zufallsvariable mit der Jacobideterminante zu wichten. Die Jacobideterminante gibt das differenziell kleine Volumenelement in Abhängigkeit der Koordinaten an. Je kleiner dieses ist, umso kleiner ist die Wahrscheinlichkeit, dass in ihm eine der zufällig isotrop verteilten Orientierungen enthalten ist.

Betrachten wir z. B. die Eulerwinkel. Wir hatten gesehen, dass $J = \sin(\Phi)/8/\pi^2 = p_{\phi_1} p_{\phi_2} p_\Phi$ ist. $J$ hängt nicht von $\phi_{1,2}$ ab, weswegen eine homogene Orientierungsverteilung in SO(3) einer homogene Verteilung in den Winkeln $\phi_{1,2}$ entspricht. Wir können also konstante Wahrscheinlichkeitsdichten $p_{\phi_{1,2}} = 1/2/\pi$ im Intervall $0 < \phi_{1,2} < 2\pi$ annehmen. Es bleibt

$$p_\Phi = \frac{\sin \Phi}{2} \tag{13.98}$$

für $0 < \Phi < \pi$ übrig. Man sieht, dass das Integral über $0 < \Phi < \pi$ den Wert 1 ergibt, siehe Abb. 13.10. Das Integral von 0 bis $\underline{\Phi}$ ist die kumulierte Wahrscheinlichkeitsdichte

$$c_{\underline{\Phi}} = \int_0^{\underline{\Phi}} p_\Phi \mathrm{d}\Phi = \frac{1}{2}(1 - \cos \underline{\Phi}). \tag{13.99}$$

Sie gibt an, mit welcher Wahrscheinlichkeit ein mit $p_\Phi$ verteilter zufälliger Winkel $\Phi$ im Intervall $0 \ldots \underline{\Phi}$ liegt. Eine konstante (uniforme oder homogene) Wahrscheinlichkeitsdichte hat eine lineare kumulierte Wahrscheinlichkeitsdichte. Wir können also umgekehrt fragen, welche Verteilung multipliziert mit $p_\Phi$ bei Integration auf eine lineare kumulierte Wahrscheinlichkeit führt. Daher setzen wir $c_{\underline{\Phi}}$ einer linear anwachsenden kumulierten Wahrscheinlichkeitsdichte $mx$ gleich und lösen nach $\underline{\Phi}$,

$$mx = \frac{1}{2}(1 - \cos \underline{\Phi}). \tag{13.100}$$

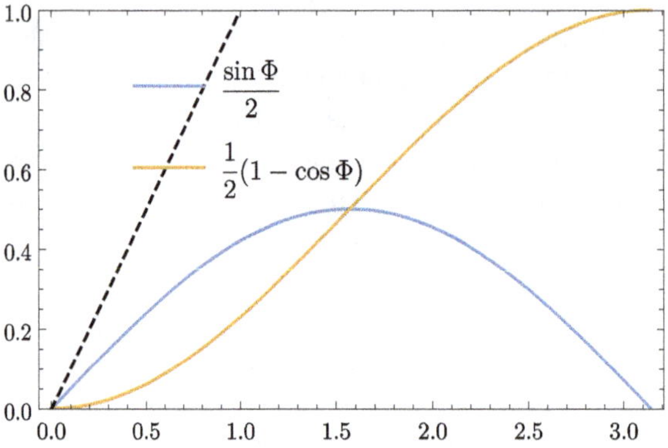


**Abb. 13.10:** Wahrscheinlichkeitsdichte $p_{\Phi}$ und kumulierte Wahrscheinlichkeitsdichte $c_{\underline{\Phi}}$.

Wir wählen für $x$ das Intervall $0 \leq x \leq 1$, so dass $m = 1$ ist. Dies liefert eine Umrechnungsvorschrift für Werte $x$ aus einer homogenen Verteilung über dem Intervall $0 \ldots 1$ in Werte $\underline{\Phi}$ aus der inhomogenen Wahrscheinlichkeitsdichte im Intervall $0 \ldots \pi$ mit der Wahrscheinlichkeitsdichte $p_{\underline{\Phi}}$. Man erhält

$$\underline{\Phi} = \arccos(1 - 2x). \tag{13.101}$$

Der Verdichtungseffekt bei Nichtberücksichtigung der inhomogenen Wahrscheinlichkeitsdichte ist in Abb. 13.11 dargestellt. Er wurde mit dem Mathematica-Code in Listing 13.5 erzeugt. Das Buch von Brannon (2018) (Kapitel 17) ist bezüglich der Erzeugung homogener Verteilungen sehr ausführlich und reich bebildert.

**Listing 13.5:** Mathematica-Code zum Erzeugen homogener diskreter Verteilungen in SO(3).

```
Remove["Global`*"]
kartesiantospherical[{x1_, x2_, x3_}] = {ArcCos[x3], ArcTan[x1, x2]}; (* Breitenkreis und
    Längenkreis ermitteln *)
sphericalanglestolambert[{theta_, phi_}] = {phi, Sqrt[2 (1 - Cos[theta])]}; (* Flächentreue
    Azimutalprojektion *)
Q =  RotationMatrix[phi2, {0, 0, 1}].  (* Q aus Eulerwinkeln *)
     RotationMatrix[phi, {1, 0, 0}].
     RotationMatrix[phi1, {0, 0, 1}] // FullSimplify;
oris = Flatten[Table[ (* Spaltenvektoren aus zufälligen Q entsprechen den Punkten auf der
    Kugeloberfläche *)
   phi2 = 2 Pi RandomReal[];
   phi = ArcCos[1 - 2 RandomReal[]]; (* Für isotrope Orientierungsverteilung *)
   (*Auskommentieren der folgenden Zeile: Eine homogene phi-Dichte führt auf eine anisotrope Q-
    Verteilung*)
   (*phi=Pi RandomReal[];*)
   Q, {i, 10000}], 1];
points = Map[sphericalanglestolambert, Map[kartesiantospherical, oris]]; (* Anwenden der
    Umrechnung *)
ListPolarPlot[points] (* Darstellung *)
Graphics3D[{PointSize[0.001], Point[oris]}]
```

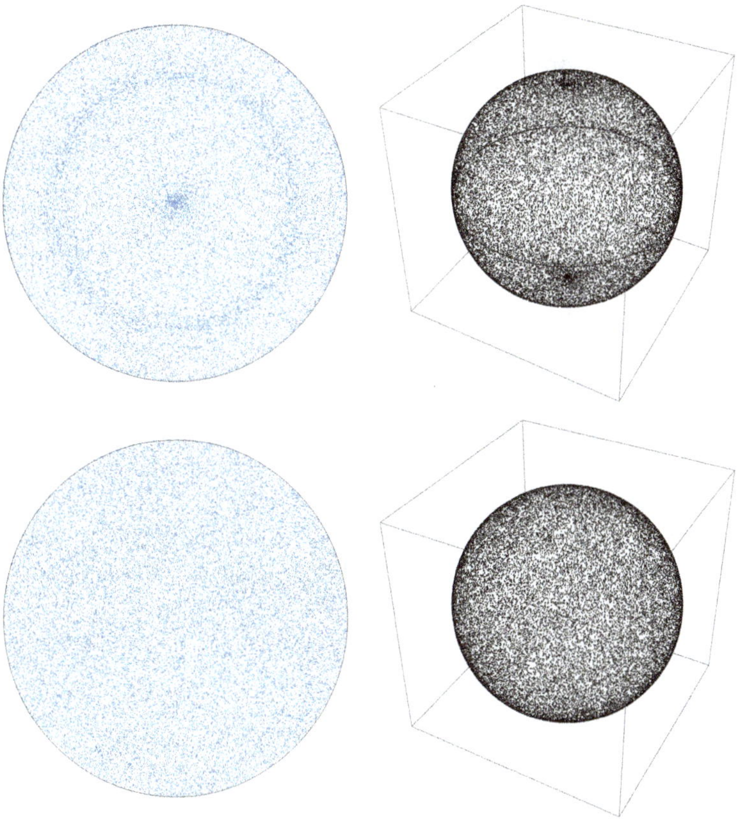

**Abb. 13.11:** Darstellung diskreter Orientierungsverteilungen in der flächentreuen Lambert-Projektion (links) und auf der Kugeloberfläche, oben ohne und unten mit Berücksichtigung der inhomogenen Wahrscheinlichkeitsdichte des Eulerwinkels Φ, siehe Listing 13.5.

**Orientierungsmittelwert**

Der Mittelwert orthogonaler Tensoren $\overline{\mathbf{Q}} = \sum v_i \mathbf{Q}_i$ über diskrete Verteilungen in SO(3) ist selbst kein orthogonaler Tensor. Dies liegt an der Tatsache, dass SO(3) eine multiplikative Struktur hat. Trotzdem kann $\overline{\mathbf{Q}}$ als Indikator für symmetrische und isotrope Verteilungen dienen. So wie das Integral $\int \mathbf{n}\, \mathrm{d}A = \mathbf{o}$ über den Normalenvektor über eine geschlossene Fläche verschwindet, ist auch $\overline{\mathbf{Q}} = \mathbf{O}$ bei symmetrischen und isotropen Verteilungen.

## 13.8 Integration über isotrope Verteilungen in SO(3)

Bei isotropen Verteilungen ist $d = 1/V_{\mathrm{SO(3)}}$, wenn die Jacobideterminante nicht schon mit $V_{\mathrm{SO(3)}}$ normiert wurde. Wir haben dies bereits getan, daher wäre hier $d = 1$. Jede Orientierung ist damit gleich wahrscheinlich. Mit der Drehung eines Tensors höherer

Stufe (Gl. 13.51) haben wir z. B. für einen Tensor 4. Stufe und für die Integration über SO(3) in Eulerwinkeln den Ausdruck

$$\overline{\mathbb{C}} = \underbrace{\int_0^{2\pi}\int_0^{\pi}\int_0^{2\pi} \frac{\sin\Phi}{8\pi^2} Q_{im}^{\phi_1,\Phi,\phi_2} Q_{jn}^{\phi_1,\Phi,\phi_2} Q_{ko}^{\phi_1,\Phi,\phi_2} Q_{lp}^{\phi_1,\Phi,\phi_2}\, \mathrm{d}\phi_1\, \mathrm{d}\Phi\, \mathrm{d}\phi_2}_{\overset{\langle 8\rangle}{\mathbb{P}}::::\mathbf{e}_i\otimes\mathbf{e}_j\otimes\mathbf{e}_k\otimes\mathbf{e}_l\otimes\mathbf{e}_m\otimes\mathbf{e}_n\otimes\mathbf{e}_o\otimes\mathbf{e}_p} C_{\#mnop}\mathbf{e}_i \otimes \mathbf{e}_j \otimes \mathbf{e}_k \otimes \mathbf{e}_l \tag{13.102}$$

auszuwerten. Die Komponenten $Q_{ij}^{\phi_1,\Phi,\phi_2}$ hängen von $\phi_1$, $\Phi$ und $\phi_2$ ab. Wir ziehen die Referenzsteifigkeit $\mathbb{C}_\#$ aus dem Integral. Letzteres kann dann als Komponente des Tensors $\overset{\langle 8\rangle}{\mathbb{P}}$ aufgefasst werden.

Die Auswertung dieser Integrale ist eine reine Fleißarbeit, die man gerne an ein Computeralgebrasystem auslagern kann, siehe z. B. Listing 13.6. Ein Vorteil der Eulerwinkel-Parametrisierung ist, dass wir lediglich über Winkelfunktionen über Intervalle von $\pi$ und $2\pi$ integrieren müssen. Ohne Ausnutzung der Symmetrien haben wir $3^8 = 6561$ Indexkombinationen der Indizes $i, j, k, l, m, n, o, p$ auszuwerten. Mit Symmetrien haben wir 4 mal aus den 9 Komponenten von $\mathbf{Q}$ zu ziehen, mit Zurücklegen, und ohne Beachten der Reihenfolge. In der Kombinatorikliteratur findet man, dass

$$\binom{9+4-1}{4} = 495 \tag{13.103}$$

verschiedene Dreifachintegrale vorliegen.

In Gl. (13.102) ist bereits erkennbar, dass die Anwendung des Orientierungsmittels als lineare Abbildung geschrieben werden kann,

$$\overline{\mathbb{C}} = \overset{\langle 8\rangle}{\mathbb{P}} :: \mathbb{C}_\#. \tag{13.104}$$

Wir schreiben die Abbildung mit $\mathbb{P}$ wegen der Projektoreigenschaften: Sie bildet den anisotropen Anteil von $\mathbb{C}_\#$ in den Nulltensor 4. Stufe ab. Wir können mit dieser Eigenschaft argumentieren, um uns die Integration über SO(3) zu ersparen.

### Vektoren

Wir berechnen repräsentativ das isotrope Orientierungsmittel des Einheitsvektors $\mathbf{e}_1$. Wenn wir uns vorstellen, dass wir diesen gleichmäßig umorientieren, so dass jeder Punkt auf der Einheitskugel die gleiche Wahrscheinlichkeit hat, ist klar, dass sich die Summe, also das Integral oder Orientierungsmittel, zu Null ergibt, da es zu jedem Punkt auf der Einheitskugel einen gegenüberliegenden Punkt gibt. Rein mathematisch ergibt sich in den Integralen dann die Integration über die Komponenten von $\mathbf{Q}$ über die Eulerwinkel (vergl. Gl. 13.38),

$$\frac{1}{8\pi^2}\int_0^{2\pi}\int_0^{\pi}\int_0^{2\pi} \sin\Phi\, Q_{ij}\mathbf{e}_i \otimes \mathbf{e}_j\, \mathrm{d}\phi_1\, \mathrm{d}\Phi\, \mathrm{d}\phi_2 \cdot \mathbf{e}_1, \tag{13.105}$$

mit

$$Q_{ij} = \begin{bmatrix} \cos\phi_1\cos\phi_2 - \cos\Phi\sin\phi_1\sin\phi_2 & -\cos\phi_2\sin\phi_1 - \cos\Phi\cos\phi_1\sin\phi_2 & \sin\Phi\sin\phi_2 \\ \cos\Phi\cos\phi_2\sin\phi_1 + \cos\phi_1\sin\phi_2 & \cos\Phi\cos\phi_1\cos\phi_2 - \sin\phi_1\sin\phi_2 & -\cos\phi_2\sin\Phi \\ \sin\Phi\sin\phi_1 & \cos\phi_1\sin\Phi & \cos\Phi \end{bmatrix}.$$

Die Integrale über $0 \leq \phi_{1,2} < 2\pi$ sind offensichtlich Null, das Integral über $0 \leq \Phi < \pi$ wird zusammen mit dem Faktor $\sin\Phi$ der Jacobideterminante zu einem Integral über eine komplette Periode, so dass alle Integrale verschwinden und der Nulltensor derjenige Projektor ist, der jeden Vektor in seinen isotropen Anteil abbildet. Vektoren haben somit erwartungsgemäß keinen isotropen Anteil.

### Tensoren 2. Stufe

Bei Tensoren 2. Stufe stellen wir anhand von $\mathbf{Q} * \mathbf{A} = \mathbf{Q}\mathbf{A}\mathbf{Q}^T = \mathbf{A}$ fest, dass nur $\mathbf{A} = \alpha\mathbf{I}$ invariant unter einer beliebigen Umorientierung mit $\mathbf{Q}$ ist. Folglich verbleibt von einem Tensor 2. Stufe nur der dilatorische Anteil

$$\mathbf{A}^{\circ} = \mathrm{tr}(\mathbf{A})/3\,\mathbf{I} = \underbrace{\frac{1}{3}\mathbf{I}\otimes\mathbf{I}}_{\mathbb{P}_{\mathrm{I}1}} : \mathbf{A} \tag{13.106}$$

bei isotroper Orientierungsmittelung. Der isotrope Projektor ergibt sich bei der Integration von

$$\mathbb{P}_{\mathrm{I}1} = \frac{1}{8\pi^2}\int_0^{2\pi}\int_0^{\pi}\int_0^{2\pi} \sin\Phi Q_{ik}Q_{jl}\,\mathrm{d}\phi_1\,\mathrm{d}\Phi\,\mathrm{d}\phi_2\,\mathbf{e}_i\otimes\mathbf{e}_j\otimes\mathbf{e}_k\otimes\mathbf{e}_l, \tag{13.107}$$

wie in Listing 13.6 gezeigt ist. Man erhält ihn allerdings einfacher durch einen Koeffizientenvergleich in Gl. (13.106).

**Listing 13.6:** Mathematica-Code zur Integration über SO(3) am Beispiel des 1. isotropen Projektors.

```
Remove["Global`*"];
(* Parametrisierung von Q mit Eulerwinkeln *)
Q=RotationMatrix[phi2,{0,0,1}].RotationMatrix[phi,{1,0,0}].RotationMatrix[phi1,{0,0,1}];

Print["Das isotrope Orientierungsmittel eines Einheitsvektors und der zugehörige Projektor:"]
Integrate[Q.{1,0,0}/8 /Pi^2Sin[phi],{phi2,0,2 Pi},{phi,0,Pi},{phi1,0,2Pi}]
Integrate[Q/8 /Pi^2Sin[phi],{phi2,0,2 Pi},{phi,0,Pi},{phi1,0,2Pi}]

Print["Das isotrope Orientierungsmittel eines Tensors 2.Stufe und der zugehörige Projektor:"]
A={{A11,A12,A13},{A12,A22,A23},{A13,A23,A33}};
Integrate[Q.A.Transpose[Q]/8 /Pi^2Sin[phi],{phi2,0,2 Pi},{phi,0,Pi},{phi1,0,2Pi}]
PI1=Integrate[Transpose[Outer[Times,Q,Q],2<->3]/8 /Pi^2Sin[phi],{phi2,0,2 Pi},{phi,0,Pi},{phi1
    ,0,2Pi}]
```

**Tensoren 3. Stufe**

Bei Tensoren 3. Stufe findet man, dass nur Vielfache des Permutationstensors isotrop sind,

$$\mathbf{Q} * (\alpha \overset{\langle 3 \rangle}{\boldsymbol{\varepsilon}}) = \alpha \overset{\langle 3 \rangle}{\boldsymbol{\varepsilon}}, \tag{13.108}$$

dass also der Projektor

$$\overset{\langle 6 \rangle}{\mathbb{P}} = \frac{1}{6} \overset{\langle 3 \rangle}{\boldsymbol{\varepsilon}} \otimes \overset{\langle 3 \rangle}{\boldsymbol{\varepsilon}} \tag{13.109}$$

jeden Tensor 3. Stufe in seinen isotropen Anteil projiziert.

**Steifigkeitstetraden**

Bei Tensoren 4. Stufe gibt es mehrere isotrope Anteile, wir interessieren uns aber nur für diejenigen, welche die Haupt- und Subsymmetrien haben. Als Spektraldarstellung für isotrope Tetraden haben wir

$$\mathbb{C}_{\text{Iso}} = 3K\mathbb{P}_{\text{I1}} + 2G\mathbb{P}_{\text{I2}}. \tag{13.110}$$

$\mathbf{P}_{\text{I1,2}}$ sind die Eigenprojektoren, $3K$ und $2G$ sind die Eigenwerte. Die Projektion eines beliebigen $\mathbb{C}$ in diesen Unterraum wird durch den Projektor 8. Stufe

$$\overset{\langle 8 \rangle}{\mathbb{P}} = \mathbb{P}_{\text{I1}} \otimes \mathbb{P}_{\text{I1}} + \frac{1}{5} \mathbb{P}_{\text{I2}} \otimes \mathbb{P}_{\text{I2}} \tag{13.111}$$

erreicht, siehe Abschnitt 2.4 zu den isotropen Projektoren $\mathbf{P}_{\text{I1,2}}$.

## 13.9 Anwendungen der Orientierungsmittelung

### 13.9.1 Die Wärmeleitfähigkeit von schwarzem Phosphor

Bei Raumtemperatur hat der Fouriersche Wärmeleitungstensor in $\mathbf{q} = -\mathbf{L}\mathbf{g}$ von kristallinem schwarzem Phosphor die Form

$$\mathbf{L} = \begin{bmatrix} 6.44 & & \\ & 28.1 & \\ & & 83.4 \end{bmatrix} \text{W/m/K}\, \mathbf{e}_i \otimes \mathbf{e}_j \tag{13.112}$$

bezüglich dreier orthogonaler Hauptrichtungen $\mathbf{e}_i$ (Sun u. a., 2016). Wir können direkt das Voigt-Orientierungsmittel angeben,

$$\mathbf{L}_{\text{Voigt}} = \mathbb{P}_{\text{i1}} : \mathbf{L} \tag{13.113}$$

$$= \frac{\mathbf{L} : \mathbf{I}}{3} \mathbf{I} \tag{13.114}$$

$$= 39.31\overline{3}\ \text{W/m/K}\, \mathbf{I}. \tag{13.115}$$

Das Reuss-Orientierungsmittel ergibt sich zu

$$\mathbf{L}_{\text{Reuss}} = (\mathbb{P}_{i1} : \mathbf{L}^{-1})^{-1} \tag{13.116}$$
$$= \frac{3}{\mathbf{L}^{-1} : \mathbf{I}} \mathbf{I} \tag{13.117}$$
$$= 14.79\ \text{W/m/K}\ \mathbf{I}. \tag{13.118}$$

Das geometrische Orientierungsmittel ergibt sich zu

$$\mathbf{L}_{\text{geom}} = \exp(\mathbb{P}_{i1} : \ln \mathbf{L}) \tag{13.119}$$
$$= \exp\left(\frac{\ln 6.44 + \ln 28.1 + \ln 83.4}{3}\right)\ \text{W/m/K}\ \mathbf{I} \tag{13.120}$$
$$= 24.71\ \text{W/m/K}\ \mathbf{I}. \tag{13.121}$$

In Abb. 13.12 sind die Beträge der Wärmeflussvektoren $\mathbf{q} = -\mathbf{L} \cdot \mathbf{g}$ in Abhängigkeit von der Richtung des Temperaturgradienten $\mathbf{g} = \nabla T$ dargestellt. Das Mathematica-Skript in Listing 13.7 liefert diesen Plot sowie die verschiedenen Orientierungsmittel.

**Listing 13.7:** Mathematica-Code zur Homogenisierung der Wärmeleitungskoeffizienten von schwarzem Phosphor.

```
L = DiagonalMatrix[{6.44, 28.1, 83.4}];
LVoigt = Tr[L]/3
LReuss = 3/Tr[Inverse[L]]
LGeom = Exp[Tr[MatrixLog[L]]/3]
n = {Sin[theta]*Cos[phi], Sin[theta]*Sin[phi], Cos[theta]};
SphericalPlot3D[{Norm[L.n], LVoigt, LReuss, LGeom}, {theta, 0, Pi}, {phi, 0, 3 Pi/2}]
```

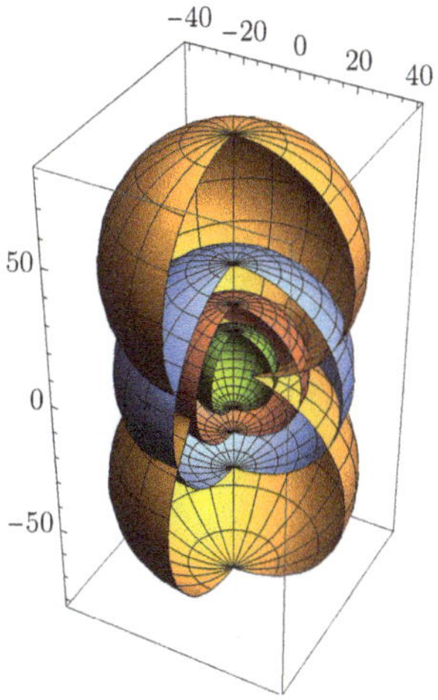


**Abb. 13.12:** Norm des Wärmeflusses $\|\mathbf{L} \cdot \mathbf{g}\|$ für anisotropen schwarzen Phosphor (gelb) sowie für verschiedene isotrope Orientierungsmittel (Reuss in grün, geometrisch in rot, Voigt in blau) über der Richtung von **g** aufgetragen. Man sieht an der Erdnussform die extreme Anisotropie sowie die isotropen Mittelwerte, welche zwischen den Extrema (min. 6.44, max. 83.4) liegen.

### 13.9.2 Der Elastizitätsmodul von Stahl

Wahrscheinlich ist der Elastizitätsmodul von Stahl mit ca. 210 GPa den meisten Ingenieuren geläufig, ebenso die Querkontraktionszahl $\nu \approx 0.29$, welche betragsmäßig das Verhältnis von Quer- zu Längsdehnung im Zugversuch ist. Es ist meist auch bekannt, dass Metalle eine Kornstruktur aus Einkristallen aufweisen, und dass die genannten Werte den effektiven Eigenschaften des regellosen Kornverbundes entsprechen. Die Einkristalleigenschaften von Stahl sind meist weniger geläufig, insbesondere, wie stark dessen Anisotropie ist. Eisenkristallite haben eine kubische Anisotropie. In Zugversuchen kann man je nach Zugrichtung Elastizitätsmoduli zwischen 132.3 GPa und 283.3 GPa messen, wobei der kleinste Wert parallel zu den Würfelkanten und der größte Wert in Richtung der Raumdiagonalen angetroffen wird. In Abb. 13.13 ist der Elastizitätsmodul als Abstand vom Koordinatenursprung über der Zugrichtung aufgetragen. Man erkennt die kubische Symmetrie und den deutlich mit der Richtung variierenden Elastizitätsmodul (Böhlke und Brüggemann, 2001). Die Steifigkeitstetrade von Stahl ist

$$\mathbb{C}_{\mathrm{Fe}} = \begin{bmatrix} 231.4 & 134.7 & 134.7 & & & \\ 134.7 & 231.4 & 134.7 & & & \\ 134.7 & 134.7 & 231.4 & & & \\ & & & 232.8 & & \\ & & & & 232.8 & \\ & & & & & 232.8 \end{bmatrix} \mathrm{GPa}\, \mathbf{E}_i \otimes \mathbf{E}_j \qquad (13.122)$$

bezüglich der normierten Voigt-Notation, wobei die Gitterorientierung mit der Orthonormalbasis $\mathbf{e}_i$ übereinstimmt. Die Spektraldarstellung ist

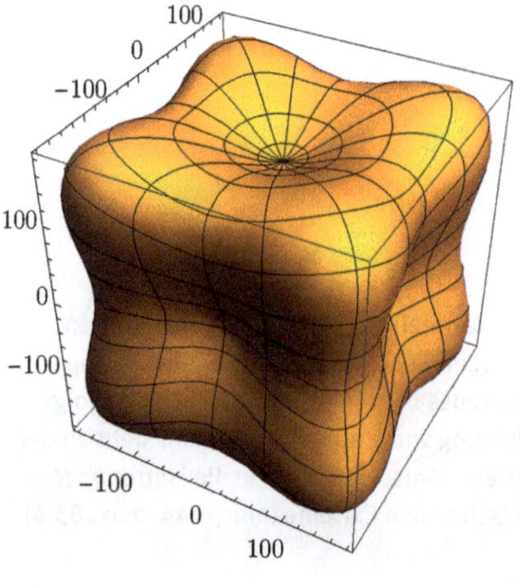


**Abb. 13.13:** Der Elastizitätsmodul von Stahl, aufgetragen über der Zugrichtung. Man erkennt eine deutliche kubische Anisotropie.

$$\mathbb{C}_{\mathrm{Fe}} = \underbrace{500.8}_{3K_0} \underbrace{\begin{bmatrix} \frac{1}{3} & \frac{1}{3} & \frac{1}{3} & & & \\ \frac{1}{3} & \frac{1}{3} & \frac{1}{3} & & & \\ \frac{1}{3} & \frac{1}{3} & \frac{1}{3} & & & \\ & & & & & \\ & & & & & \\ & & & & & \end{bmatrix}}_{\mathbb{P}_{\mathrm{C1}}=\mathbb{P}_{\mathrm{I1}}} + \underbrace{232.8}_{2G_{\mathrm{C2}}} \underbrace{\begin{bmatrix} & & & & & \\ & & & & & \\ & & & & & \\ & & & 1 & & \\ & & & & 1 & \\ & & & & & 1 \end{bmatrix}}_{\mathbb{P}_{\mathrm{C2}}} + \underbrace{96.7}_{2G_{\mathrm{C3}}} \underbrace{\begin{bmatrix} \frac{2}{3} & -\frac{1}{3} & -\frac{1}{3} & & & \\ -\frac{1}{3} & \frac{2}{3} & -\frac{1}{3} & & & \\ -\frac{1}{3} & \frac{1}{3} & \frac{2}{3} & & & \\ & & & & & \\ & & & & & \\ & & & & & \end{bmatrix}}_{\mathbb{P}_{\mathrm{C3}}} . \tag{13.123}$$

Es gibt drei kubische Projektoren, wobei der erste kubische Projektor zum Eigenwert $3K_{\mathrm{Fe}}$ identisch zum ersten isotropen Projektor ist,

$$\mathbb{P}_{\mathrm{I1}} = \mathbb{P}_{\mathrm{C1}}. \tag{13.124}$$

Daher ist der kubische Kompressionsmodul identisch zum orientierungsgemittelten Kompressionsmodul, unabhängig von der Orientierungsverteilung. Es muss also nur der Deviatoranteil von $\mathbb{C}_{\mathrm{Fe}}$ der Orientierungsmittellung unterworfen werden. Die beiden kubischen Projektoren $\mathbb{P}_{\mathrm{C2}}$ und $\mathbb{P}_{\mathrm{C3}}$ zu den Eigenwerten $2G_{\mathrm{C2}}$ und $2G_{\mathrm{C3}}$ ergeben zusammen den zweiten isotropen Projektor,

$$\mathbb{P}_{\mathrm{I2}} = \mathbb{P}_{\mathrm{C2}} + \mathbb{P}_{\mathrm{C3}}. \tag{13.125}$$

Der zweite kubische Projektor ist

$$\mathbb{P}_{\mathrm{C2}} = \mathbb{I} - \sum_{i=1}^{3} \mathbf{e}_i \otimes \mathbf{e}_i \otimes \mathbf{e}_i \otimes \mathbf{e}_i. \tag{13.126}$$

Der dritte kubische Projektor kann symbolisch wie folgt geschrieben werden,

$$\mathbb{P}_{\mathrm{C3}} = \sum_{i=1}^{3} \mathbf{e}_i \otimes \mathbf{e}_i \otimes \mathbf{e}_i \otimes \mathbf{e}_i - \mathbb{P}_{\mathrm{I1}}. \tag{13.127}$$

Die isotropen Projektoren sind in Abschnitt 2.4 besprochen. Die skalaren Überschiebungen der Projektoren sind

$$\mathbb{P}_{\mathrm{C1}} :: \mathbb{P}_{\mathrm{I1}} = 1 \qquad \mathbb{P}_{\mathrm{C2}} :: \mathbb{P}_{\mathrm{I1}} = 0 \qquad \mathbb{P}_{\mathrm{C3}} :: \mathbb{P}_{\mathrm{I1}} = 0 \tag{13.128}$$

$$\mathbb{P}_{\mathrm{C1}} :: \mathbb{P}_{\mathrm{I2}} = 0 \qquad \mathbb{P}_{\mathrm{C2}} :: \mathbb{P}_{\mathrm{I2}} = 3 \qquad \mathbb{P}_{\mathrm{C3}} :: \mathbb{P}_{\mathrm{I2}} = 2. \tag{13.129}$$

Das verallgemeinerte Orientierungsmittel lässt sich nun als

$$\mathbb{C}_{\mathrm{Fe}\text{-}f} = f^{-1}\left[\int_{SO(3)} \mathbf{Q} * f(\mathbb{C}_{\mathrm{Fe}})\, \mathrm{d}V\right] \tag{13.130}$$

$$= f^{-1}\left[\left(\mathbb{P}_{\mathrm{I1}} \otimes \mathbb{P}_{\mathrm{I1}} + \frac{1}{5}\mathbb{P}_{\mathrm{I2}} \otimes \mathbb{P}_{\mathrm{I2}}\right) :: f(\mathbb{C}_{\mathrm{Fe}})\right] \tag{13.131}$$

schreiben. Im Folgenden sind die Voigt-, Reuss- und geometrische Mittelwertbildung in der $6 \times 6$ Matrixnotation (Voigt-Mandel-Notation, siehe Abschnitt 2.3) dargestellt.

**Voigt-Orientierungsmittel**

Die Auswertung von Gl. (13.131) kann für das Voigt-Mittel mit $f(\mathbb{C}) = \mathbb{C}$ in Indexschreibweise notiert werden,

$$\mathbb{C}_{\text{Fe-Voigt}} = \underbrace{C_{\text{Fe}\,ij} P_{\text{I1}\,ij}}_{3K_{\text{Fe-Voigt}}} \mathbb{P}_{\text{I1}} + \underbrace{C_{\text{Fe}\,ij} P_{\text{I2}\,ij}/5}_{2G_{\text{Fe-Voigt}}} \mathbb{P}_{\text{I2}}. \tag{13.132}$$

Man findet

$$3K_{\text{Fe-Voigt}} = (3 \cdot 231.4/3 + 6 \cdot 134.7/3)\,\text{GPa}, \qquad K_{\text{Fe-Voigt}} = K_{\text{Fe}} = 166.93\,\text{GPa}$$

$$2G_{\text{Fe-Voigt}} = (3 \cdot 231.4 \cdot 2/3 - 6 \cdot 134.7/3 + 3 \cdot 232.8)/5\,\text{GPa} \qquad G_{\text{Fe-Voigt}} = 89.18\,\text{GPa}.$$

Den effektiven Elastizitätsmodul erhalten wir als Kehrwert der 11-, 22- oder 33-Komponente von $\mathbb{S} = \mathbb{C}^{-1}_{\text{Fe-Voigt}}$. Die Inversion ist in der Projektordarstellung durch die Kehrwerte der Eigenwerte $3K$ und $2G$ gegeben,

$$E_{\text{Fe-Voigt}} = \left( \frac{1}{3} (3K_{\text{Fe-Voigt}})^{-1} + \frac{2}{3} (2G_{\text{Fe-Voigt}})^{-1} \right)^{-1}. \tag{13.133}$$

Die effektive Querdehnungszahl ist durch $\nu_{\text{Fe-Voigt}} = -\varepsilon_{\text{quer}}/\varepsilon_{\text{längs}} = -S_{\text{Fe-Voigt}\,12}/S_{\text{Fe-Voigt}\,11}$ gegeben. Für die Zahlenwerte von Eisen ergibt sich

$$E_{\text{Fe-Voigt}} = 227.1\,\text{GPa}, \quad \nu_{\text{Fe-Voigt}} = 0.2733. \tag{13.134}$$

**Reuss-Orientierungsmittel**

Das Reuss-Orientierungsmittel ergibt sich durch Auswerten von Gl. (13.131) mit $f(\mathbb{C}_{\text{Fe}}) = \mathbb{C}^{-1}_{\text{Fe}}$. Die Inversion fällt aufgrund der Struktur der Matrix oder mit Hilfe der Projektordarstellung Gl. (13.123) leicht. Anschließend wird wie beim Voigt-Mittel mit den Projektoren gearbeitet,

$$\mathbb{S}_{\text{Fe-Reuss}} = \underbrace{[\mathbb{C}^{-1}_{\text{Fe}}]_{ij} P_{\text{I1}\,ij}}_{(3K_{\text{Fe-Reuss}})^{-1}} \mathbb{P}_{\text{I1}} + \underbrace{[\mathbb{C}^{-1}_{\text{Fe}}]_{ij} P_{\text{I2}\,ij}/5}_{(2G_{\text{Fe-Reuss}})^{-1}} \mathbb{P}_{\text{I2}}. \tag{13.135}$$

Der Kehrwert der 11-, 22- oder 33-Komponente von $\mathbb{S}_{\text{Fe-Reuss}}$, die Querdehnungszahl analog zum Vorgehen wie beim Voigt-Mittel und der Schubmodul sind

$$E_{\text{Fe-Reuss}} = 194.5\,\text{GPa}, \quad \nu_{\text{Fe-Reuss}} = 0.3058, \quad G_{\text{Fe-Reuss}} = 74.47\,\text{GPa}. \tag{13.136}$$

**Geometrisches Orientierungsmittel**

Das geometrische Orientierungsmittel ergibt sich durch Auswerten von Gl. (13.131) mit $f(\mathbb{C}_{\text{Fe}}) = \ln \mathbb{C}_{\text{Fe}}$. Die Auswertung von $\ln \mathbb{C}_{\text{Fe}}$ erfolgt wieder in der Spektraldarstellung Gl. (13.123), in welcher sich die Anwendung des Logarithmus auf die Eigenwerte reduziert. Wir beginnen mit

$$\ln \mathbb{C}_{\text{Fe}} = \ln(500.8\,\text{GPa})\mathbb{P}_{\text{C1}} + \ln(232.8\,\text{GPa})\mathbb{P}_{\text{C2}} + \ln(96.7)\mathbb{P}_{\text{C3}}. \tag{13.137}$$

Dies wird durch $\overset{\langle 8\rangle}{\mathbb{P}} :: \ln \mathbb{C}_{\text{Fe}}$ in den isotropen Anteil projiziert,

$$\overset{\langle 8\rangle}{\mathbb{P}} :: \ln \mathbb{C}_{\text{Fe}} = (\mathbb{P}_{\text{I1}} \otimes \mathbb{P}_{\text{I1}} + \frac{1}{5}\mathbb{P}_{\text{I2}} \otimes \mathbb{P}_{\text{I2}}) :: \ln \mathbb{C}_{\text{Fe}} \tag{13.138}$$

$$= \ln(500.8\,\text{GPa})\mathbb{P}_{\text{I1}} + \frac{3\ln(232.8\,\text{GPa}) + 2\ln(96.7\,\text{GPa})}{5}\mathbb{P}_{\text{I2}}. \tag{13.139}$$

Schließlich können wir die Exponentialfunktion als Umkehrfunktion des Logarithmus anwenden,

$$\mathbb{C}_{\text{Fe-geom}} = 500.8\text{GPa}\ \mathbb{P}_{\text{I1}} + \exp\left(\frac{3\ln(232.8) + 2\ln(96.7)}{5}\right)\text{GPa}\ \mathbb{P}_{\text{I2}} \tag{13.140}$$

$$= \underbrace{500.8\,\text{GPa}}_{3K_{\text{Fe-geom}}}\mathbb{P}_{\text{I1}} + \underbrace{163.8\,\text{GPa}}_{2G_{\text{Fe-geom}}}\mathbb{P}_{\text{I2}}, \tag{13.141}$$

woraus

$$E_{\text{Fe-geom}} = 211.2\,\text{GPa}, \quad \nu_{\text{Fe-geom}} = 0.2892, \quad G_{\text{Fe-geom}} = 81.91\,\text{GPa} \tag{13.142}$$

ermittelt werden. Es ist erstaunlich, wie gut die Werte mit den experimentellen Befunden übereinstimmen. Laut Wikipedia liegt $\nu^*$ zwischen 0.27 und 0.30, für $E^*$ werden 210 GPa angegeben.

Das Mathematica-Skript in Listing 13.8 führt die oben angegebenen Berechnungen aus. Die Funktionen `MatrixLog` und `MatrixExp` wenden den Logarithmus und die Exponentialfunktion automatisch auf die Spektraldarstellung an.

**Listing 13.8:** Mathematica-Code zur Homogenisierung der elastischen Eigenschaften von Eisen.

```
(* Einkristallsteifigkeit *)
C66 = {{231.4, 134.7, 134.7, 0      ,      0, 0      },
       {134.7, 231.4, 134.7, 0      ,      0, 0      },
       {134.7, 134.7, 231.4, 0      ,      0, 0      },
       {0    , 0    , 0    , 2*116.4,      0, 0      },
       {0    , 0    , 0    , 0      , 2*116.4, 0      },
       {0    , 0    , 0    , 0      ,      0, 2*116.4}};

(* Projektoren bauen *)
id = {1, 1, 1, 0, 0, 0};
P166 = Outer[Times, id, id]/3;
P266 = IdentityMatrix[6] - P166;

Print["Voigt-Orientierungsmittel:"];
CV66 = Inner[Times, Flatten[C66], Flatten[P166]] P166 +
   Inner[Times, Flatten[C66], Flatten[P266]] P266/5;
Print["E=", EMOVOIGTISO = 1/Inverse[CV66][[1, 1]]];
Print["$\nu$=", NUVOIGTISO = -Inverse[CV66][[1, 2]]*EMOVOIGTISO];

Print["Reuss-Orientierungsmittel:"];
SR66 = Inner[Times, Flatten[Inverse[C66]], Flatten[P166]] P166 +
   Inner[Times, Flatten[Inverse[C66]], Flatten[P266]] P266/5;
Print["E=", EMOREUSSISO = 1/SR66[[1, 1]]];
Print["$\nu$=", NUVOIGTISO = -SR66[[1, 2]]*EMOREUSSISO];
```

```
Print["Geometrisches Orientierungsmittel:"];
CG66 = MatrixExp[
   Inner[Times, Flatten[MatrixLog[C66]], Flatten[P166]] P166 +
    Inner[Times, Flatten[MatrixLog[C66]], Flatten[P266]] P266/5];
Print["E=", EMOGEOMISO = 1/Inverse[CG66][[1, 1]]];
Print["$\nu$=", NUVOIGTISO = -Inverse[CG66][[1, 2]]*EMOGEOMISO];
```

Es liefert die Ausgabe

```
Voigt-Orientierungsmittel:
E=227.099277942
$\nu$=0.273263500458
Reuss-Orientierungsmittel:
E=194.496354874
$\nu$=0.305814342178
Geometrisches Orientierungsmittel:
E=211.185649428
$\nu$=0.289151707839
```

### 13.9.3 Isotrope Orientierungsmittel kubischer Kristalle und die Hashin-Shtrikman-Schranken

Wir haben im vorigen Abschnitt gesehen, dass der erste kubische Eigenprojektor $\mathbb{P}_{C1}$ identisch zum ersten isotropen Projektor $\mathbb{P}_{I1}$ ist, weswegen alle Orientierungsmittelungen identische Kompressionsmoduli $K$ erzeugen. Im Wesentlichen führt dies auf eine Entkopplung der Kugel- und Deviatoranteile. Diese erlaubt es, die isotropen Hashin-Shtrikman-Schranken für kubische Polykristalle relativ einfach auszuwerten. Wir wählen den Vergleichskompressionsmodul $K_0 = 500.8/3\,\text{GPa}$ so, dass in der Differenz $\Delta\mathbb{C} = \mathbb{C}_{Fe} - \mathbb{C}^0$ nur die Schubanteile übrig bleiben,

$$\Delta\mathbb{C} = (2G_{C2} - 2G_0)\mathbb{P}_{C2} + (2G_{C3} - 2G_0)\mathbb{P}_{C3}. \tag{13.143}$$

Alle Inversionen werden auf den deviatorischen Unterraum beschränkt, und wir beschränken uns auf die Deviatoranteile von $\boldsymbol{\varepsilon}'$ und $\boldsymbol{\tau}'$, was wir mit einem Anstrich notieren. Die folgende Herleitung orientiert sich an Hashin und Shtrikman (1962a). Es gilt der Zusammenhang Gl. (11.1)

$$\Delta\mathbb{C}^{-1} : \boldsymbol{\tau}' = \boldsymbol{\varepsilon}'. \tag{13.144}$$

Des Weiteren ist bei isotropen Orientierungsverteilungen

$$\tilde{\boldsymbol{\varepsilon}}' = -\mathbb{W} : \tilde{\boldsymbol{\tau}}', \tag{13.145}$$

mit $\mathbb{W}$ nur von $K_0$ und $G_0$ abhängig wie in Gl. (12.56). Damit können wir die mittleren Dehnungen $\overline{\boldsymbol{\varepsilon}}' = \boldsymbol{\varepsilon}' - \tilde{\boldsymbol{\varepsilon}}'$ angeben,

$$\overline{\boldsymbol{\varepsilon}}' = \Delta\mathbb{C}^{-1} : \boldsymbol{\tau}' + \mathbb{W} : \tilde{\boldsymbol{\tau}}'. \tag{13.146}$$

Wir ersetzen $\tilde{\boldsymbol{\tau}}' = \boldsymbol{\tau}' - \overline{\boldsymbol{\tau}}'$,

$$\overline{\boldsymbol{\varepsilon}}' = \Delta\mathbb{C}^{-1} : \boldsymbol{\tau}' + \mathbb{W} : (\boldsymbol{\tau}' - \overline{\boldsymbol{\tau}}). \tag{13.147}$$

Dies kann nach $\boldsymbol{\tau}'$ gelöst werden,

$$\boldsymbol{\tau}' = (\Delta\mathbb{C}^{-1} + \mathbb{W})^{-1} : (\overline{\boldsymbol{\varepsilon}}' + \mathbb{W}\overline{\boldsymbol{\tau}}'). \tag{13.148}$$

Wir können formal das Volumenmittel bilden, um auf $\overline{\boldsymbol{\tau}}'$ zu kommen, wobei der homogene Anteil ausgeklammert werden kann,

$$\overline{\boldsymbol{\tau}}' = \langle(\Delta\mathbb{C}^{-1} + \mathbb{W})^{-1}\rangle : (\overline{\boldsymbol{\varepsilon}}' + \mathbb{W} : \overline{\boldsymbol{\tau}}'). \tag{13.149}$$

Das Orientierungsmittel dieses rein deviatorischen Anteils kann mit Hilfe von $\frac{1}{5}\mathbb{P}_{I2} \otimes \mathbb{P}_{I2}$ geschrieben werden,

$$\overline{\boldsymbol{\tau}}' = \left(\frac{1}{5}\mathbb{P}_{I2} \otimes \mathbb{P}_{I2} :: (\Delta\mathbb{C}^{-1} + \mathbb{W})^{-1}\right) : (\overline{\boldsymbol{\varepsilon}}' + \mathbb{W} : \overline{\boldsymbol{\tau}}'). \tag{13.150}$$

Wir setzen die Definitionen von $\Delta\mathbb{C}$ (Gl. 13.143) und

$$\mathbb{W} = w_1\mathbb{P}_{I1} + w_2\mathbb{P}_{I2} = w_1\mathbb{P}_{C1} + w_2(\mathbb{P}_{C2} + \mathbb{P}_{C3}) \tag{13.151}$$

ein und blenden den Anteil zu $\mathbb{P}_{C1} = \mathbb{P}_{I1}$ aus,

$$\begin{aligned}\overline{\boldsymbol{\tau}}' &= \left(\frac{1}{5}\mathbb{P}_{I2} \otimes \mathbb{P}_{I2} :: \left(\left(\frac{1}{2G_2 - 2G_0} + w_2\right)\mathbb{P}_{C2} + \left(\frac{1}{2G_3 - 2G_0} + w_2\right)\mathbb{P}_{C3}\right)^{-1}\right) : (\overline{\boldsymbol{\varepsilon}}' + \mathbb{W} : \overline{\boldsymbol{\tau}}') \\ &= \left(\frac{1}{5}\mathbb{P}_{I2} \otimes \mathbb{P}_{I2} :: \left(\left(\frac{1}{2G_2 - 2G_0} + w_2\right)^{-1}\mathbb{P}_{C2}\right.\right. \\ &\quad \left.\left. + \left(\frac{1}{2G_3 - 2G_0} + w_2\right)^{-1}\mathbb{P}_{C3}\right)\right) : (\overline{\boldsymbol{\varepsilon}}' + \mathbb{W} : \overline{\boldsymbol{\tau}}').\end{aligned} \tag{13.152}$$

Die Skalarprodukte der Projektoren sind $\mathbb{P}_{I2} :: \mathbb{P}_{C2} = 3$ und $\mathbb{P}_{I2} :: \mathbb{P}_{C3} = 2$,

$$\overline{\boldsymbol{\tau}}' = \underbrace{\left(\frac{3}{5}\left(\frac{1}{2G_2 - 2G_0} + w_2\right)^{-1} + \frac{2}{5}\left(\frac{1}{2G_3 - 2G_0} + w_2\right)^{-1}\right)}_{B}\mathbb{P}_{I2} : (\overline{\boldsymbol{\varepsilon}}' + \mathbb{W} : \overline{\boldsymbol{\tau}}'). \tag{13.153}$$

Der Projektor $\mathbb{P}_{I2}$ kann weggelassen werden, da die rechte Seite deviatorisch ist. Damit kann

$$\overline{\boldsymbol{\tau}}' = \underbrace{\frac{B}{1 - Bw_2}}_{\kappa}\overline{\boldsymbol{\varepsilon}}' \tag{13.154}$$

identifiziert werden. Dies wird in das Hashin-Shtrikman-Funktional Gl. (11.2)

$$F'(\boldsymbol{\tau}',\tilde{\boldsymbol{\varepsilon}}') = \frac{1}{2V}\int_\Omega \bar{\boldsymbol{\varepsilon}}' : \mathbb{C}^0 : \bar{\boldsymbol{\varepsilon}}' - \boldsymbol{\tau}' : \Delta\mathbb{C}^{-1} : \boldsymbol{\tau}' + \tilde{\boldsymbol{\varepsilon}}' : \boldsymbol{\tau}' + 2\boldsymbol{\tau}' : \bar{\boldsymbol{\varepsilon}}' \,\mathrm{d}V. \tag{13.155}$$

eingesetzt. In diesem können nun alle $\boldsymbol{\tau}$-Terme durch $\bar{\boldsymbol{\varepsilon}}$ ersetzt werden, und man kann mit Gl. (11.26) die Hashin-Shtrikmann-Abschätzung für die effektive Steifigkeit identifizieren. Die Schranken ergeben sich beim Einsetzen extremaler Schubmoduli.

Wir setzen als erstes $\boldsymbol{\varepsilon}' = \Delta\mathbb{C}^{-1} : \boldsymbol{\tau}'$ ein,

$$F' = \frac{1}{2V}\int_\Omega \bar{\boldsymbol{\varepsilon}}' : \mathbb{C}^0 : \bar{\boldsymbol{\varepsilon}}' - \boldsymbol{\tau}' : \boldsymbol{\varepsilon}' + \tilde{\boldsymbol{\varepsilon}}' : \boldsymbol{\tau}' + 2\boldsymbol{\tau}' : \bar{\boldsymbol{\varepsilon}}' \,\mathrm{d}V. \tag{13.156}$$

Als Nächstes ersetzen wir $\boldsymbol{\varepsilon}' = \bar{\boldsymbol{\varepsilon}}' + \tilde{\boldsymbol{\varepsilon}}'$,

$$F' = \frac{1}{2V}\int_\Omega \bar{\boldsymbol{\varepsilon}}' : \mathbb{C}^0 : \bar{\boldsymbol{\varepsilon}}' - \boldsymbol{\tau}' : \bar{\boldsymbol{\varepsilon}}' - \boldsymbol{\tau}' : \tilde{\boldsymbol{\varepsilon}}' + \tilde{\boldsymbol{\varepsilon}}' : \boldsymbol{\tau}' + 2\boldsymbol{\tau}' : \bar{\boldsymbol{\varepsilon}}' \,\mathrm{d}V \tag{13.157}$$

$$F' = \frac{1}{2V}\int_\Omega \bar{\boldsymbol{\varepsilon}}' : \mathbb{C}^0 : \bar{\boldsymbol{\varepsilon}}' + \boldsymbol{\tau}' : \bar{\boldsymbol{\varepsilon}}' \,\mathrm{d}V. \tag{13.158}$$

Schließlich können wir $\boldsymbol{\tau}' = \bar{\boldsymbol{\tau}}' + \tilde{\boldsymbol{\tau}}'$ ersetzen. Das Integral über $\tilde{\boldsymbol{\tau}}' : \bar{\boldsymbol{\varepsilon}}'$ ist definitionsgemäß Null, so dass

$$F' = \frac{1}{2V}\int_\Omega \bar{\boldsymbol{\varepsilon}}' : \mathbb{C}^0 : \bar{\boldsymbol{\varepsilon}}' + \bar{\boldsymbol{\tau}}' : \bar{\boldsymbol{\varepsilon}}' \,\mathrm{d}V \tag{13.159}$$

übrig bleibt. Hier können wir endlich die Integration weglassen, da nur noch homogene Größen auftauchen, und $\bar{\boldsymbol{\tau}}' = \kappa\bar{\boldsymbol{\varepsilon}}'$ (Gl. 13.154) ersetzen,

$$F' = \bar{\boldsymbol{\varepsilon}}' : \frac{1}{2}(\mathbb{C}_0 + \kappa)\mathbb{P}_{I2} : \bar{\boldsymbol{\varepsilon}}'. \tag{13.160}$$

Mit $\mathbb{C}_0 = 3K_0\mathbb{P}_{I1} + 2G_0\mathbb{P}_{I2}$ und der Beschränkung auf die Deviatoren bleibt nur

$$F' = \underbrace{[G_0 + \kappa/2]}_{G_{\mathrm{HS}}}\bar{\boldsymbol{\varepsilon}}' : \bar{\boldsymbol{\varepsilon}}' \tag{13.161}$$

übrig, mit dem Hashin-Shtrikman-Schubmodul $G_{\mathrm{HS}}$. Das Zusammenfassen des Ausdrucks für $G_{\mathrm{HS}}$ ist kein grundsätzliches Problem. Man findet

$$G_{\mathrm{HS}} = \frac{3K_0(9G_0G_{C2} + 6G_0G_{C3} + 10G_{C2}G_{C3}) + 4G_0(6G_0G_{C2} + 4G_0G_{C3} + 15G_{C2}G_{C3})}{3K_0(15G_0 + 4G_{C2} + 6G_{C3}) + 4G_0(10G_0 + 6G_{C2} + 9G_{C3})}. \tag{13.162}$$

Wir erhalten die Hashin-Shtrikman-Schranken, indem wir für $G_0$ jeweils $G_{C2}$ und $G_{C3}$ einsetzen,

$$G_{\mathrm{HS-}} = \frac{G_{C3}(G_{C2}(84G_{C3} + 57K_0) + 2G_{C3}(8G_{C3} + 9K_0))}{12G_{C2}(2G_{C3} + K_0) + G_{C3}(76G_{C3} + 63K_0)} \tag{13.163}$$

$$G_{\mathrm{HS+}} = \frac{G_{\mathrm{C2}}\left(24G_{\mathrm{C2}}^2 + 76G_{\mathrm{C2}}G_{\mathrm{C3}} + 27G_{\mathrm{C2}}K_0 + 48G_{\mathrm{C3}}K_0\right)}{64G_{\mathrm{C2}}^2 + 36G_{\mathrm{C2}}G_{\mathrm{C3}} + 57G_{\mathrm{C2}}K_0 + 18G_{\mathrm{C3}}K_0}. \tag{13.164}$$

Die ganzzahligen Koeffizienten ergeben sich aus dem Zusammenspiel der Projektoren und der Koeffizienten in $w_2$. Man findet für Eisen die Schranken

$$80.851\,\mathrm{GPa} < G^* < 83.448\,\mathrm{GPa}, \tag{13.165}$$

welche mit $E_{\mathrm{HS}\pm} = 9K_0 G_{\mathrm{HS}\pm}/(3K_0 + G_{\mathrm{HS}\pm})$ in den Elastizitätsmodul umgerechnet werden können,

$$208.84\,\mathrm{GPa} < E^* < 214.59\,\mathrm{GPa}. \tag{13.166}$$

Man sieht, dass die Schranken deutlich schärfer sind als die Voigt-Reuss-Schranken. Das Mathematica-Skript in Listing 13.9 führt die obigen Berechnungen aus.

**Listing 13.9:** Mathematica-Code für die Hashin-Shtrikman-Schranken isotrop verteilter kubischer Einkristalle, ausgewertet für Eisen.

```
Remove["Global`*"]
w2 = 3 (K0 + 2 G0)/(5 G0 (3 K0 + 4 G0));
B = 3/5 /(1/(2 GC2 - 2 G0) + w2) + 2/5/(1/(2 GC3 - 2 G0) + w2);
kappa = B/(1 - B w2);
GHS = G0 + kappa/2 // FullSimplify
GHSminus = FullSimplify[ GHS /. {G0 -> GC3}] (* Bei Eisen ist GC3 < GC2, daher "minus" *)
GHSplus =  FullSimplify[GHS /. {G0 -> GC2}]
(* Einkristallkennwerte für Eisen einsetzen *)
K0 = 500.8/3;  (* üblicherweise  (c11+2 c12)/3 *)
GC2 = 116.4;   (* üblicherweise  2 c44 /2, wenn die Basis nicht normiert ist *)
GC3 = 48.36;   (* üblicherweise  (c11-c12)/2 *)
Print["Schranken für den Schubmodul: ", GHSminus , " < G < ", GHSplus]
EHSminus = 9 K0 GHSminus/(3 K0 + GHSminus);
EHSplus = 9 K0 GHSplus/(3 K0 + GHSplus);
Print["Schranken für den E-Modul: ", EHSminus , " < E < ", EHSplus]
```

# Literatur


Aleksandrov, K. S. und L. A. Aisenberg (1966). Method of calculating physical constants of polycrystalline metals. *Soviet Physics-Doklady* 11(3), S. 323–325 (siehe S. 58).

Andrianov, I. V., G. A. Starushenko, und V. A. Gabrinets (2018). Percolation Threshold for Elastic Problems: Self-consistent Approach and Padé Approximants, In: F. von dell'Isola, V. A. Eremeyev und A. Porubov (Hrsg.) *Advances in Mechanics of Microstructured Media and Structures*, S. 35–42. Springer International Publishing (siehe S. 87).

Auffray, N., Q. C. He, und H. Le Quang (2019). Complete symmetry classification and compact matrix representations for 3D strain gradient elasticity. *International Journal of Solids and Structures* 159, S. 197–210 (siehe S. 151).

Bertram, A. und R. Glüge (2017). *Festkörpermechanik*. Otto-von-Guericke-Universität Magdeburg. ISBN: 978-3-940961-88-4 (siehe S. 7, 45).

Böhlke, T. (2005). Application of the maximum entropy method in texture analysis. *Computational Materials Science* 32, S. 276–283 (siehe S. 165).

Böhlke, T. und C. Brüggemann (2001). Graphical Representation of the Generalized Hooke's Law. *Technische Mechanik* 21, S. 145–158 (siehe S. 172).

Boussinesq, J. (1885). *Application des potentiels à l'étude de l'équilibre et du mouvement des solides élastiques*. Paris: Gauthier-Villars (siehe S. 63).

Brannon, R. M. (2018). *Rotation, Reflection, and Frame Changes*. IOP Publishing (siehe S. 2, 7, 141, 148, 166).

Bunge, H. J. (1965). Eine Bemerkung zur Darstellung von Blechtexturen durch drei inverse Polfiguren. *Zeitschrift für Metallkunde* 56(6), S. 378–379 (siehe S. 165).

Bunge, H. J. (1969). *Mathematische Methoden der Texturanalyse*. Akademie-Verlag (siehe S. 162).

Chen, Y. (2008). Percolation and Homogenization Theories for Heterogeneous Materials, Ph.D. thesis, at Massachusetts Institute of Technology (siehe S. 85, 86, 88).

Cowin, S. C. und M. M. Mehrabadi (1992). The structure of the linear anisotropic elastic symmetries. *Journal of the Mechanics and Physics of Solids* 40(7), S. 1459–1471 (siehe S. 7, 152).

Curie, P. (1894). Sur la symétrie dans les phénomènes physiques, symétrie d'un champ électrique et d'un champ magnétique. *Journal de Physique* 3, S. 393–415 (siehe S. 150).

deBotton, G. (2005). Transversely isotropic sequentially laminated composites in finite elasticity. *Journal of the Mechanics and Physics of Solids* 53(6), S. 1334–1361 (siehe S. 63).

Efendiev, Y. und T. Y. Hou (2009). *Multiscale Finite Element Methods: Theory and Applications*. Surveys and Tutorials in the Applied Mathematical Sciences. Springer New York (siehe S. 39).

Eshelby, J. D. (1957). The determination of the elastic field of an ellipsoidal inclusion, and related problems. *Proceedings of the Royal Society of London. Series A: Mathematical, Physical and Engineering Sciences* 241, S. 376–396 (siehe S. 63, 75).

Feyel, F. (1999). Multiscale $FE^2$ elastoviscoplastic analysis of composite structures. *Computational Materials Science* 16(1–4), S. 344–354 (siehe S. 38).

Francfort, G. und F. Murat (1986). Homogenization and optimal bounds in linear elasticity. *Archive for Rational Mechanics and Analysis* 94(4), S. 307–334 (siehe S. 69).

Fritzen, F. und T. Böhlke (2010a). Influence of the type of boundary conditions on the numerical properties of unit cell problems. *Technische Mechanik* 30(4), S. 354–363 (siehe S. 39).

Fritzen, F. und T. Böhlke (2010b). Three-dimensional finite element implementation of the nonuniform transformation field analysis. *International Journal for Numerical Methods in Engineering* 84, S. 803–829 (siehe S. 39).

Garboczi, E. J. u. a. (1995). Geometrical percolation threshold of overlapping ellipsoids. *Physical Review E* 52(1), S. 819–828 (siehe S. 86, 87).


https://doi.org/10.1515/9783110719499-014

Gibson, L. J. und M. F. Ashby (1999). *Cellular Solids: Structure and Properties*. Cambridge Solid State Science Series. Cambridge University Press (siehe S. 41).

Glüge, R. (2013). Generalized boundary conditions on representative volume elements and their use in determining the effective material properties. *Computational Materials Science* 79, S. 408–416 (siehe S. 38, 39).

Glüge, R. (2016). Effective plastic properties of laminates made of isotropic elastic plastic materials. *Composite Structures* 149, S. 434–443 (siehe S. 63).

Glüge, R. (2018). Principles of Material Modeling, In: H. von Altenbach und A. Öchsner (Hrsg.) *Encyclopedia of Continuum Mechanics*, Berlin, Heidelberg: Springer Berlin Heidelberg, S. 1–8. ISBN: 978-3-662-53605-6 (siehe S. 50).

Glüge, R. und M. Weber (2013). Numerical properties of spherical and cubical representative volume elements with different boundary conditions. *Technische Mechanik*, S. 97–103 (siehe S. 39).

Glüge, R., M. Weber, und A. Bertram (2012). Comparison of spherical and cubical statistical volume elements with respect to convergence, anisotropy, and localization behavior. *Computational Material Science* 63, S. 91–104. DOI 10.1016/j.commatsci.2012.05.063 (siehe S. 38, 39).

Glüge R. u. a. (2020). On the Difference Between the Tensile Stiffness of Bulk and Slice Samples of Microstructured Materials. *Applied Composite Materials*, S. 1–20 (siehe S. 30).

Gross, D. und T. Seelig (2015). *Bruchmechanik mit einer Einführung in die Mikromechanik*, 6. Auflage. Springer (siehe S. 2, 63, 81, 85).

Halphen, B. und Q. Son Nguyen (1975). Sur les matériaux standard généralisés. *Journal de Mécanique* 14, S. 39–63 (siehe S. 34).

Hashin, Z. (1983). Analysis of Composite Materials – A Survey. *Journal of Applied Mechanics* 50, S. 481–505 (siehe S. 28).

Hashin, Z. und S. Shtrikman (1962a). A variational approach to the theory of the elastic behaviour of polycrystals. *Journal of the Mechanics and Physics of Solids* 10(4), S. 343–352. ISSN: 0022–5096 (siehe S. 176).

Hashin, Z. und S. Shtrikman (1962b). On some variational principles in anisotropic and nonhomogeneous elasticity. *Journal of the Mechanics and Physics of Solids* 10(4), S. 335–342 (siehe S. 89).

Hashin, Z. und S. Shtrikman (1963). A variational approach to the theory of the elastic behaviour of multiphase materials. *Journal of the Mechanics and Physics of Solids* 11(2), S. 127–140 (siehe S. 89, 95, 98).

Hazanov, S. und C. Huet (1994). Order relationships for boundary condition effects in heterogeneous bodies smaller than the representative volume. *Journal of the Mechanics and Physics of Solids* 42, S. 1995–2011 (siehe S. 39).

He, Q.-C. und Z.-Q. Feng (2012). Homogenization of layered elastoplastic composites: Theoretical results. *International Journal of Non-Linear Mechanics* 47(2), Nonlinear Continuum Theories, S. 367–376 (siehe S. 64).

Helnwein, P. (2001). Some remarks on the compressed matrix representation of symmetric second-order and fourth-order tensors. *Computer Methods in Applied Mechanics and Engineering* 190(22), S. 2753–2770 (siehe S. 7).

Hermann, C. (1934). Tensoren und Kristallsymmetrie. *Zeitschrift für Kristallographie - Crystalline Materials* 89, S. 32–48 (siehe S. 152).

Hill, R. (1983). Interfacial operators in the mechanics of composite media. *Journal of the Mechanics and Physics of Solids* 31(4), S. 347–357 (siehe S. 64).

Houdaigui F. u. a. (2007). On the size of the representative volume element for isotropic elastic polycrystalline copper, In: Y. L. von Bai, Q. S. Zheng, und Y. G. Wei (Hrsg.) *IUTAM Symposium on Mechanical Behavior and Micro-Mechanics of Nanostructured Materials*, Bd. 144. Solid Mechanics and its Applications, S. 171–180. Netherlands: Springer (siehe S. 38).

Huet, C. (1990). Application of variational concepts to size effects in elastic heterogeneous bodies. *Journal of the Mechanics and Physics of Solids* 38, S. 813–841 (siehe S. 39).

Kalisch, J. und R. Glüge (2015). Analytical homogenization of linear elasticity based on the interface orientation distribution – a complement to the self-consistent approach. *Composite Structures* 126, S. 398–416 (siehe S. 99).

Kirsch, E. G. (1898). Die Theorie der Elastizität und die Bedürfnisse der Festigkeitslehre. *Zeitschrift Des Vereines Deutscher Ingenieure* 42, S. 797–807 (siehe S. 63).

Klusemann, B. und M. Ortiz (2015). Acceleration of material-dominated calculations via phase-space simplicial subdivision and interpolation. *International Journal for Numerical Methods in Engineering* 103(4), S. 256–274 (siehe S. 39).

Kowalczyk-Gajewska, K. und J. Ostrowska-Maciejewska (2009). Review on spectral decomposition of Hookes tensor for all symmetry groups of linear elastic material. *Engineering Transactions* 57(3/4), S. 145–183 (siehe S. 152).

Laws, N. (1975). On interfacial discontinuities in elastic composites. *Journal of Elasticity* 5(3–4), S. 227–235 (siehe S. 64).

Lee, C. E., A. E. Ozdaglar, und D. Shah (2014). Solving Systems of Linear Equations: Locally and Asynchronously. In: CoRR abs/1411.2647 (siehe S. 125).

Liu, L. und Z. Huang (2014). A Note on Mori-Tanaka's method. *Acta Mechanica Solida Sinica* 27(3), S. 234–244 (siehe S. 78).

Llorca, J., C. González, und J. Segurado (2007). 5 - Finite element and homogenization modelling of materials, In: Z. von Xiao Guo (Hrsg.) *Multiscale Materials Modelling*. Woodhead Publishing Series in Civil and Structural Engineering, S. 121–147. Woodhead Publishing (siehe S. 39).

Matthies, S. und M. Humbert (1995). On the principle of a geometric mean of even-rank symmetric tensors for textured polycrystals. *Journal of Applied Crystallography* 28(3), S. 254–266 (siehe S. 58).

McCurdy, A. K., H. J. Maris, und C. Elbaum (1970). Anisotropic Heat Conduction in Cubic Crystals in the Boundary Scattering Regime. *Physical Review B* 2(10), S. 4077–4083 (siehe S. 152).

Michel, J. C. und P. M. Suquet (2003). Nonuniform transformation field analysis. *International Journal of Solids and Structures* 40, S. 6937–6955 (siehe S. 39).

Milton, G. W. (2002). *The Theory of Composites*. Cambridge University Press (siehe S. 2, 21, 23, 63, 89, 114, 139).

Morawiec, A. (2004). *Orientations and Rotations– Computations in Crystallographic Textures*. Springer (siehe S. 2, 141, 158).

Moulinec, H. und P. Suquet (1998). A numerical method for computing the overall response of nonlinear composites with complex microstructure. *Computer Methods in Applied Mechanics and Engineering* 157(1), S. 69–94 (siehe S. 131).

Mura, T. (1987). *Micromechanics of Defects in Solids*. Bd. 3. Mechanics of Elastic and Inelastic Solids. Springer Netherlands (siehe S. 75, 139).

Neumann, F. E. (1885). *Vorlesungen über die Theorie der Elastizität der festen Körper und des Lichtäthers*. In O. E. von Meyer (Eds). Teubner-Verlag Leipzig (siehe S. 150).

Nomura, S. (2016). *Micromechanics with Mathematica*. Wiley (siehe S. 2).

Nygards, M. (2003). Number of grains necessary to homogenize elastic materials with cubic symmetry. *Mechanics of Materials* 35, S. 1049–1053 (siehe S. 38).

Orera, V. M. und R. I. Merino (2015). Ceramics with photonic and optical applications. *Boletín de la Sociedad Española de Cerámica y Vidrio* 54(1), S. 1–10 (siehe S. 20).

Popko, E. S. (2012). *Divided Spheres: Geodesics and the Orderly Subdivision of the Sphere*. Taylor & Francis (siehe S. 141).

Reuss, A. (1929). Berechnung der Fließgrenze von Mischkristallen auf Grund der Plastizitätsbedingung für Einkristalle. *ZAMM - Journal of Applied Mathematics and Mechanics / Zeitschrift für Angewandte Mathematik und Mechanik* 9(1), S. 49–58 (siehe S. 54).

Roe, R.-J. (1965). Description of Crystallite Orientation in Polycrystalline Materials. III. General Solution to Pole Figure Inversion. *Journal of Applied Physics* 36(6), S. 2024–2031 (siehe S. 165).

Schröder, J., D. Balzani, und D. Brands (2011). Approximation of random microstructures by periodic statistically similar representative volume elements based on lineal-path functions. *Archive of Applied Mechanics* 81(7), S. 975–997 (siehe S. 39).

Schröder, J. (2014). A numerical two-scale homogenization scheme: the $FE^2$-method, In: J. von Schröder und K. Hackl (Hrsg.) *Plasticity and Beyond: Microstructures, Crystal-Plasticity and Phase Transitions*, S. 1–64. Vienna: Springer Vienna (siehe S. 38).

Sun B. u. a. (2016). Temperature Dependence of Anisotropic Thermal-Conductivity Tensor of Bulk Black Phosphorus. *Advanced Materials* 29(3), S. 1603297 (siehe S. 170).

Zohdi, T. I. und P. Wriggers (2008). *An Introduction to Computational Micromechanics*. Lecture Notes in Applied and Computational Mechanics, Corrected Second Printing, Springer (siehe S. 39).

Tashkinov, M. (2017). Statistical methods for mechanical characterization of randomly reinforced media. *Mechanics of Advanced Materials and Modern Processes* 3(1), S. 1–18 (siehe S. 23).

Thomson, W. (1856). XXI. Elements of a mathematical theory of elasticity. *Philosophical Transactions of the Royal Society of London* 146, S. 481–498 (siehe S. 7).

Ting, T. C. T. (1996). *Anisotropic Elasticity: Theory and Applications*. Oxford University Press (siehe S. 152).

Torquato, S. (1997). Effective stiffness tensor of composite media–I. Exact series expansions. *Journal of the Mechanics and Physics of Solids* 45(9), S. 1421–1448 (siehe S. 69, 139).

Torquato, S. (2005). *Random Heterogeneous Materials: Microstructure and Macroscopic Properties*. Interdisciplinary Applied Mathematics. Springer New York. ISBN: 9780387951676 (siehe S. 21, 23).

Voigt, W. (1889). Über die Beziehung zwischen den beiden Elastizitätskonstanten isotroper Körper. *Annalen der Physik* 274(12), S. 573–587 (siehe S. 53).

Voigt, W. (1928). *Lehrbuch Der Kristallphysik*. B. G. Teubners Sammlung von Lehrbüchern auf d. Geb. d. math. Wiss. Johnson Reprint Corporation. ISBN: 9780384648401 (siehe S. 53).

Watt, J. P. und L. Peselnick (1980). Clarification of the Hashin-Shtrikman bounds on the effective elastic moduli of polycrystals with hexagonal, trigonal, and tetragonal symmetries. *Journal of Applied Physics* 51(3), S. 1525–1531 (siehe S. 89).

Weyl, H. (1939). *The Classical Groups: Their Invariants and Representations*. Princeton Mathematical Series. Princeton University Press. ISBN: 0-691-07923-4 (siehe S. 151).

Wigner, E. P. (1931). *Gruppentheorie und ihre Anwendung auf die Quantenmechanik der Atomspektren*. J.W. Edwards (siehe S. 162).

Wulfinghoff, S. und S. Reese (2016). Efficient computational homogenization of simple elastoplastic microstructures using a shear band approach. *Computer Methods in Applied Mechanics and Engineering* 298, S. 350–372 (siehe S. 39).

Yvonnet, J. (2019). *Computational Homogenization of Heterogeneous Materials with Finite Elements*. Solid mechanics and its applications. Springer International Publishing (siehe S. 39).

# Stichwortverzeichnis

www.ingramcontent.com/pod-product-compliance
Lightning Source LLC
Chambersburg PA
CBHW082034230326
41598CB00081B/6343